文化转型与
现代中国丛书

江南寻城

上海卫所城市历史形态研究

孙昌麒麟　著

上海师范大学
"文化转型与现代中国"研究系列

编委会

杨剑龙　唐力行　朱恒夫

詹　丹　钟　翀　黄　轶

刘　忠　郑桂华　董丽敏

国家社会科学基金项目

"日军测制中国城镇聚落地图整理与研究"(19BZS152)

现代"大上海"城镇群的历史形态重现
（代序）

　　近三十年来中国城市化狂飙的最大舞台——上海，其今日城域之范围已远迈昔时，随着近郊大量城镇和聚落的融入、远郊乃至苏浙多座城镇的空间联结，一个以现代"大上海"为龙头的长三角城市群大都会区（megapolis）已然浮现。

　　回望这座巨型城市的成长史，最初是大约一千年前在今老城厢一带发育形成名为"上海"的江南市镇，自中古以来曾长期局限于旧南市之一隅，然前近代以降，受惠于江海之交这样得天独厚的地理条件、以及近代东西方远洋贸易这样千年不遇的机运，其建成区的范围迅速扩展至黄浦江以西、苏州河南北两岸的华界和洋场，在不到一个世纪时间内戏剧性地发展壮大为我国第一大都市；改革开放以来，随着中国步入国际大循环，上海的主城区迎来第二波扩张潮，其城区由内环膨大到外环，直辖市行政区之内全部改县为区，长期以来的传统城郊分异日益模糊，甚至连闵行和宝山也被纳为拓展区，正式入编主城区规划方案。

　　在现代日益加速的物流、人流网络环境下，上海市域内各级城镇聚落的一体化趋向愈加显著，立足于当代上海城乡一体化这一现状，上海城市史地的研究视野是否应该有所拓展，将市域内的各级城镇尽收"眼底"呢？本书即从此角度出发，作者力图重新审视上海地区城镇聚落的历史形态及空间体系，发现一个较过去学界所关注

1

的更"大"、更体系化的上海城镇群，虽然本书仅是作者在这方面尝试性的一小步，并未将今日上海全域的城镇作为研究对象，而只是选定了市域内在明代创立的卫所城市，但确实也是一次重新审视"大上海"城镇群的有益尝试。

我以为本书作者之所以选择这些城市作为主要的研究对象，究其原因有如下几点。首先，这些城市的形成背景相同，它们都是在明代卫所制度下诞生的军事堡垒，经过人为规划而成的，且其筑城时间极为接近。其次，他们所处地方的自然环境也十分相似，这些城镇从性质上看都是海防卫所，他们位于沿海地区，筑城之初基本是直抵海塘、直面大海的，而且都是因袭了原有滨海盐业市镇繁华墟场的土地空间，因此都是当时滨海地区的中心聚落。正是由于筑城背景和所处环境的相似，使得这些卫所城市的平面形态也呈现出高度的一致性，而与周边水乡的原生市镇的平面形态截然不同。最后，他们在相当长的历史时期，此类滨海卫所城镇也具有极为相似的发展历程，如他们都在明初建城，成为军事堡垒，清雍正初转为县城，此后长期作为县域中心城镇，并且大多延续至现代。值得重视的是，此类卫所县竟占到了现代上海市域内县城城市的半数之多。

在本书中，作者通过对地方史志、传统舆图和近代实测地图等文献资料的梳理对比，兼用田野勘察等方法，以城镇历史形态学的分析方法，结合中国传统史料的特性，尝试以较高分辨率的城市地块分析、具体入微的多因素集成分析等新方法展开对上述卫所城市的复原研究，力求再现此类城镇起源、形成及形态演变的详细过程，并着重梳理特定时代背景下的特殊类型城市的转型现象，将之视为明清上海地区城镇发展谱系的一种类型来加以阐明。

本书正编共分八章。除序章外，第一章概述上海市域内诸卫所城镇之筑城简史，文中将城墙的出现作为卫所军事城市成立的关键

"出生证明"，因此着重探讨城墙的演变，并兼及城市选址的原因。第二至第五章是以上海市域内 4 座卫所城镇作为具体案例，对其进行详细的历史形态研究。在具体的分析中，可以说穷尽了这些城镇相关的现存史料，尽可能地将这 4 座城镇明清时期的平面格局予以完整呈现，根据各城的演化分出多个时间断面，绘制出了一套较高比例尺的历史复原地图，这既是本书的主要研究目的，也是值得评价的重要学术贡献。第六章则在前文基础上，集中考察这 4 座卫所城市的功能变化，并评价他们在今日上海市域内城镇体系发育形成过程中的地位。第七章将研究范围扩展至江南地区的 20 多座海防卫所城镇，通过归纳其形制，比较其与江南原生城镇的异同，进而总结上海区卫所城镇的个性与特征。

本书的外编两章分别是对常熟和安丰两座苏皖古今城镇的研究，是针对不同区域、不同类型资料而灵活运用城市历史形态学研究的有益尝试。由于这两城史料各具特点，所以作者因地制宜地运用多重的解读视角和相适配的分析手法，"构建"了这两座城市的历史形态。常熟是江南文献大邦，保存有迄今少见的宋代县志和宋代城市舆图，作者从历史文献考证入手，继而运用大比例尺复原地图，清晰地重建了该城南宋时期的城市平面格局与基层管理组织的空间分布状况，并追溯北宋及唐代城市形态，讨论唐宋江南城市发展等问题。安丰作为江南外围的淮西城镇，设置于秦，废弃于明，文献多已难寻，因此作者采用现场田野实勘为主，文献考证为辅的手法，探索该区域城市在南北朝时期城址反复迁徙和城市形态等问题。不过需要指出的是，第六、七两章的论述尚显单薄，论理不足，史料与案例也还不够充分，尚有待补充与积累，这也是作者今后值得努力的方向。

作者自 2014 年考入上海师范大学历史地理专业，直至 2021 年以"上海地区县级城镇历史形态研究"为论摘得博士学位，期间一贯专攻上海地区城镇历史地理；加之读研期间，孙君也一直参与本人组织的"中国城市历史形态学工作坊"，因此对于当时他孜孜以求为此书论及的许多个案四处奔走踏查、与师友亲密无间地探讨交流的情境，也是历历在目。因此，作为指导老师十分清楚孙君长于城市历史形态的精细考证及相关历史复原地图的精确绘制的特质，这些相信读者也可通过阅读此书自有体会。当然，此书对于城市形态与城市功能的关联、上海地区诸城镇的类型化归纳及历史城镇网络考察等课题的研究尚不够深入，这些都是缺憾之处，希望作者在日后研究中多加留意，也期待他能提出更为完整的上海历史城镇体系全貌。

钟 翀

2022 年秋

目　录

序 章

一 缘起

长久以来，城市化似乎已成为文明的代名词，或者说是走向文明的一种方式，而城市化的本体即城市，则包括了更多的意义，大到国家实力，小到个人生活。简而言之，城市化是一种集聚效应的体现，人口、财富、技术、文化在城市中不断聚集、分享。所以，城市其实是作为一个地理实体的"点"，在不断地吸收、重组、分配各种资源，也就是说城市是一个处于不断变化过程中的时空点。时间与空间这两个历史地理学研究所必备的要素恰巧都存在于城市化这个过程中，自然而然地，了解城市化的细节，尤其是历史中的城市变化就成为历史地理学的一个非常有趣的课题。

而今的人类聚落分层体系中，城市群被作为顶层集合体。中国最具规模效应的城市群——长三角城市群，其核心自然要落在上海。上海作为当今中国城市化最发达的地区之一，包含历史地理在内的各门学科对其的研究之丰富，显然也已到了恒河星沙的程度。在本书落笔之前，略想提醒的是在中国城市发展过程中，政治因素一直发挥着极为重要的作用，所以按行政区划体系对城市本体进行研究是条便捷路径。上海自上世纪50年代因副食品短缺而从江苏接收了周边数县，已明确说明上海主城作为单独的城市个体，在发展过程中似乎是有局限性的。上世纪80年代起，开始在全国实行"市管县"体制，紧接其后韩国广域市的出现，以及日本"平成大合并"努力整合市町村使之升格为更高层次的城市（特例市、中核市或政令指定市），加上前几年我国台湾地区的县市合并升格，东亚地区城市规模扩张一时风起。以上现象都表明，东亚区域内的城市经历近百年的发展后，从刚产生时的狭域市步入了向广域市转变的时代，也就是说城市开始摆脱单独发展的观念，转而采取体系化的集群式发展。由此本书设想的将现今上海市域内众多"城市"作为上海城市整体体系来观察就具有合理性了。

这个"众多城市"的解释，首要是考虑政区因素，既然政治性是中国历史城市的大特色，那么以政区作为划分标准当然具备一定的合理性。学界一般认为，中国政区以县最为稳定，按此经验，显然该将县城作为中国城市金字塔的基座。循此思路，本书将上海市域内的县级城市作为研究对象，而在具体的界定过程中，又发现明清以来的今上海市域内县级城市有一类是从与众不同的军事城市发展而来，即明代卫所城。本书即试图从此入手，以探讨上海城市体系形成发展的过程。

今日上海县级政区的构成，始于唐代设华亭县，奠定于清雍正江南分县，以目前习惯而并非正式的县级区划来看，上海市域内有市中心区、闵行、浦东、宝山、嘉定、青浦、松江、金山、奉贤、崇明和并入浦东的南汇等传统行政区域。若撇开民国以来的行政区划变革，对应于清末的旧府县区划的话，那么今日市中心区和闵行是原上海县，浦东是川沙厅，松江是府，下有华亭和娄县两个附郭县，其他相同。换句话说，今日市域内存在了上海、川沙、宝山、嘉定、青浦、松江、金山、奉贤、南汇和崇明 10 座府县级城市。在这 10 座城中，金山、奉贤、南汇、宝山 4 座城源于明代的卫所城市，川沙是卫所之下的堡城，卫所城市占据半数，数量可观。理清他们的历史脉络，是解答上海城市体系史地变化的一大课题。

本书即是想通过对这些卫所城市的史地研究，为上海城市体系的形成发展做一个初步的建构，为上海地区城市谱系的史地研究提供基础资料。

二　回顾

卫所制度是卫所城市产生的基石，对卫所城市的研究需先从制度背景入手。学界对卫所制度的研究已可用汗牛充栋来形容，以谭其骧《释明代都司卫所制度》[1]所发轫，深究于顾诚《明帝国的疆土管理体制》[2]等文，郭红、靳润成所著《中国行政区划通史·明代卷》[3]又做了阶段性总结。新近出版的李新峰《明代卫所政区研究》[4]从政区制度入手，更加深入讨论了卫所制于明代行政体系中的位置。

《释明代都司卫所制度》一文以对传统文献全面梳理释读为手段，从典章制度的角度，概述卫所制度的沿革、类别以及其他一些具体事项，从而描述出该项制度的来龙去脉。之后，顾诚以《明前期耕地数新探》《明帝国的疆土管理体制》《谈明代的卫籍》和《卫所制度在清代的变革》等系列文章[5]，详细阐明了卫所制度发生、演化、及最终消亡的过程。此外，在一些具体问题上，也是成果辈出，如军屯的问题可参考王毓铨《明代的军屯》[6]，军户问题有张金奎《明代卫所军

〔1〕　见谭其骧：《长水集（上）》，北京：人民出版社，1987 年，第 150—158 页。

〔2〕　见顾诚：《隐匿的疆土：卫所制度与明帝国》，北京：光明日报出版社，2012 年，第 48—71 页。

〔3〕　郭红：《中国行政区划通史·明代卷》，上海：复旦大学出版社，2007 年。

〔4〕　李新峰：《明代卫所政区研究》，北京大学出版社，2016 年。

〔5〕　顾诚的四篇文章都收录于《隐匿的疆土：卫所制度与明帝国》一书。

〔6〕　王毓铨：《明代的军屯》，北京：中华书局，2009 年。

户研究》[1]等书。卫所史地和城市的研究，有李孝聪《明代卫所选址与形制的历史考察》[2]、刘景纯《明代九边史地研究》[3]等。《明代卫所选址与形制的历史考察》主要集中叙述北部"边防"等地的卫所城研究，以传世文献和明代舆图，兼之实地考察，探讨交通网络、城镇分布、社会环境影响等问题，这对本书有启发性作用。

推及城市历史地理方面，无论是理论、断代、大区域还是个案，相关研究也是硕果累累，不断涌现。不过城市历史地理的研究，多集中于社会、经济等人文地理领域，着力于城市平面形态演变方向的研究尚是起步不久，正是方兴未艾之时，仍需积累。结合卫所制与城市史地两者的卫所城市研究，目前也渐成热点，不过还缺乏实质性的进展。

英国学者康泽恩在《城镇平面格局分析：诺森伯兰郡安尼克案例研究》[4]一书中以长时段考察、提取地物要素为研究对象、细部化分析城市平面格局等方法，对城市历史变化进行研究，堪称奠定了城市历史平面形态研究的基础。成一农在《古代城市形态研究方法新探》[5]一书中检讨了中国历史城市研究中的诸多不足，并提出新的思考，是中国古代城市地理研究的重要理论作品。

杨宽的《中国古代都城制度史研究》[6]对城市内部格局多有讨论，总结了多种模式概念。但限于资料，不少结论仍处于推想阶段，而且学界多已认识到都城的案例并不普遍适用于低政治级别的城市。

---

〔1〕 张金奎：《明代卫所军户研究》，北京：线装书局，2007年。
〔2〕 见李孝聪：《中国城市的历史空间》，北京大学出版社，2015年，第160—180页。
〔3〕 刘景纯：《明代九边史地研究》，北京：中华书局，2014年。
〔4〕 [英]康泽恩：《城镇平面格局分析：诺森伯兰郡安尼克案例研究》，北京：中国建筑工业出版社，2011年。
〔5〕 成一农：《古代城市形态研究方法新探》，北京：社会科学文献出版社，2009年。
〔6〕 杨宽：《中国古代都城制度史研究》，上海人民出版社，2006年。

马正林《中国城市历史地理》[1]、斯波义信《中国都市史》[2]、李孝聪《历史城市地理》[3]和韩大成《明代城市研究》[4]按时间断面展开研究，扩展了城市研究的对象范围。侯仁之《北平历史地理》[5]、曾昭璇《广州历史地理》[6]和前田正名《平城历史地理学研究》[7]等著作是个案研究的大成之作。

　　鲁西奇基于大量区域个案分析研究而成的《城墙内外：古代汉水流域城市形态与空间结构》[8]是一本区域城市史地著作，其中对区域城市的研究手法和明清城市平面格局的讨论对本书有重要启发。江南发达的市镇环境所带动的区域市镇研究成为本书所追寻的对象，樊树志《明清江南市镇探微》[9]和《江南市镇：传统与变革》[10]、钟翀《東南中國，吳越水鄉地域における歷史都市の「夾城作河」構造について》[11]、张忠民《明代上海地区城镇的增长、分布及其特点》[12]和安涛《中心与边缘：明清以来江南市镇经济社会转型研究——以金山县市镇为中心的考察》[13]等著作或论文都为本书的完成提供了大量可

〔1〕 马正林：《中国城市历史地理》，济南：山东教育出版社，1998 年。
〔2〕 ［日］斯波义信：《中国都市史》，北京大学出版社，2013 年。
〔3〕 李孝聪：《历史城市地理》，济南：山东教育出版社，2007 年。
〔4〕 韩大成：《明代城市研究》，北京：中华书局，2009 年。
〔5〕 侯仁之：《北平历史地理：平装版》，北京：外语教学与研究出版社，2014 年。
〔6〕 曾昭璇：《广州历史地理》，广州：广东人民出版社，1991 年。
〔7〕 ［日］前田正名：《平城历史地理学研究》，上海古籍出版社，2012 年。
〔8〕 鲁西奇：《城墙内外：古代汉水流域城市形态与空间结构》，北京：中华书局，2011 年。
〔9〕 樊树志：《明清江南市镇探微》，上海：复旦大学出版社，1990 年。
〔10〕 樊树志：《江南市镇：传统与变革》，上海：复旦大学出版社，2005 年。
〔11〕 钟翀：《東南中國，吳越水鄉地域における歷史都市の「夾城作河」構造について》，日本《歷史地理學》第 237 期，2008 年。
〔12〕 张忠民：《明代上海地区城镇的增长、分布及其特点》，《史林》，1990 年第 1 期。
〔13〕 安涛：《中心与边缘：明清以来江南市镇经济社会转型研究——以金山县市镇为中心的考察》，上海人民出版社，2010 年。

供借鉴的经验。

卫所城市的个案研究成果也颇为丰富，但具体到研究对象——上海卫所城市，其成果则少而又少，可供参考的并不多见。聊备查考的有章采烈《上海浦东老宝山城非浦西宝山县城前身考》[1]、奚柳芳《论清浦古镇未沉陷入江及长江口沉石带的来源》和《宝山与宝山城之兴废》[2]。其他还有数篇关于金山、青村等城的研究，但多错讹，不再列出。

涉及上海自然地貌对卫所城影响的有谭其骧《上海市大陆部分的海陆变迁和开发过程》[3]、黄宣佩《从考古发现谈上海成陆年代及港口发展》[4]、陈家麟《长江口南岸岸线的变迁》[5]、张修桂《中国历史地貌与古地图研究》[6]等，也为本书提供了自然地理方面的参考资料。

三 展望

明代卫所城市是中国古代围郭城市体系的一个重要组成部分，其城市特征肇始于军事型围郭城市，后逐渐兼容民政功能成为"普通"城市。明亡之后，有相当数量的卫所城并未随卫所制的消亡一并消失，而是得以存留并成为一县的行政中心。在明代，今上海地区不与府县同城的独立卫所城有金山卫（今金山）、青村所（今奉贤奉城镇）、南汇嘴所（今浦东惠南镇）、吴淞江所（今宝山）和宝山所（今浦东高桥镇北）共5座。它们之中，除宝山所城消亡以外，其他

〔1〕 章采烈：《上海浦东老宝山城非浦西宝山县城前身考》，《东南文化》，1990年第5期。
〔2〕 奚柳芳两文先后刊于《史学月刊》，1993年第2期和1994年第4期。
〔3〕 谭其骧：《上海市大陆部分的海陆变迁和开发过程》，《考古》，1973年第1期。
〔4〕 黄宣佩：《从考古发现谈上海成陆年代及港口发展》，《文物》，1976年第11期。
〔5〕 陈家麟：《长江口南岸岸线的变迁》，《复旦学报》，1980年增刊。
〔6〕 张修桂：《中国历史地貌与古地图研究》，北京：社会科学文献出版社，2006年。

4座城市皆于后世成为县治所在，为一县总领之地。本书试图通过对地方志及其他著述、古旧地图和近代大比例实测地图等文献材料的梳理比对，兼用田野勘察等手段，以历史形态学方法，结合中国传统史料的特性，尝试以区块分析的思路开展对上述城市的复原研究，力求呈现这些城市发生起源、形成及演化等情况的详细过程，理清特定时代背景下的特殊类型城市的转型，并将其视为明清上海地区城市发展谱系的一种类型来加以阐述。

本书的具体研究分为城市的外在和内生两个层面：外在是地理实体即城市本体，内生是城市功能，并理清这两者的相互作用与演化过程。

城市本体研究，以城市成形之初的筑城史说起，根据资料存留状况，分时段进行街区、水系等城市基底平面和城市景观变化的描述，并梳理对城市本体造成波动性变化的历史事件。城市功能研究，注重卫所城市草创时的军事功能如何消亡或存续，以及民政功能的出现，解释城市功能对城市发展的影响。

最终本书将研究对象与周边卫所城市和普通城市进行比较，对这些城市进行组合分类，归纳其类型，概括城市发展的类型化特征。通过对金山卫、青村所、南汇嘴所和吴淞江所等城市的研究，发现其形制上的"独特"之处。这个"独特"之处是相较于周边城市而言，对于处在江南地区的城市或市镇聚落来说，水系对城市形态的影响具有重要作用，然而在上海地区的卫所城市身上，却完全看不到这种影响，可以说这几座卫所城市的最大特征就是"厌水性"。"厌水性"的由来是与城市本身的功能和筑造过程有着息息相关的联系的。卫所城市作为国家海防系统中的军事城市，其筑造过程被强烈的国家意志贯穿其中，是由官方统一规划、建造，可以说它们是突然降临的城垒，而非因经济社会活动自发产生的城市聚落。所以自然条件对其影响必然不大，江南地区最大的自然特色——水乡河流，显然并不能左右卫所城市的城市格局。

本书采用康泽恩的历史形态学分析法[1]，是通过观察由街道、街区和建筑三者构成的城市地块基底平面的要素，并根据时间轴细考它们的变换历程，进而全时段复原对象城市的平面格局，呈现城市演化的动态过程。成一农提倡的要素研究法[2]，对中国古代城市研究具有重要意义，即将构成城市形态的各要素进行分解研究。虽然这个方法是对各要素采取长时段的类型化分析，以期取得城市抽象模型，寻求其规律，而非是针对具象的城市研究而言。但成一农提出的分解提取要素的方法，与康泽恩将城市平面分解成街道、街区、建筑三个组织单元有异曲同工之妙。钟翀在《上海老城厢平面格局的中尺度长期变迁探析》[3]中对传统舆图的考证，与对桥梁街巷等地物的复原，均是利用中国传统史料将康泽恩理论应用在中国城市史地研究中的具体实践，使康泽恩的理论在中国城市历史地理研究领域成功落地。

具体操作中，钟翀《基于早期近代城市地图的我国城郭都市空间结构复原及比较形态学研究概论》[4]对于本书在利用近代实测地图、复建城市历史形态、比较和溯源城市最初发生结构等方面都起到了指导性作用。

考虑到研究对象所处的自然区域特点，和资料留存情况，分解

---

〔1〕 参见《城镇平面格局分析：诺森伯兰郡安尼克案例研究》一书。

〔2〕 参见《古代城市形态研究方法新探》一书。

〔3〕 钟翀：《上海老城厢平面格局的中尺度长期变迁探析》，《中国历史地理论丛》，2015 年第 3 期。

〔4〕 见钱杭主编《中国历史地理论丛．第一辑》，上海：学林出版社，2013 年，第233—238 页。

出城墙、街道、河道、桥梁和建筑等基础要素，复建城市地理的平面基底，然后分时段复原城市平面形态。在城市功能部分，将利用方志、家谱、碑志等资料，从城市财政收入、人员成分、城市经济部门等方面切入，寻求其所产生的影响。

综而述之，本书是以近代大比例实测地图为参考，复建城市平面格局；然后通过方志、家谱等文献材料，逐时段溯源其平面格局；通过时间层比较，揭示城市平面演变过程，从而提取出城市性质功能演进之线索，检视其发生学意义上的本源，归纳其对今城市格局的影响。

研究的基础资料方面，包括各城所在县域的地方志，金山卫城有四种，青村所城有四种，南汇嘴所有五种，吴淞江所的方志有四种，各志的具体内容将在后文各城形态复原的篇章中分别介绍。此外，周边县域方志也有补充之用，如松江方志之于金山卫，嘉定方志之于吴淞江所。另外还有就是相关的乡镇志，以及诸如《筹海图编》[1]等关于明代卫所、明清海防和军事方面的资料。各城相关方志，具体可见表1：

表1　上海地区各卫所城市主要方志表

金山卫	青村所	南汇嘴所	吴淞江所
正德《金山卫志》	正德《金山卫志》	正德《金山卫志》	乾隆《宝山县志》
乾隆《金山县志》	乾隆《奉贤县志》	雍正《分建南汇县志》	光绪《宝山县志》
咸丰《金山县志》	光绪《重修奉贤县志》	乾隆《南汇县新志》	民国《宝山县续志》
光绪《金山县志》	民国《奉贤县志稿》	光绪《南汇县志》	民国《宝山县再续志》
		民国《南汇县续志》	

〔1〕（明）郑若曾：《筹海图编》，北京：中华书局，2007年。

第一章　上海地区卫所城市筑城简史

明清时期，中国城市最为显著的标志莫过于城墙。或许在明前期的江南，城墙这一要素还非是城市所必须，如上海等许多城市在立县后的相当长时间内就未建城墙。然而迈入明中后期之后，或是为了军事防御的需要，或是为了体现城市在政治属性上的优越感，又或是其他种种原因，城墙逐渐成为中国城市重要的"图腾"[1]。卫所城市作为军事城市，城墙对于它来说是更具重要性和实用性，因此相较于同时段同地域的其他城市，卫所城市的城墙修筑较早，且规划营造上更具主动性，大多是与城市本身一起创建的。所以，基于以上原因，本书将"筑城墙"作为所讨论对象城市的"出生证明"，从这一刻起，把它们作为"城市"进行描述。

第一节　筑　城

东南沿海卫所城市的营建，主要归功于洪武中期汤和奉朱元璋之命，布置海防事件。由于史料记载的混乱，此事件的具体时间和

---

[1] 据成一农《古代城市形态研究方法新探》："明代中叶，尤其是正统十四年土木堡之变后，全国逐渐展开了筑城活动……一直持续到了清末。"，北京：社会科学文献出版社，第 245 页。又，鲁西奇在《中国历史的空间结构》一书中，阐述了城墙作为威权象征的特质，桂林：广西师范大学出版社，2014 年。

地域范围有所出入，历代学者也多有讨论。若采纳刘景纯《汤和"沿海筑城"问题考补》(以下简称"刘文")〔1〕一文的意见，汤和是在洪武十九年至二十年(1386—1387)两年中，南下两浙沿海执行此事的。

朱元璋之所以选择汤和来布防东南海疆，其原因不外乎是汤和熟稔这一地域的军事地理。在明开国战争中，正是汤和领兵砥定两浙和福建地区。具体操作上，汤和听取了方鸣谦的建议，而方鸣谦恰是他曾经的对手，割据浙东的方国珍之侄，他对这一地域的熟悉更不在话下。据《明史》卷一百二十六《汤和传》：

> 和请与方鸣谦俱。鸣谦，国珍从子也，习海事，常访以御倭策。鸣谦曰："倭海上来，则海上御之耳。请量地远近，置卫所，陆聚步兵，水具战舰，则倭不得入，入亦不得傅岸。近海民四丁籍一以为军，戍守之，可无烦客兵也。"〔2〕

方鸣谦出了两条建议，一是筑城，一是就地募兵，汤和完全按照他所说的做。在同卷的下段有如下文字：

> 和乃度地浙西东，并海设卫所城五十有九，选丁壮三万五千人筑之，尽发州县钱及罪人赀给役。……踰年而城成。……浙东民四丁以上者，户取一丁戍之，凡得五万八千七百余人。

如此，两浙的海防卫所体系基本成型，这个体系最直观的外物

〔1〕 刘景纯：《汤和"沿海筑城"问题考补》，《中国历史地理论丛》，2015年第2期。
〔2〕 (清)张廷玉：《明史》卷一百二十六《汤和传》，北京：中华书局，1974年，第3754页。

表现就是 59 座军事城市凸现于世。实际上与此同时，朱元璋还派遣了周德兴前往福建去布置海防，换来的成果是在福建筑 16 座军事城市。周德兴曾于征伐蜀地明玉珍和洪武十三年（1380）平定思州五开蛮的两次军事行动中被配属于汤和的军下，另在《明史·汤和传》中记载是"明年，闽中并海城工竣，和还报命"[1]及同书卷九十一《兵志三》"海防"条中记录有"二十一年又命和行视闽粤，筑城增兵。"[2]由此可知，长江口以南整个东南沿海卫所体系的形成和卫所城市的建造都是汤和所主持，具体层面的操作则以都指挥使司辖区为界，分人负责，其中汤和又亲自布置了浙江都司等地的卫所设置。

　　本书所讨论的几座卫所城市的筑建，是否与汤和有所关联呢？这一点学界也多有讨论，前文所述之刘文认为金山卫等五城是汤和所建，而魏欣宝在《汤和未筑金山卫、青村所、南汇嘴三城》（以下简称"魏文"）[3]一文中提出了反对意见，认为具体实施修筑以上三城的安庆侯仇成是直接领命于朱元璋，非属汤和节制。谢辉在点校正德《金山卫志》时也认为金山卫筑城与汤和无关。[4]

　　东南沿海卫所的构筑莫甚于洪武十九年（1386）汤和南下巡海之事，但此前也有零星设置，如太仓卫就设于吴元年（元至正二十七年，1367）。[5]因此卫所设置的时间点是做出判断的一条线索。《明史·兵志三》中有记录在洪武二十年（1387）设"金山卫于松江小官

〔1〕《明史》卷一百二十六《汤和传》，第 3755 页。
〔2〕《明史》卷九十一《兵志三》，第 2244 页。
〔3〕魏欣宝：《汤和未筑金山卫、青村所、南汇嘴三城》，《中国历史地理论丛》2016年第 1 期。
〔4〕见谢辉点校正德《金山卫志》之《整理说明》，《上海府县旧志丛书·金山县卷》，上海古籍出版社，2014 年，第 3 页。
〔5〕见《明史》卷四十《地理志一》"太仓州"条，第 920 页。

场，及青村、南汇嘴城二千户所"。[1]从时间点上来说，符合汤和筑城一事。而且早先设置的卫所，多沿用已有旧城，城墙形态与汤和所建的多不相同。[2]

另，正德《金山卫志》上卷一《城池》："洪武十九年，安庆侯等官领命沿海置卫，召嘉、湖、苏、松等府卫军民土筑"[3]，表明金山卫乃安庆侯主持修筑。同卷中记青村所和南汇嘴所修筑状况是"初与卫同召军民土筑"。[4]今奉贤、南汇两地存世最早的方志——乾隆《奉贤县志》和雍正《分建南汇县志》两书也均有相同记载。魏文即凭此，认为三城是安庆侯所筑，无关汤和。考明初安庆侯为仇成，《明史》有传。

又，万历《嘉定县志》卷十六《兵防考下》"城池"条载吴淞所城是"荥阳侯郑遇春、镇海卫指挥朱永奏建，事在洪武十九年"，以及宝山所城也是"洪武十九年，指挥朱永建。"[5]

目前虽未明确仇成、郑遇春两人在此事中是否与汤和有上下隶属关系，但正如本书之前所指出，汤和于布置东南沿海防线一事中的重用性，以及在时间线上的一致性，因此很难排除此五城的修筑与汤和无关。即使今日上海区域内的卫所属于中军都督府直辖，而非浙江都司，但在地理范围内却是明确属于浙西无误，是汤和直接负责的范围。并且此地域范围狭小，似乎也没有必要特意分出，另

---

〔1〕《明史》卷九十一《兵志三》，第2244页。

〔2〕见孙昌麒麟：《江南沿海卫所城市平面形态比较及分类探析：基于旧日军大比例尺实测图的考察》，《都市文化研究》第14辑，上海三联书店，2016年。

〔3〕（明）张奎：正德《金山卫志》上卷一《城池》，《上海府县旧志丛书·金山县卷》，上海古籍出版社，2014年，第16页。

〔4〕正德《金山卫志》上卷一《城池》，第17页。

〔5〕（明）韩浚：万历《嘉定县志》卷十六《兵防考下》，《上海府县旧志丛书·嘉定县卷》，上海古籍出版社，2012年，第326页。

命专人负责。因此，本书倾向上海地区的五座卫所城市是汤和负责主持修筑的。

此外，在乾隆《金山县志》卷九《汤和传》、乾隆《南汇县新志》卷二《建置志》、光绪《重修奉贤县志》卷二《建置志》等文献中，开始直接称这些城是汤和所筑，虽说这应只是沿袭附会，而不是一手记载，不过也可窥知从清中期开始，当地人已开始认同城池乃汤和所筑。

第二节　城址的选择与迁移

明代上海地区大体以吴淞江为界，南为松江府，北为苏州府嘉定县。卫所系统也遵循此例，吴淞江之南的金山卫、青村所、南汇嘴所为一个军事单位，两所隶属金山卫；北面的吴淞江所和宝山所则归太仓卫管理，从而使得两者在城址定位、城墙规模等方面差异明显。

金山卫立城之前已经是一个凭借海滨盐场而兴起的市镇，并且因设有盐场管理机构，得名小官场，后又雅化为篠馆镇。设卫筑城之后，旧在小官场的横浦场盐课司西迁至城外三里处。

青村所地域在正德《金山卫志》下卷一《盐场》中有"青村场盐课司，在中前千户所西南二里"[1]，同卷《镇市》中有"青村镇在中前所，西为高桥，各三里。高桥市独盛，海渔者得鱼，悉于此鬻。"[2]该地在设所之前与小官场同样是盐镇，唯有不同的是其西侧还有一个名为高桥的渔镇。

---

〔1〕　正德《金山卫志》下卷一《盐场》，第57页。
〔2〕　正德《金山卫志》下卷一《镇市》，第57页。

南汇嘴所的地名为三团，"团"是盐场下级机构的称谓，雍正《分建南汇县志》卷二《乡保》里就记载下砂场管理编号为一至九的九个团，三团位列其中。同卷《邑镇》中也记述城东即为盐场，所以该地也是由盐镇转变而来。

宋代《绍熙云间志》卷上《场务》中已见横浦、青村、下砂三座盐场，其中青村和下砂还是盐场监管廨舍所在地，也就是说这三座盐业聚落最迟至宋代就已发育形成。

综上，吴淞江以南三城都是建立在从海滨盐场发展起来的盐业聚落之基础上，其建城前的聚落史可追溯至宋。这三个卫所都选择了已发育成熟的聚落为立城之地，除考虑均衡布防以外，显然是对生活后勤等因素也做了一番考虑。凭借如此良好的基础，它们在后世向城市的发展进程中取得了先机。除此之外，在以海防为首要目的情况下，三城的选地以务必靠近海岸为先。后来因江河潮汐带来的泥沙淤积，三地的岸线都有向外推移。[1]其中，青村所和南汇嘴所地区特别明显，不仅土地面积增加，两城的区位也从原本的陆尾海头逐渐变为一区之腹里。凭借这些先天条件，这三座城市从建立之日起至今，位址都没有发生变动，而且城市地位总体呈现逐渐上升趋势。

吴淞江北两座城市的情况略微复杂一些。吴淞江所在地区于筑城之前没有地名留存，应当是没有依托已有聚落，为平地而起的一座纯军事城市。成于万历年间的《吴淞所志·自序》称吴淞江所"自嘉靖倭变以来，增立守江把总，总兵官亦来开府，而吴淞所始为江

---

[1]　金山卫海岸线变迁见张修桂《金山卫及其附近一带海岸线的变迁》，《历史地理》第 3 辑，上海人民出版社，1983 年。青村所、南汇嘴所海岸线变迁见谭其骧《上海大陆部分的海岸变迁和开发过程》，《考古》，1973 年第 1 期。

南重镇"[1]，可见即使是筑城之后，该地的地位也不甚重要，由之反推此地筑城之前有聚落的可能性较低。据万历《嘉定县志》卷十六《兵防考下》"城池"条记载，第一座吴淞江所城距离长江岸边约有三里，后因海潮侵蚀造成江岸塌陷，不得已于嘉靖十九年（1540）移往旧城西南一里另筑的新城，此城是本书所选定的讨论对象，即今宝山。

相较于吴淞江所，宝山所则更为曲折，最初在洪武十九年（1386）设立时只是一座小小的寨城，位于清浦镇（今浦东高桥镇北）。清浦镇起于何时今也无考，较早是在正德《练川图记》卷上《乡都》篇中被记录。正德《松江府志》卷十一《官署上》记，在永乐六年（1408）设清浦场盐课司，比起金山卫等三城所在的盐业聚落，存在明显的时间代差，在聚落规模的发展上也应存在差距。无论清浦镇规模如何，地处清浦镇的寨城难被称为城市是确定无疑的，因为其规模过小。历代方志对清浦镇一地的寨城记录多有讹误，从对宝山所城记录较完备的康熙《嘉定县志》卷二《戎镇》中看，此地先后应有三座小城，但不记其规模。正德《练川图记》卷上《防卫》和万历《嘉定县志》卷十六《城池》都只记了一座城的城周为"一百八十步"。以两步一丈算，也不过九十丈，其他两城的规模估计也应相似。这三座城后都荒废，并未能催发清浦镇向城市化发展。《筹海图编》卷六《直隶兵制》记，嘉靖三十六年（1557）调太仓卫中千户所来此，这时清浦旱寨的编制才升格为协守吴淞千户所，是吴淞江所城的辅助。万历四年（1576），迁城至旧城北数里，当时尚存的人工山即宝山脚下，并更名为宝山所城，始成为独立的军事单位。不过宝山所城最终于清顺治十八年（1661）被裁汰，后逐渐荒废，及至康熙八年

---

〔1〕 万历《吴淞所志》已佚，此篇《自序》收于民国《宝山县续志》卷三《城垣》，《上海府县旧志丛书·宝山县卷》，上海古籍出版社，2012年，第842—843页。

（1669）坍入江中。

吴淞江所与宝山所两城正处于黄浦江口的两岸，它们的选址对军事部署要求似乎更高，目的明确，就是为了扼守黄浦江口，据《筹海图编》卷六《直隶事宜》：

> 夫沿海设备，固为上策，万一外守不固，则黄浦一带又为苏、松险要，守浦乃所以守门户，犹有愈于守城也。今吴淞江口、即为黄浦口子，既经设备，而吴淞江所亦设兵一枝以防深入。[1]

这段文字充分说明两城设立选址纯以军事部署为先，并不考虑其他因素。其次，由于长江南岸受海潮影响，历来有塌陷，导致这一区域的聚落不发达，也间接影响到卫所在筑城之时，无已有聚落可依托。此处的地理环境不如吴淞江之南地区稳定，直接导致了宝山所日后的废亡，今日所存之浦东高桥宝山城遗址，实为康熙三十三年（1694）所建，与明代卫所城已无关系，因此下文将不再多做讨论。

第三节　城墙的演变

本章起首将城墙定义为城市化的标志，在本节将谈及城墙本身。按照康泽恩所提出的"固结线"概念，城墙常常作为框定聚落核心区域的界线。虽然根据大量个案来看，中国城市的城墙并不能完全限

---

[1]　（明）郑若曾：《筹海图编》卷六《直隶事宜》，北京：中华书局，2007年，第422页。

定城市的形态和规模，但作为一条有形的界线，城墙区分出"城内城外"这种在人文心理上的地理差异，所以用它来框定城市的核心区，大致也不会有太多出入。城门作为城内外交通的节点，必然控扼了城内，甚至是城外主干道的布局，进而再影响其他地物的分布。所以说，一套完整的城墙体系对城市平面形态有着至关重要的影响。本节即讨论本书对象城市的城墙从诞生到消亡的过程。

一、金山卫

据正德《金山卫志》的记载，金山卫城是在洪武十九年（1386）由安庆侯仇成所筑，土城，方形，周长十二里三百步多。四座陆门，门外有瓮城，另有一座水关。城门之上各有门楼，东西南北四楼依次名为"瞻阳""迎仙""拱宸""镇溟"，南北两座门楼又别称"镇海""拱北"。至咸丰《金山县志》则记录南门楼又别称"南安"，西门楼别称"凝霞"，城门与门楼同名。水关初应有两座，咸丰《金山县志》记有南北两座，南水关淤塞；又乾隆《金山县志》卷首《城池图》中绘有南水关，但标明"今塞"。并且在正德《金山卫志》上卷一《城池》和乾隆《金山县志》卷二《城池》的正文中都只记述卫城仅有一座水关。北水关即今城西北河道与护城河交汇处南侧。南水关位置即小官浦入城处，正德《金山卫志》下卷一《水类》"小官浦"条下称，在正统年间，都指挥佥事盛琦下令平河，疑即此时塞南水关。

四个城角都有角楼，角楼与门楼之间又有八座腰楼。门楼、角楼和腰楼之间又建造有箭楼，共四十八座。瓮城之上又有所谓金汁楼二座。

永乐年间，都指挥使谷祥将金山卫城改为砖城，又加高加宽城墙。乾隆《金山县志》记谷祥在永乐十五年（1417）修城。成化三年（1467）起又改砖为石，进一步加强了金山卫的防御能力。之后历有修缮，但规制没有大的改变，基本维持了筑城时的形态。民国十一年（1922）开始拆城，至解放初东门城墙尚存，其他地段后只剩土墙，后又逐渐拆清，仅留护城河。[1]今城东北角城墙尚有少部分留存。另在原南门位置附近有重建的门楼，聊以述古。

二、青村所

正德《金山卫志》载，青村所城建筑与加砖的过程与金山卫相同，是同一批工程。城为方形，四座陆门，门外有瓮城，门上有城楼，无水关，另有角楼四座，箭楼二十八座。最初周长是五里八十九步，高一丈九尺，谷祥改筑砖城时城高二丈五尺。乾隆《奉贤县志》卷一《城池》则是"周回六里，高二丈五尺。"[2]这个高度是谷祥改砖城后的数值，所以推定谷祥修城时扩展了城墙基址，从五里八十九步扩展到六里，之后的城墙形制基本没有变动。同卷还记载了四座城门的名字，东西南北分别是"朝阳""阜成""镇海""拱辰"。

从民国十九年（1930）起，开始拆城[3]，至今仅存北瓮城一段作为万佛阁墙面，"另在西北角高土墩下，埋有城墙约40米长"。[4]笔者在实地访查中，还发现位于城西南角的南街176弄99号院内有小段城墙夯土遗留。城外，环城的护城河保存完好，北城河道因挖浦南运河而略有外移。

1985年《奉城镇现状示意图》中，绘有残留的旧城基。其中，城

---

〔1〕《金山县地名志》，上海：汉语大词典出版社，1992年，第496页。

〔2〕（清）李治灏：乾隆《奉贤县志》卷一《城池》，《上海府县旧志丛书·奉贤县卷》，上海古籍出版社，2009年，第25页。

〔3〕民国《奉贤县志稿》，《上海府县旧志丛书·奉贤县卷》，上海古籍出版社，2009年，第503页。

〔4〕《奉贤县志》，上海人民出版社，1987年，第847页。

南大部分城基仍然存留，城西北尚留有小段，将其连缀成线，并根据护城河走向，可知奉城是一座方形城池，并能确定城墙的走向。东、南、西城河各有一处外"凸"形河道（见附册图7），是由于城门外瓮城所致，因而该处是原城门位置。北城河因河道外移而无此类微地貌。

三、南汇嘴所

以正德《金山卫志》记载，南汇嘴所筑城和改砖城扩建的过程与青村所相同。初时周长五里一百四十九步，方形城池，陆门、水关、瓮城、城楼、角楼各四座，箭楼四十座。雍正《分建南汇县志》卷四《城池》记述水关仅东西两座，另补充了四座城门的名字，东门望海、西门听潮、南门迎熏、北门拱极，并补充了谷祥扩建的周长数据是六里七十五步。之后，城墙形制基本未变，至乾隆三十九年（1774）又修了十六座炮台。[1] 1958年拆城墙，[2] 今日南汇城墙仅存原东城墙南段的一小段遗址，在今南汇一中内。不过观察地貌，老城厢之护城河仍然保存完整，呈一正方形，据此可知原老城为一座方形城池。民国《南汇县续志》所收《城厢图》等近代实测地图同样证实了南汇老城厢是方形城池的形态。按《惠南镇志》，今城基路、卫星路分别为原西城墙和南城墙基。[3]

上海本地方志中，最早记述南汇城墙的是弘治《上海志》。该书卷一《城池》记："洪武十九年，安庆侯所筑。城周五里一百四十九

〔1〕（清）胡志熊：乾隆《南汇县新志》卷二《城池》，《上海府县旧志丛书·南汇县卷》，上海古籍出版社，2009年，第325页。

〔2〕上海市南汇县县志编纂委员会：《南汇县志》，上海人民出版社，1992年，第89页。

〔3〕《惠南镇志》编纂委员会：《惠南镇志》，北京：方志出版社，2005年，第294页。

步，高二丈五尺。永乐十五年九月，都指挥使谷祥增高五尺，池周六里七十五步，深七尺五寸，阔二十四丈。月城四座，城楼四座，陆门四座，水门四座，角楼四座，箭楼四十座，烽堠十七座。"[1]文中城墙和护城河长度与今日老城厢规模大体相当，所以南汇围郭基址自洪武筑城之后基本未发生变化，直至1958年拆除城墙。[2]

雍正《分建南汇县志》之后的各南汇县志中，遗漏"池周六里七十五步"的"池"字，将此句误植为谷祥增修后的城墙长度，从而引发了后人对谷祥修城时改变城墙走向的疑问。这个误解在记述江南卫所的文献中相当常见。永乐年间谷祥增修江南卫所城池，是江南卫所城建史上，继洪武汤和筑城之后又一重要事件。大量文献记述了谷祥修城后的城墙长度与汤和建城时的长度存在差异，而分析史料发现，所谓谷祥修城实际多是加高加宽城墙，基本没有改动城墙走向的工程。此处，南汇老城厢护城河长度被后世方志误植为城墙长度的例子，可为谷祥修城产生的城墙周长疑问提供一个解释。

弘治《上海志》和正德《金山卫志》都记录南汇嘴所水关有四座，而到雍正《分建南汇县志》及之后方志记述水关仅有东、西两座。在民国《南汇县续志》所收《城厢图》与民国《邑城》图两幅近代实测地图中，城西南角的近南城墙处都标有地名"下水关"；另在四幅传统舆图中，此处也都有一条南北向河道抵近南城墙（见下图），所以该处在雍正之前应有一处水关，通向外流。那么明代两部方志所记南汇城有水关四座就应当无误，只是第四座水关位置尚难确考。

---

〔1〕（明）郭经：弘治《上海志》卷一《城池》，《上海府县旧志丛书·南汇县卷》，上海古籍出版社，2015年，第19页。

〔2〕《南汇县志》，第89页。

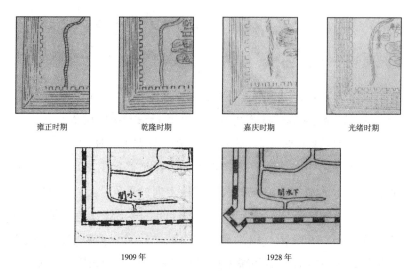

| 雍正时期 | 乾隆时期 | 嘉庆时期 | 光绪时期 |

| 1909 年 | 1928 年 |

各时期南汇嘴所城西南"南北向河道"与"下水关"对应位置

四、吴淞江所

　　吴淞江所前后有两座。根据时间较早的正德《练川图记》卷上《城池》所载，第一座城由荥阳侯郑遇春建于洪武十九年（1386），建文元年（1399）和永乐十六年（1418）施镇和谷祥进行过两次改建，修筑和改建时间与上述金山卫等三城几乎是同时。这座城周长一千一百六十丈十六步，有四座城门，无水关。又，据康熙《嘉定县志》卷二《戎镇》补充，建文元年施镇改建具体是将面临长江的东北城角包砖，以抗击江水冲刷。按谷祥在永乐十六年（1418）主持江南沿海卫所"土改砖"的惯例，第二次改建应是对城墙全段包砖的改造。嘉靖初年，此城开始逐渐坍入长江，至万历四十年（1612），北半城完全沦入江中。

　　第二座城，世称"新城"，在旧城西南一里处，即今宝山。据嘉靖《嘉定县志》卷六《兵制》记载，此城是嘉靖十六年（1537）由兵备副使王仪所建，土城，三十一年改砖城。城周长七百二十丈，城为方形，有四座陆门，一座水关，有内外两条城河，同卷《吴淞所城图》显示水关位于城西北。新城的水关变化比较复杂，历经数次改辟，位置多次变动。万历《嘉定县志》卷十六《城池》记载，万历四年（1576），因遭台风侵袭，灾后重建时将水关移至东南；但是在二十八年，又因风水之说，把水关移到西南。再据康熙《嘉定县志》卷二，顺治七年（1650）水关第二次移至东南。乾隆《宝山县志》卷二《城池》载，康熙五十六年（1717），重开西南、西北二水关，不久西南水关又淤塞，只存东南与西北二水关。今日吴淞江所城遗迹有临江公园内所残留的一段南城墙和水关构件，护城河只存东城河和北城河东段。

五、宝山所

宝山所最早只是一座旱寨，正德《练川图记》并未将其视作"城池"，只是在卷上《防卫》中记其名为江东旱寨，洪武三十年（1397）太仓卫指挥刘源所建，周长一百八十步。嘉靖《嘉定县志》记载更细，卷六《兵制》称此寨为清浦旱寨，是洪武十九年（1386）指挥朱永建，刘源于三十年奏建城堡。万历《嘉定县志》卷十六《城池》载，万历五年（1577）筑城，城周二里九分，有东西南三座城门，城北有城楼，至此宝山所城建立。

以上三志对宝山所城的记载都过于简略，易成讹误。康熙《嘉定县志》记载则较为完备，卷二《戎镇》记洪武十九年江东旱寨和三十年清浦旱寨并非是同一座城，是两座不相干联的土城。正统九年（1444）在两城东侧又建砖城一座，名为吴淞旱寨新城，这一地域同时聚集了三座小城。万历宝山所则在三座城北面数里的宝山脚下，后坍没于江中。

今日所见宝山城遗迹是康熙时所建。乾隆《宝山县志》卷二《城池》："国朝康熙三十三年（1694），筑新城，在旧城西北二里，方广六十四亩"。[1]与宝山所城已没有关联。

六、小　结

综上所述，五座城均是洪武十九年（1386）建造，除宝山所外，其他四城又经过永乐十五（1417）、十六年谷祥的修筑，由土城改砖城。这两次修城事件是江南沿海卫所城市体系形成的关键事件，洪武十九年的修城建立了明代江南海防线，其建造的海防城市以卫所城为主，但并不局限于卫所城，还包括为数不少的下级堡垒城。[2]宝山所是长江南岸防线的最末端，原为吴淞江所领辖，升格为"所"较晚，所以未赶上永乐谷祥"改砖"事件。

---

〔1〕（清）赵酉：乾隆《宝山县志》卷二《城池》，《上海府县旧志丛书·宝山县卷》，上海古籍出版社，2012年，第72页。
〔2〕见宋烜：《明代浙江海防研究》，北京：社会科学文献出版社，2013年，第47页。

第二章　明清金山卫城的平面形态复原

本书上一章以城墙为切入点，以期勾勒出对象城市的形态规模，取得一个示意性的城市复原模型。从本章起则将力图通过现存方志、地图等资料，取得尽可能多的城市内部地物数据，补充入这个复原模型，使之更为具象化，并且能体现出在时间维度中的四座卫所城市平面结构的流变情形。

限于数据规模，目前尚难以将对象城市完全分割为一幅幅微小地块来讨论。有鉴于此，本书根据资料留存的实际情况，试图利用城墙、河道、桥梁和街巷等线性地物，划分出相对来说较为大范围的地块，从而复原出城市地表的区块结构。其次，补入所采集的建筑等地物数据，以地块中的建筑用途来探寻地块性质。

此外，由于各城存留的数据在时间维度方面存在不一致性，本书尚不能在小时间尺度上对它们进行横向比较，所以只能根据各城不同命运，选取不同的时间段，然后将之放入在一个大时间尺度上作比较。

第一节　资料概述与城建小史

一、方志与地图

金山现存的方志有明正德《金山卫志》和清乾隆、咸丰和光绪三部《金山县志》，这四部方志支撑起本书对金山卫城复原的主要数据。此外，松江府和华亭县等地的地方史志资料也对复原研究有所帮助。

正德《金山卫志》是署都指挥佥事张奎主修，正德十二年（1517）刻板，利用了成化年间都指挥同知郭鈜主修的未竟稿。不过需要指出的是，虽然正德《金山卫志》是现存最早，也是目前所知成文最早的金山方志，但无论是正德还是成化，距离金山卫筑城的洪武年间均已相隔久远，其所记述的金山卫城形态，是否就是洪武间的形态尚需审慎对待。

清代的三种方志分别是乾隆十六年（1751）知县常琬，咸丰十一年（1861）钱熙泰和光绪三年（1877）知县龚宝琦主修。其中咸丰《金山县志》是钱熙泰利用道光年间姚汭的稿本修订而成，兼之未刻板，所以今只存残本。

另外，自金山立县，金山卫城就一直分属两县，城之东、北部属华亭县，因此复原清代金山卫城的形态，还得借助于华亭的方志才可窥知一二。如，乾隆《华亭县志》和光绪《重修华亭县志》就补充了城内不少街巷和桥梁信息。

地图资料方面，描绘城市内部结构的传统舆图在乾隆和光绪两部县志中各录有一幅，分别题为《城池图》和《卫城图》（以下称乾隆《（金山）城池图》和光绪《（金山）卫城图》）。光绪《重修华亭县志》也绘有《卫城图》一幅（以下称光绪《（华亭金山）卫城图》），与光绪《（金山）卫城图》相比，该图笔绘风格有显著差异，地名注记等信息较光绪《（金山）卫城图》多，并附有描述城内河道水系情况的图说。此外，嘉庆《松江府志》亦收录有《金山卫城图》一幅。四图都绘有河道、桥梁，及部分府衙祠庙等地物，只是略有变形严重，画风写意等问题。四图中以光绪《（金山）卫城图》最为简略，其他三幅图所记信息尚算丰富，独光绪《（华亭金山）卫城图》绘出城内街巷，价值颇高。另外，晚清翁淳编集的《金山卫庙学纪略》中收有一幅《金山卫城文庙旧图》，传为明万历时所绘，此图详情于下节细述。

近代实测地图方面，今所见有多种，其中以昭和十二年（1937）旧日本陆地测量部利用航拍绘制的《金山卫城》图质量较佳。[1]该图比例尺两万五千分之一，双色印刷，可见城墙、街巷、河道及村落等标识，但内容丰富度有所欠缺。

当代所修的《金山县地名志》对历史地名的调查颇为用心，而且书内地图也很细致。如《金卫乡图》（1:25000）可用来填补城内地名；另一幅《西门（镇）图》为实测图，内容详尽，对城西部的地名地物定位有极大帮助；加上《上海石油化工总厂图》（1:22000）也为实测图，对整座金山卫城都有简略标绘。此外，还有《金卫志》中1991年实测的《西门镇图》，可做参证。此四幅图拼接校证之后，城墙、水系、十字街和部分桥梁等地物高度吻合，可作为复原研究的工作底图。

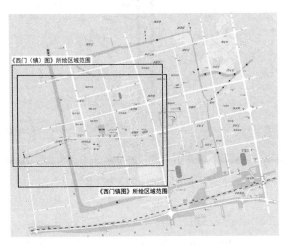

《西门（镇）图》和《西门镇图》所示区域范围

〔1〕 见《中国大陆二万五千分の一地图集成》，东京：科學書院，1989—1992年。

二、《金山卫城文庙旧图》考辨

《金山卫城文庙旧图》（见下图）是收于清光绪九年（1883）翁淳所编《金山卫庙学纪略》中的传统舆图。据图后文字所说，此图为万历年间张萧著《重修金山卫学碑记》时所绘，并同刻于碑上。光绪《金山县志》记该碑为天启元年（1621）三月刻，[1]翁淳编书时碑尚存卫学西侧崇圣祠中，民国十四年（1925）成书的《金山艺文志》[2]也著录该碑，再之后则难寻其踪。

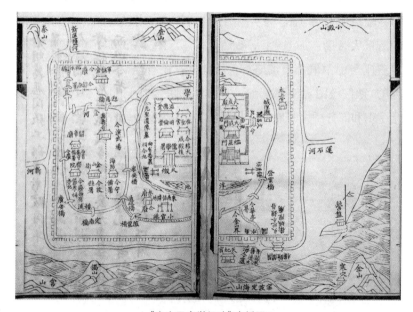

《金山卫庙学纪略》中插图

---

〔1〕（清）龚宝琦：光绪《金山县志》卷十五《金石部》，《上海府县旧志丛书·金山县卷》，上海古籍出版社，2014年，第623页。

〔2〕姚光：民国《金山艺文志》，《上海府县旧志丛书·金山县卷》，上海古籍出版社，2014年，第873页。

　　该图是展示金山卫学的专题图，因此对卫学地块作了变形放大处理，图中这一地块占据了城内近三分之二的区域。图中的水道与基本其他四幅传统图相同，并绘有大量桥梁，及部分官衙机构等建筑，但无街巷。《金山卫城文庙旧图》所含地理信息也较为丰富，在传统舆图中的价值较高。

　　刻有此图的原碑今已难知其处，翁淳临摹该图时又有修注，图后文字："但岁序迁流，几多改易，爰为重摹付梓，而以今昔不同分注其下。"[1]描摹和加注都易引发错讹，或是造成万历末与光绪初两个时间段内的地物混乱。如，图中依旧标出南水关，并未注光绪时情形，实际早在正统年间南水关即已封闭，正德和乾隆两志都已不再记述。再，北水关至仓河段的运河上绘有三座无名桥梁，而按正德《金山卫志》关于运河之上的桥梁顺序记述，此处应存疑问。具体考证将在后文桥梁复原的章节中叙述。又，仓河之上迎恩桥东应有仓桥，图中却无，反而在迎恩桥西有两座无名桥。

　　综上所述，对此图的运用还须持审慎的态度。

三、金山卫城建小史

　　金山卫建城之前已有聚落，是沿小官浦分布的线性市镇，有街巷。建城后在镇西侧辟通向四门的十字街，遂构成金山卫城的主街格局，一直延续到后来。城内以"所"为单位划地建屋，各有支巷数条。对于金山卫城来说，洪武筑城是一大推进，随着大量军户迁入，街巷、府衙，以及屋舍营房平地而起，将原来的线性聚落升格为十字加线状的二元聚落，且在规模上大大扩张。

　　之后的雍正四年（1726），金山立县，以卫城为县治，但城东、

――――――――――

[1]（清）翁淳：《金山卫庙学纪略》，光绪九年（1883）刻本。

北部属华亭县。这次立县又给金山卫城带来一波建设高峰，不少衙署祠庙等建筑应运而生，不过这次城建的规模似乎并没有洪武那次大，主要街巷的格局都未有变化，乾隆《金山县志》中仅多记载了一条通往北水关的奚家巷，而且原来的不少支巷、坊表和建筑多有废弃。乾隆二十四年（1759）至三十三年，县治短暂迁到朱泾镇，后又迁回。寻其原因，应是由于卫城位置过于偏僻，且城属两县。嘉庆元年（1796），清政府再以"县城偏僻"[1]为由，又一次将县治改为朱泾镇。之后，虽然城墙还有修筑，但金山卫城未再被视作为一个城市，而是被视作"浦东门户"，[2]军事堡垒的意义更重，所以城内建筑多有荒毁。至太平天国运动，金山卫城陷落，城内遭受毁灭性打击，从此一蹶不振。20世纪中叶的日制《金山卫城》图中仅见十字街、河道等，城内除个别村落外，多已荒芜。

从今日的卫星图片来看，金山卫城的护城河保存良好，呈方形，以此可框定城墙的方位及形态。城内河道在今西北部有一小段残留，与北城河相通。城内旧十字街格局清晰可辨（非学府路卫清路口，在此路口西），沿东西街一线分布三个自然村落，坐落在西门、十字街口和东门处，南北门处原也各有一个村落，但南门处村落现已拆为空地。除此之外的区域中，城南是上海石化的厂区，其他地方则是近年兴起的住宅楼盘等现代城市景观。

综而述之，金山卫城在清代作为县治的时期，因位置偏僻等地理因素的限制，其城市规模发展有限，县治外迁之后逐渐荒废，至清末又因战乱而彻底毁弃。金山卫城再次崛起成为一县之首，还要

〔1〕（清）钱熙泰：咸丰《金山县志》卷四《城池》，《上海府县旧志丛书·金山县卷》，上海古籍出版社，2014年，第373页。
〔2〕 这是李鸿章平定太平天国之乱后的看法，见光绪《金山县志》卷七《城池》，第539页。

等到 1997 年金山撤县改区，区政府重新迁回之后。然而此时的金山主城区已不是由金山卫衍伸出来的，反而是因受到周边石化城区和金山新城的扩展而被辐射，使之重新城市化。

　　根据上述历程，金山卫城的聚落史分期可划分为：一、盐业聚落时期（1386 年以前）；二、卫所军城时期（1386—1725 年）；三、第一次县域城市时期（1726—1759 年）；四、市镇时期（1759—1768 年）；五、第二次县域城市时期（1768—1796 年）；六、衰落时期（1796—1997 年）；七、第三次县域城市时期（1997 年至今）

第二节　城市平面形态的复原

　　因江南水乡的特性，城市平面形态的复原工作首先选择从河道入手，复原其位置；再渐及桥梁、街巷和建筑，将四者作为城市平面的模块，从而构建出城市平面的基底。

一、河道复原

　　今金山卫城除护城河，及城内西北处连接北城河的一小段河流以外，几无河道残留。城外连接护城河道的水系有老龙泉港，分为两股水道，均在原东门北侧接入护城河。此外，城东北角有旧港河，城北有卫山河，城西北角有张泾河，原西门南侧有黄姑塘等水系接入护城河。以上诸河，除卫山河外皆可追溯至明清时期。

　　查正德《金山卫志》，其时城内主要水系有小官浦、横浦、运河、小官港和仓河，城外有新运盐河、旧运港和新河。该志将小官浦列为城内河道，实误，此河应为城外河道。《金山卫城文庙旧图》显示城内有两条环状水系，分别从西北、东南两处连接外城河，城外水系为四道。图中未标"运河"之名，无旧运港，其他水系则都已绘出并标示河名。乾隆《（金山）城池图》标出城内外河道及名称，并且配有简略文字说明，但在乾隆《金山县志》卷一中称，横浦、小官港、仓河，及城外小官浦已湮灭。咸丰《金山县志》中未记载水系情况。至光绪《金山县志》对水系情况也仅在卷五《山川志上》中记录了城外的新运盐河、新河和青龙港，对城内水系没有提及。并且书内还注明青龙港早已淤塞，"今其故道几不可考矣"，[1]青龙港实即小官浦。书中的光绪《（金山）卫城图》的标识略为简单，只标示了城外四条水系的河名，城内水系名称未标示，并且相较乾隆《（金山）城池图》省去了不少支小河道。三图的城内水系格局基本相同，城外水系都为青龙港、运石河、新运盐河和新河，无旧运港。

从上述方志中的信息看，城内河道处于不断萎缩湮灭的状态。实际却并非如此，且不说乾隆之后的三部方志里记载大量桥梁，即使在书中"河道"卷外也有直接记录河名的地方。如光绪《金山县志》卷六《桥梁》中的"迎恩桥"条下就有"跨仓河"[2]一句，显然此时的仓河依然是流水不腐。日制《金山卫城》图里，城内水道尚比较完整，基本可以同乾隆、光绪两志中的图相对应，而且标绘得更加精准。《西门（镇）图》和《西门镇图》重点表示的是城西部地区，图上河道清晰繁密。因此，可认定城内水系虽时有湮灭，但也常疏浚排淤，在时通时塞的交替中，一直延续到20世纪90年代之后。

以下将细述上述河道的源变和如今复原的位置。

1.横浦，又名南运河，即古横浦。

正德《金山卫志》下卷一《水类》"横浦"条："卫治前东流，折而

---

〔1〕 光绪《金山县志》卷五《山川志上》，第520页。

〔2〕 光绪《金山县志》卷六《桥梁》，第531页。

南至总督府前小渠。即古横浦，俗呼为南运河。其在右所大街为明
刑桥，在前所大街为定南桥，皆跨浦上，并创卫时建。"[1]乾隆《金山
县志》记载略同，补记此河淤塞，之后方志不载。

　　金山四部方志皆记卫治"居城正中"或"居卫城中"，按此推断卫
治在城中十字街口当属无疑。又，四志都记总督府在"卫治东南"，
则总督府位置大体可辨。正德《金山卫志》对总督府所记甚详，乾隆
《金山县志》另记嘉靖年间改为苏松参将府。查《金山卫城文庙旧图》
中有"参府"，乾隆《（金山）城池图》更有"旧参府基"，并绘小官港
从西侧南北流至"旧参府基"前转东西流，与"折而南至总督府前小
渠"相符。可见总督府是在横浦与小官港的交汇处，横浦的终点。明
刑桥，乾隆《金山县志》记其正式名称为广安桥，咸丰《金山县志》
又记其俗称为西砖桥，《西门（镇）图》从十字街口向西 130 米处有桥，
桥西北侧有西砖桥新村，因此定该桥为西砖桥，今已不存。定南桥，
咸丰《金山县志》记俗称为南砖桥，《西门（镇）图》标其在十字街口南
50 米处，今日尚存。

　　所以横浦河道走向是从明刑桥起，过桥（即十字街西街）向南约
50 米，转东直过定南桥（即十字街南街），之后继续东流至城东南的
总督府处，通过"总督府前小渠"与小官港相接，大体为西北东南走
向。河道的具体复原定位方面，依靠如今城内稀存的古迹之一——
定南桥，便可倒推其他段河道的位置。这座定南桥重建于道光十四
年（1834），桥下河道已被侵占建屋，由于是处于十字街之南街的干
道上，应与建城时初建的位置相同，未发生变动。据历代地图，横
浦在明刑桥北接运河，南端汇入小官港，该河是十字街南，尤其是

---

〔1〕（明）张奎：正德《金山卫志》下卷一《水类》，《上海府县旧志丛书·金山县卷》，
　　上海古籍出版社，2014 年，第 54 页。

东南的主要河道之一。据《西门（镇）图》《西门镇图》，定南桥西至明刑桥段的河道清晰可辨，易于复原。桥东段则据日制《金山卫城》图可以确认其走向，图中有一水曲处同乾隆《（金山）城池图》"旧参府基"处水道相似，从中可知定南桥东段水道自乾隆以来走向未变，及其在今日地块中的确切位置（见附册图 2）。

另，《金山县地名志》："横浦河，在金卫乡。原为古浦东、横浦两盐场界河。河袭古盐场名。"[1]今城西北角外 500 米处有横浦港，疑与城内原为一河，即所谓古横浦，筑城后隔断。

2. 运河，又名西运河、中心河、穿心河

正德《金山卫志》下卷一《水类》"运河"条："自北水关迤南，至明刑桥止。俗呼为西运河。跨河有垂虹、落照、映月、沉星四木桥，皆创卫时建。"[2]乾隆《金山县志》卷一《山水》称："今中心河即运河之旧，可通舟楫"，[3]至《西门（镇）图》标为穿心河，并有映月桥，在西砖桥北约 150 米处。四桥在乾隆《金山县志》中已记为"今废"，独映月桥在光绪《金山县志》中记于道光十四年（1834）重建。

今城内西北小河是运河旧道，其与护城河交汇口（今护城河与西静路交汇处）的南侧即北水关旧址。以该河道尽头向东南偏南划一条延伸线，横穿过映月、明刑两桥，两桥之间即是运河旧道，比对日制《金山卫城》图、《西门（镇）图》等图，此位置确有河道，即在今古城路（原名穿心路）东的居民小区东侧与古城路平行而过，这段河岸立有"侵华日军杀人塘碑"。田野调查中，当地老人也能准确指出这段河道的位置（见附册图 3）。以下河道则南越明刑桥与横浦交汇，

〔1〕《金山县地名志》，上海：汉语大词典出版社，1992 年，第 299 页。

〔2〕 正德《金山卫志》下卷一《水类》，第 54 页。

〔3〕 （清）常琬：乾隆《金山县志》卷一《山水》，《上海府县旧志丛书·金山县卷》，上海古籍出版社，2014 年，第 123 页。

呈南北流向，是城西北主干河道。北端过北水关连接新运盐河。

3. 小官港

正德《金山卫志》下卷一《水类》"小官港"条："小官浦支流也。自海通南城河为浦，迤西而北在城者为港。左所大街有通政桥，英烈侯庙有小官桥，并跨小官港上。"[1]乾隆《金山县志》记其河塞，后志无载。

显见该河分为两部，城外为浦，城内为港。通政桥，乾隆《金山县志》称其在县署东，清县署即明卫治。光绪《金山县志》补记该桥俗名东砖桥。按明刑桥、定南桥别称西砖桥、南砖桥，推测东砖桥也应在十字街东街之上。查光绪《（华亭金山）卫城图》，确标通政桥在东街之上。

据历代地图，小官港应从城东南处通过南水关外与小官浦相连，从南水关向北与横浦相交，继续往北过通政桥（即十字街东街）。根据上文推断，南水关于明正统年间已淤塞，小官港、浦两河当不相连。小官港为南北向，是城东重要河道，也是小官镇核心区域。

4. 仓河

正德《金山卫志》仅记其在"军储仓东南。"[2]乾隆《金山县志》记其河塞，后志无载。

金山卫城内有军储南仓，洪武二十四年（1391）造，[3]即今旧仓基，所以仓河的出现不晚于是年。光绪《（华亭金山）卫城图》中文字称仓河"今已细流"，不再有通航功能。按各图，仓河自运河接出，一直向东过十字街北街，继续向东接入小官港等河。在《西门（镇）

---

〔1〕　正德《金山卫志》下卷一《水类》，第 54 页。

〔2〕　正德《金山卫志》下卷一《水类》，第 54 页。

〔3〕　正德《金山卫志》上卷一《仓库》，第 20 页。

图》中，此河被明确标出，大体位置是西段在今板桥西路南侧，东段在路北侧。河道为东西走向，是城北干流。

5. 小官浦，又名青龙江、青龙港

正德《金山卫志》下卷一《水类》"小官浦"条："在卫南海上，旧与柘湖通，凡蕃舶悉从此来往，后湖湮。卫既筑城于篠馆镇，置闸海口，闸傍有天妃庙，卫巡海船四十艘由此入。正统间，盛总督奏易以马，令军奋土塞之。今闸废，庙尚存。"[1]乾隆《金山县志》已改称青龙江，"青龙江，城濠东南青龙港，即江口昔时出海处，因筑海塘而塞"，[2]江口即指太湖三大宣泄水道之一的东江入海口。同条并引《图经》，将孙权在青龙镇筑青龙战舰的传说移植于此，并与宋元时青浦青龙镇相混。小官浦则被置于"县城内外旧志存考诸水"条目下，查考历代地图，青龙江和小官浦为同一河流，咸丰《金山县志》也持此说。考盛总督是正统七年（1442）任金山卫都指挥佥事的盛琦。

小官浦原为大浦，附近港浦多汇流于它入海，《宋史·河渠志》就记载了秀州境内四大湖泊"自金山浦、小官浦入于海。"[3]又如正德《金山卫志》记鳗鲡港、旧运港、徐浦塘三水曾都河流小官浦入海。筑城之后小官浦被拦为内外两段，城外尚作为金山卫城的河港使用，在正统年间填平。小官浦位置大约在今城东南城河至沪杭公路，南北走向。

6. 新运盐河，又名西运盐河

正德《金山卫志》记新运盐河"在里护塘南，自卫城北至张堰"，[4]正德《松江府志》记其至张堰后，西接张泾。正德《华亭县

---

〔1〕 正德《金山卫志》下卷一《水类》，第 54 页。

〔2〕 乾隆《金山县志》卷一《山水》，第 121 页。

〔3〕（元）脱脱：《宋史》卷九十七《河渠七》，中华书局，1977 年，第 2413 页。

〔4〕 正德《金山卫志》下卷一《水类》，第 54 页。

志》并记该河"初在查山东，后以风涛之险改浚于此。人呼其东为旧河"。[1]乾隆《金山县志》所记略同。考《金山卫城文庙旧图》新运盐河自北水关接入城内运河。今日该河道大部已不存，据《金山县地名志》，该河于1958年冬，被并入张泾河，河道改由城西北角接入西城河。不过，今张泾河至西静路段金卫城河为新运盐河旧道，此段原护城河略在南处，走向与今金山大道平行，是今西静路以东的金卫城河延伸线，1958年改道时填没。

7. 旧运港，又名运盐河、旧河、旧港

旧运港即乾隆《金山县志》"新运盐河"条中所称之"旧河"。正德《金山卫志》下卷一《水类》"旧运港"条载："张泾堰东南，一名运盐河。旧通海、小官浦，接小官镇，有盐场，故名。既设卫，徙盐场于城西，通卫西新河，遂名此为旧。今浅，梅雨作，复可通舟。"[2]可见此河原接小官浦，是小官盐场对外的最重要水道，筑城后断为两节，不复与城内的小官港相连接。运盐水道更改后，此河道重要性逐渐下降，至正德时河床已是淤浅，勉强通航。《金山卫城文庙旧图》、乾隆《（金山）城池图》、光绪《（金山）卫城图》和光绪《（华亭金山）卫城图》都在小官港东绘有一条南北向无名河道，并且南流入小官港，疑即为旧运港在城内的故道。

今日旧港河从城东北角接入东城河，近城处河道狭小。

8. 新河

正德《金山卫志》未单独条列该河，只在"新运盐河"条中提及（见上文），称该河因筑城后，小官盐场西迁至横浦盐场，遂为运盐

〔1〕（明）聂豹：正德《华亭县志》卷二《水上》,《上海府县旧志丛书·松江县卷》，上海古籍出版社，2011年，第99页。

〔2〕正德《金山卫志》下卷一《水类》，第54页。

要道。乾隆《金山县志》指其"直达城濠",[1]光绪《金山县志》记其"西受平湖之黄姑塘水",[2]今日此河仍存,即称黄姑塘,由西门南侧接护城河。乾隆《(金山)城池图》、日制《金山卫城》图和《西门(镇)图》等图都在横浦过西街东转处至西城墙处绘有一段无名河道,疑为筑城前新河故道,筑城后截断。

9. 运石河,又名东门塘

此河正德《金山卫志》无载,《金山卫城文庙旧图》中始绘出,在城东门北侧接入护城河,其他四幅方志图同样绘出。乾隆《华亭县志》卷四《水道考》"乡界泾"条:"但至运石河西,达金山卫北水关。"说明运石河确接入金山卫护城河。《金山县地名志》:"系筑海塘时为运石而开,故名。"又"1977年冬,龙泉港自河缺口改道向南,直抵运石河后,此段成为其支流,遂名老龙泉港。"[3]即今东门北侧接入城河的老龙泉港南股水道,而同样接入东城河的北股水道开挖于2009年。

根据上文考证,明清时期金山卫城内外先后出现过九条主要水系,城内四条,城外五条。除仓河、运石河外,其他七条都在筑城之前既已出现,仓河至晚在洪武二十四年(1391)开挖,八条河流都汇入小官浦出海。筑城之后,旧运港与新河被城墙截断,不复与城内相通。正统年间小官浦也被填埋,南水关大致同时填塞,城内外联通水路仅剩新运盐河。正德至万历间,新挖运石河。至此这个格局一直保持到上世纪中叶日制《金山卫城》图时期(见附册图4)。

通观金山卫城内外水系,可分为市镇、盐运两类。这一划分并

---

〔1〕 乾隆《金山县志》卷一《山水》,第120页。

〔2〕 光绪《金山县志》卷五《水》,第520页。

〔3〕 《金山县地名志》,第290页。

非是类型上的分门别类，而只是从河道使用功能角度的简单归纳。

市镇型河道，功能多样，大多是直接服务于聚落的城市需求，例如生活用水、排污、交通等。河道本身与街区融为一体，成为市镇景观。盐运型河道则功能单一，凸显长途盐运的对外联络需求，是市镇型河道蜿蜒出城之后的延伸。两者的区别，就如同城内"街道"和城外"公路"一样，所以基本可用城区固结线（即城墙）作为两者区分。

市镇型河道首推小官港，沿岸是该地最早的市镇聚落，这类沿河生发出来的街道是江南市镇最传统的景观形态。城内水系，由小官港、横浦、运河和仓河合围而成，将筑城后最核心的地段即十字街围在中间，两者间保持一定距离，表现出与江南沿河市镇截然不同的城市性格。

自小官港溯游而上，原为旧运港，以外运小官盐场的盐货为主要功能；后改道西北接横浦、运河，通城外新运盐河。小官场西迁后，又有新河承担运盐功能。由此可见，这区域除了市镇河道外，所见大河基本都是为运盐而生，反映了此地早先的经济特色。

小官港下游的小官浦是这一区域水系的主出海口，兼作为河港，人为填平后遂渐废弃。放之大背景之下，即可发现每次筑海塘之后，塘内港浦出海口多被海塘堵塞，以致出水不畅，河道淤积，甚而影响城镇发展。海口的堵塞造成金山卫城虽处海边，却无法出海，水路通道转向北入黄浦江。所以筑城之后仅留北水关新运盐河沟通城内，城西的新河沿护城河北上入新运盐河，不再有入城的需求。旧运港因早先已废弃，盐运功能并不强大，所以筑城后也被截断。城内外水系相通性大大减少，反映出了金山卫城对外联络需求欲望的降低，实质是城市制盐经济的衰落。

城内核心街区与河道走向关系疏远。内外水系联系微少，暗示对外联络方式并非依靠水路为主。这些现象都在表明金山卫城与江南传统城市的亲水性格存在差异，其本身带有的是"厌水性"的城市性格。本书将在第六章第一节中，详细讨论这一特性。

二、桥梁复原

桥梁"是连通河流与街道的枢纽，人流、物流的集散地"，樊树志将其喻为"江南市镇的灵魂"。[1]作为水路交通的交汇，桥梁对空间聚焦的意义自然不言而喻。本节试通过桥梁位置来确定水路与陆路两者的相对关系，从而进一步厘定城区的格局样貌。

金山卫城除了坐落在四城门之外，跨护城河的四座吊桥，城内见于记载的桥梁共有二十四座。正德《金山卫志》未单独条列各桥，但散见全书的桥梁有十座，大多明确记载为筑城时所修，以之正可推断筑城之初的街区规模。之后出现的乾隆《金山县志》是各部方志中对桥梁记录最为完备的一部，其中未见于正德《金山卫志》的桥梁有十座，这十座桥中不乏正德《金山卫志》所漏记的。成书于乾隆后期的乾隆《华亭县志》中又有三座桥梁是未被上述两部方志记载的。《金山卫城文庙旧图》所绘桥梁甚多，其中一座名为"滚龙桥"的桥梁不见于各方志。也就是说，文献记载的金山卫城内所有桥梁至迟在乾隆后期已全部出现。剩余咸丰、光绪两部金山方志对城内桥梁的记载有所疏漏，或是说明桥梁规模处于萎缩状态。光绪《重修华亭县志》卷一《桥梁》篇指自乾隆以来有六座桥梁"无考"，正印证了桥梁是在萎缩。光绪《（华亭金山）卫城图》中有文说城内河道"惟运河自北水关南行，入金山境，过广安桥折东，至定南桥可通舟楫，

---

〔1〕 樊树志：《江南市镇：传统的变革》，上海：复旦大学出版社，2005年，第474页。

余并湮。"[1]也可证河道淤浅之事。

金山卫城桥梁具体情况，见下表：

表 2-1　各部方志所载金山卫城桥梁表

桥名	别名	修筑时间	位置	正德金志	乾隆金志	乾隆华志	咸丰金志	光绪金志	光绪华志
广安桥	明刑桥、西砖桥	洪武十九年	跨横浦，在西街，县署西根线	下卷一	卷十六		卷四	卷六	
定南桥	南砖桥	洪武十九年，道光十四年重建	跨横浦，在南街，县署南	下卷一	卷十六		卷四	卷六	
垂虹桥		洪武十九年	跨运河	下卷一	今废，卷十六				
落照桥		洪武十九年	跨运河	下卷一	今废，卷十六				
映月桥	翁家桥	洪武十九年，道光十四年重建	跨运河	下卷一	今废，卷十六			卷六	
沉星桥		洪武十九年	跨运河	下卷一	今废，卷十六				
通政桥	东砖桥		跨小官港，在东街，县署东	下卷一	卷十六	卷一		卷六	卷一
小官桥			跨小官港	下卷一					
杨家桥		永乐十六年前	跨小官港，在通政桥南	下卷二	卷十六	卷一			无考，卷一
横浦桥 *				下卷二					
滚龙桥		见于《金山卫城文庙旧图》							
迎恩桥	北仓桥	嘉庆二十二年重建	跨仓河，在北街，县署北		卷十六		卷四	卷六	

〔1〕（清）杨开第：光绪《重修华亭县志》，《上海府县旧志丛书·松江县卷》，上海古籍出版社，2011 年，第 741 页。

桥名	别名	修筑时间	位置	正德金志	乾隆金志	乾隆华志	咸丰金志	光绪金志	光绪华志
仓桥	茅家桥		跨仓河，在迎恩桥东，旧仓基南		卷十六	卷一	卷四	卷六	卷一
西马桥			跨横浦，在定南桥东南，旧南察院基西		卷十六		卷四	卷六	
东马桥			跨横浦，在西马桥东		卷十六		卷四	卷六	
众安桥			跨小官港，在篠馆街，通政桥北		卷十六	卷一		卷六	卷一
登云桥			在篠馆街，文庙东		卷十六	卷一		光绪金图	卷一
青龙桥			在东街，登云桥南		卷十六	卷一		光绪金图	卷一
宏仁桥	府桥		在青龙桥南，旧参府基东		卷十六	卷一			无考，卷一
通济桥			在宏仁桥南		卷十六		卷四	今圮，卷六	
兴胜桥	兴圣桥		在通济桥东北		卷十六	卷一			无考，卷一
步月桥*						卷一			无考，卷一
慧日桥*						卷一			无考，卷一
小塘桥*						卷一			无考，卷一

注：* 表示未能复原位置的桥梁。

传统舆图绘制风格自由，图上地物的选择标准随性，不求精度，使各幅地图比照存有一定困难。不过若利用拓扑学"相对位置稳定"的概念，将传统舆图做几何处理，再进行比较则便利许多（见附册图 5）。在该图中，万历、乾隆、光绪三个时段内的水系和主要桥梁的位置关系清晰可辨。乾隆《（金山）城池图》、光绪《（金山）卫城图》和光绪《（华亭金山）卫城图》三图只记录主要桥梁，配合文字资料，大多可对其进行精确定位。《金山卫城文庙旧图》共记录十五座桥梁，其中七座有名称，图中滚龙桥和仓河西段两座桥都只在此处有记载，其他资料中尚未见到。运河之上四座桥，按正德《金山卫志》记载，分别是垂虹、落照、映月、沉星四桥。以正德《金山卫志》记载桥梁的习惯，是从上游至下游记载。如横浦上的桥，明刑（即广安桥）在前，定南在后；小官港上的是先通政桥，再小官桥。垂虹等四桥当是按运河流向排布。道光年间重修的映月桥在仓河口南，按理映月桥南还应有沉星桥，但《金山卫城文庙旧图》中仓河南却只绘了一座桥，仓河北却有三座，因而对此图尚且存疑，或许翁淳描摹有误。滚龙桥与登云桥下游两座桥梁，不知其名，不过各方志中，这两段河道上都有桥梁数座，或就是其中某两座。

桥梁位置的复原定位以图文结合的方式进行。

正德《金山卫志》在下卷一《水类》篇中对桥梁随河而记的书写习惯，紧密结合了桥梁同所跨河道的关系，便于定位。道光十四年（1834）重建的定南桥今日尚存。广安和映月两桥依靠《西门（镇）图》等资料可精确定位，已在上文河道复原中确定其位置。据《金山县地名志》，映月桥接小官街。[1]垂虹、落照二桥依靠《金山卫城文庙旧图》可推测其大概位置，沉星桥在映月、广安之间。跨横浦、运河的这六座桥都位于城西，密度明显高于其他区域；再则，这六座桥并记为"创卫时建"，[2]显见筑城之初，十字街西侧街区的规模较它

---

〔1〕《金山县地名志》，第 199 页。
〔2〕 正德《金山卫志》下卷一《水类》，第 54 页。

处要来的繁荣。这其中跨运河的四座桥，在乾隆《金山县志》被记载为"今毁"，而且直至清中后期才恢复一座映月桥，或是说明正德至乾隆间，城西北街区发生萎缩。

正德《金山卫志》中未记建桥时间的通政桥，因处于十字街东街之上，筑桥时间也当是创卫之时，所跨河道是小官港。乾隆《金山县志》始出现的青龙桥，在唯一绘有城内街巷的光绪《（华亭金山）卫城图》中处在了通政桥东的东街之上，跨城东无名河道（即前文考证为筑城前旧运港之河道），也即是说此桥也是创卫时筑。光绪《重修华亭县志》不仅对应光绪《（华亭金山）卫城图》记青龙桥在"大街上"，[1]另还称《金山卫城文庙旧图》中的滚龙桥即是青龙桥。此说甚误，第一，图中滚龙桥位于小官港西侧水道，而青龙桥位置是在小官港东侧水道。第二，乾隆《金山县志》谓青龙桥"在登云桥南"，[2]《金山卫城文庙旧图》登云桥南正有一座未记名桥梁，与图中滚龙桥无干。第三，"滚龙"二字作桥名亦是常见，并非金山卫特有，松江城内就有滚龙桥，[3]所以"滚龙"二字也不当是"青龙"的鲁鱼亥豕。同处十字街的迎恩桥，位于北街，跨仓河，所以应与仓河同时出现，即洪武十九年（1386）至二十四年之间。咸丰《金山县志》记该桥俗称"北仓桥"，《西门镇图》中北街跨仓河处有北仓桥，位置可寻。

以上九桥是正德《金山卫志》明确记载为"创卫时建"，且有的正处于十字街上，可确知是"创卫时建"的桥梁。

其他见记于正德《金山卫志》的有小官桥、横浦桥和杨家桥三座桥。跨小官港的小官桥是小官镇的旧物，建桥时间不会晚于筑城，

---

〔1〕光绪《重修华亭县志》卷一《桥梁》，第755页。

〔2〕乾隆《金山县志》卷十六《桥梁》，第270页。

〔3〕正德《华亭县志》、乾隆《华亭县志》、光绪《重修华亭县志》等方志都记载了城内有"滚龙桥"一座。

《金山卫城文庙旧图》滚龙桥下游无名桥或即是小官桥。小官桥的消失时间应在乾隆之前，一个原因是乾隆《金山县志》未记小官桥。再者，小官港是金山、华亭两县边界，按理记录桥梁甚全的乾隆《华亭县志》、光绪《重修华亭县志》都该记录此桥，但两书都未见记。杨家桥见于正德《金山卫志》下卷二《军功》，永乐十六年（1418），倭寇入城，指挥同知侯端战于此，是桥建筑不晚于此年。光绪《重修华亭县志》记录该桥无考，说明此桥于光绪前消失。乾隆《金山县志》记杨家桥在通政桥南，所跨应同为小官港。三桥中惟有疑问的是横浦桥，正德《金山卫志》下卷二《庙貌》"天妃庙"条："一在卫城内横浦桥西。"[1]它处未再见记载，位置与年代都不可考。

《金山卫城文庙旧图》所见桥名有广安、定南、通政、迎恩、滚龙、众安和登云等桥。从中可知众安、登云二桥也是明代桥梁，筑造时间当不晚。《华亭卫图》绘两桥都在籧馆街，众安桥在西，登云桥在东。登云桥，《金山卫城文庙旧图》绘在卫学东南，乾隆《金山县志》记"在卫学宫前"。[2]卫学今为军营，[3]在今卫清西路学府路口西北。营房东侧有水道，按日制《金山卫城》图，这条河道就是各舆图中城东无名河道，登云桥位置在此无误。《金山卫城文庙旧图》绘众安桥在通政桥北，清代各志也持此说，所以众安桥与通政桥同跨小官港。日制《金山卫城》图营房西北侧一水道逶迤南下，正巧可相交在与各幅传统舆图中总督府前水曲处相似的水道上。因而推断这条水道是小官港北段，那么众安桥的位置是这条线与登云桥向西延长线的交点处。图中迎恩桥以西仓河段有两座无名桥梁，未见之于其

---

〔1〕　正德《金山卫志》下卷二《庙貌》，第64页。

〔2〕　乾隆《金山县志》卷十六《桥梁》，第270页。

〔3〕　《金山县地名志》，第496页。

他文献，如若不是错绘，则有可能是刻图前后存在的便桥。

乾隆《金山县志》记录的桥梁中，尚有六座未讨论，分别是仓桥、西马、东马、宏仁、通济和兴胜等桥。

乾隆《金山县志》记仓桥"在迎恩桥东，桥北旧仓基。"[1]所以与迎恩桥同跨仓河。《金山县地名志》记旧仓基"原址为明代金山卫军储南仓，毁于清代战火。"[2]位于今学府路板桥西路口西北侧。军储南仓按前文对仓河的考证中所述，建于洪武二十四年（1391），以桥名及位置来说，仓桥是军储南仓的配套工程，所以建筑也当在同时，自正德至光绪的历代方志都记录此桥，可见此桥存续的时间段。

西马桥，乾隆《金山县志》记其在定南桥东南、旧南察院基西，又记东马桥在西马桥东，推测两桥分居旧南察院基东西两侧。查历代金山方志，城内共有东西二察院，分别在总督府东和卫治西。惟有光绪《金山县志》卷七《附废署》中记有"南察院，在都指挥府左，明正统末巡按御史刘福建。"[3]此处实与东察院相误，正德《金山卫志》中"察院"仅一处，文字与此相同，到乾隆《金山县志》始记有东、西二察院，东察院文字与此相同，足见光绪《金山县志》南察院的记述是误抄了前志关于东察院的记述。但在乾隆《（金山）城池图》中，有绘"旧南察院基"，在定南桥东南，旧参府基西，横浦北岸，可知城内确有第三座察院——南察院，位置也大体可定。东、西马桥自乾隆《金山县志》被记之后，一直到光绪《金山县志》仍有记录。

宏仁桥，乾隆《金山县志》记其俗称"府桥"，在旧参府基东、青龙桥南。以此桥俗名推测，当是距旧参府基不远，由此可定该桥位

---

[1] 乾隆《金山县志》卷十六《桥梁》，第270页。
[2] 《金山县地名志》，第198页。
[3] 光绪《金山县志》卷七《附废署》，第541页。

置。另外，按命名来说，桥梁出现时间应早于参将府废弃时间，正德《金山卫志》又未载，所以该桥是在正德之后建造的明桥；其消亡时间也较早，光绪《重修华亭县志》时，此桥已"无考"。通济桥在宏仁桥南，旧参府基是小官港与城东无名河道交汇处，以南为小官港，所以在宏仁桥南的通济桥是跨小官港。光绪《金山县志》记通济桥为"今圮"。兴胜桥在通济桥东北，两部《华亭县志》都作"兴圣桥"，光绪《重修华亭县志》记该桥无考，应是毁于光绪之前。

剩余三座桥梁，步月、慧日和小塘桥都见于乾隆《华亭县志》，而在光绪《重修华亭县志》中记为"无考"，可知三桥都在城东、北部，具体位置则难考。

综上所述，城内二十四座桥绝大部分都可考证出其位置，今横浦、步月、慧日和小塘四桥难知其位。总体而言，城内桥梁分布区域均匀，大多是明代所建，至晚到乾隆后期已全部出现。以乾隆为界，前至正德，后至光绪，城内桥梁存续状况有明显不同。早先毁弃消失的桥梁多在城西北地块，之后则多是城东区块，所以乾隆之后城东与城南桥梁密度远大于城西北区块，这也揭示了城区的发展方向。

三、街巷复原

城内街巷布局简单，以连接四座城门的十字街为主格局，划地分守。明代卫所制是将土地平均划分为块，再按人授地。如正德《金山卫志》上卷一《场营》："各在所分。总旗每名营屋三间，每间地一丈二尺；小旗二间；军一间。四所总旗共九十九名，计屋二百九十七间；小旗二百三十六名，计共屋地四百七十二间；军四千九百一十名，屋如之。"[1]又，康熙《嘉定县志》卷二《戎镇》中提

---

〔1〕 正德《金山卫志》上卷一《场营》，第21页。

及吴淞江所城内情形时说："又分据营地，以一丈二尺阔、十五步深为一户，千户五户，百户三户，总小旗半之，军舍三之一。"[1]所以卫所城的街巷建筑的布局以整齐为主，这点张金奎在《明代卫所军户研究》中也有推证。[2]另有一条早于筑城前就已存在的篠馆街，这五条街构成城市街巷体系的骨架。支巷则以十字街为主干，按"所"的区域密布延展，左千户所区域有七条支巷，右千户所六条，前、后两千户所各八条。[3]这些巷子到乾隆《金山县志》已"今俱无考"，[4]但多出一条"奚家巷"。乾隆《华亭县志》则记有一条"行香巷"。其他方志则都没有记载支巷的信息。

十字街按东西南北，分别名为东平、西靖、南安、北泰，除了以上正式名称与俗称的东西南北（门）街，还有其他名字。如前文考证河道时所引正德《金山卫志》有关横浦、小官港两河的原文中就称"其在右所大街为明刑桥，在前所大街为定南桥""左所大街有通政桥"，[5]据此得知西街对应右所大街，南街对应前所大街，东街对应左所大街。十字街与城内千户所相对应，这种对应从侧面证明了前文提到的卫所城内讲求齐整划一，按军队编制分地筑屋管理的制度，而且也暗合明代最高军事机构五军都督府的相应位置。

根据这个"按所名街"的原则，北街理应名为"后所大街"，然而在文献中未见有此称呼，或是漏记，或是原就未有这个称呼。金山设卫之初，城内共有中左右前后五所，至洪武三十年（1397），中千

〔1〕（清）赵昕：康熙《嘉定县志》卷二《戎镇》，《上海府县旧志丛书·嘉定县卷》，上海古籍出版社，2012年，第463页。

〔2〕张金奎：《明代卫所军户研究》，北京：线装书局，2007年，第323页。

〔3〕正德《金山卫志》上卷一《街巷》，第21页。

〔4〕乾隆《金山县志》卷二《城池》，第124页。

〔5〕正德《金山卫志》下卷一《水类》，第54页。

户所远调松江府。[1]按街名对应，前左右三所分别处于城南、东、西三块区域，如此城北区域则是中、后二所。筑城之初，十字街西北运河两岸桥梁密集，可见该地繁荣盛于它处。由此看从运河至北街的城北区域承接了两个千户所是一种合理解释，运河之东至北街是中千户所，运河之西是后千户所，中千户所迁出后，所在地块空废，所以之后运河四桥毁塌之后，长时段内都未重建，直至道光年才恢复一座映月桥。此说是否成立，仍旧存疑。

各千户所地块如何划分又是一个问题。究竟是临街两侧，还是以十字街划分区块各占一区？正德《金山卫志》记载支巷是以"某所巷，几道"的方式书写，如"左所巷，七道"，[2]总共是左右前后四所巷，无中所巷。这个书写方式较为独到，与一般方志以"某城门内"或"某方位街名"等以门内大街分类的记载有明显不同，或是说明金山卫城内支巷不以大街为分类标准，那么各所临街两侧的分布方式可能性较小。又，清代城东、北属华亭县，县内包含东街和北街北端一小段，光绪《重修华亭县志》记载的城内支巷内容是抄录《正德卫志》左、后两所巷。按上述考证北街支巷不应是后所巷，而且华亭县属北街路段不长，即使是北街支巷就是后所巷也多不在境内，不当抄录。再则，若是以临街两侧分布，以各所方位来说，中千户所地临北街，处运河之东多无疑问，后千户所在中千户所西，则是在城西北。然而乾隆《华亭县志》抄录了后所巷情况，说明后千户所应在城东、北处。以此，说明各千户所临街两侧的分布方式似是不可能，当是以十字街划分区块的分布方式。若此，按街名对应和卫城政治中心的卫治处于十字街东北角的布局推断，十字街东南为左千

---

〔1〕 见正德《金山卫志》上卷一《卫所》，第 16 页。
〔2〕 正德《金山卫志》上卷一《街巷》，第 21 页。

户所，东北为后千户所，西南为前千户所，城西北、运河西为右千户所。

十字街原为土路，成化十二年（1476）改为砖石路面。筑城之初街心有镇海楼，后废，于正德前迁至卫治前，充作谯楼。今日的金山卫城日新月异，明清时期绝大部分的城市景观大都不存，但十字街尚有残存。南北街除两头各有湮灭外，主体踪迹可寻，分别为老卫清路89、90弄，北双南单。西街即拓宽为今老卫清路。东街从十字街口沿卫清西路向东延伸450米，再转东北方向一直伸展到护城河，此处的护城河向外略有弧度，是瓮城段城河的遗迹，北城门处有同样微地形。

篠馆街得名于横浦盐场官廨，世称小官街，今迹不存。城成后盐场廨署迁出，此处地名雅化为篠馆，并附会因此地多箭竹而得名。这一文化意向明显的地名，显示此地在世人眼中的地位有所提升。原街位置是沿小官港岸边，所以走向应从城东南处一直向北延伸过通政桥；又乾隆《金山县志》卷四《学校》："金山卫学，在卫城之艮隅篠馆街北"，[1] 艮位是指东北方，可见篠馆街越过东街，在卫学前折向西；据《金山县地名志》："接东西向的小官街的映月桥均在境内"，[2] 那么折西后东西向的小官街位置大致与映月桥处于一线。正德《金山卫志》下卷二《庙貌》"义勇武安王庙"条："洪武初，横浦盐场所立，在小官镇西街。"[3] 可证折西之后的篠馆街称为西街，那么与之相对应在小官港沿岸的小官街多半处于东岸。

正德《金山卫志》中记录了各所区域内支巷的数量，以前文推证

---

〔1〕 乾隆《金山县志》卷四《学校》，第150页。
〔2〕《金山县地名志》，第199页。
〔3〕 正德《金山卫志》下卷二《庙貌》，第64页。

"按所名街"的格局，十字街东南有七条巷子，西南、西北、东北分别有八、六、八条。巷名多已失考，仅存一条记载，正德《金山卫志》上卷一《坊井》："东南保障坊，左所大街南总督府巷口。"[1]总督府嘉靖中改参将府，《金山卫城文庙旧图》中的东南保障坊在"参府"东。因此该巷位于城东南，总督府东，从东街向南引出，属左所巷。窥一斑而知全豹，考虑卫城平地起城的背景，十字街周边按所分地的区域内原有地名本就匮乏，所以城内支巷大体都是以卫所官衙为名。

乾隆《金山县志》失载明代支巷，表明在正德至乾隆之间，城内支巷似有大的变化。由明入清，可查的支巷只有奚家巷一条，最早出现在乾隆《金山县志》卷二《城池》："治西北有奚家巷（隶金山），往北水门由之。"[2]按常理，此巷应沿运河一路向北。又咸丰《金山县志》卷四《仓署》："金山卫掌印守备署，在关帝庙西奚家巷。"[3]关帝庙见正德《金山卫志》下卷二《庙貌》："在小官镇西街"。[4]按上文，篠馆街接映月桥，所以奚家巷南端应在映月桥附近，然后沿运河直到北水关。映月桥在乾隆《金山县志》记为"今圮"，道光年间才重建，按此奚家巷不过运河，是沿河东岸。

四、建筑复原

建筑是城市景观的重要组成，也是城市功能的直观载体，建筑的复原有利于描绘城市内理。查考明清四部方志，共摘择出近80条建筑信息。梳理之后，其中约有20多座建筑可复原其位置，30多座可推测出大致方位。

---

〔1〕　正德《金山卫志》上卷一《坊井》，第22页。
〔2〕　乾隆《金山县志》卷二《城池》，第124页。
〔3〕　咸丰《金山县志》卷四《仓署》，第375页。
〔4〕　正德《金山卫志》下卷二《庙貌》，第64页。

以下细述考证过程。

1. 金山卫治

正德《金山卫志》上卷二《公署》说金山卫治"居城正中，周缭以垣。……又前为谯楼"，[1]又咸丰《金山县志》卷四《仓署》"在卫城十字街东"，[2]据此确定卫治处于十字街口东北角，正处城市地理中心，所以本小节在以下的地物方位考证的工作中选取金山卫治作为方位原点。

金山卫治始建于洪武二十年（1387），是一个庞大的建筑群，内有架阁库、旗纛庙、经历司、镇抚厅、预备仓等一系列的政府机构。雍正立县后，此地改为县署和典史署。乾隆二十四年（1759）至三十三年，县治迁朱泾时，又改为海防同知署。之后，县治短暂迁回，仍旧作为县署使用，直至第二次迁治朱泾后，衙署逐渐倒圮。

2. 中军守备署

咸丰《金山县志》卷四《仓署》："在卫城旧县署东。乾隆六年（1741），守备汪有奇建。"[3]光绪《金山县志》记其毁于咸丰十一年（1861）太平天国之乱。据乾隆《（金山）城池图》守备署在县署东。

3. 军装局

咸丰《金山县志》记在守备署后，光绪《金山县志》记毁于太平天国之乱。

4. 演武厅

咸丰《金山县志》记在县署东北小校场内。乾隆十三年（1748），参将金玮建。光绪《金山县志》记其毁于太平天国之乱，但在同治十

---

〔1〕 正德《金山卫志》上卷二《公署》，第 23 页。

〔2〕 咸丰《金山县志》卷四《仓署》，第 374 页。

〔3〕 咸丰《金山县志》卷四《仓署》，第 374 页。

年（1871）又重建。正德《金山卫志》记载，明代金山卫城有大小两座校场，都在城外，大校场自城东二里，小校场在南门外。

5. 万寿院

金山卫最早的宗教设施，正德《金山卫志》记始建于宋淳熙六年（1179），在卫治东北。咸丰《金山县志》迁治后，该寺并于朱泾东林寺，建筑遂废。至光绪《金山县志》，仅存后殿。根据《金山县地名志》，万寿院位置就是今金卫中学处。近年，该寺异地重建，在城东北板桥西路以北城河路以东，临东城河。

6. 仓厅

咸丰《金山县志》载仓厅全称南仓军储大使署。正德《金山卫志》记仓厅在军储南仓内，军储南仓本名广盈仓，洪武二十四年（1391）建，正统三年（1438）改名。废置年代不可考，乾隆《（金山）城池图》标为"旧仓基"。今板桥西路学府路口东北角。

7. 军器局

正德《金山卫志》记在卫治西，洪武二十年（1387）建，内有提局厅等机构。考今位置应在十字街西街口附近。入清后，这个机构即废。

8. 总督府

备倭总督府衙。正德《金山卫志》记在卫治东南，原福建都司王胜宅邸，正统初年建。乾隆《金山县志》记，嘉靖时改为苏松参将府，入清后废。乾隆《（金山）城池图》标为"旧参府基"。

9. 察院

有东、西、南三座。正德《金山卫志》记东察院，在总督府东，正统末建。咸丰《金山县志》记西察院，在卫治西广安桥东。应处于西街北侧。乾隆《金山县志》时，东西察院都已废弃。南察院不考，乾隆《（金山）城池图》标在定南桥东，横浦北岸，为"旧南察院基"。

10. 卫学

正德《金山卫志》载，在卫治东北，东西两侧分别是城隍庙和钱镠王庙，南边是道路，北边是河道。乾隆《金山县志》"在卫城之艮隅篠馆街北。"[1]乾隆《（金山）城池图》标在小官港东，仓河南。具体位置大致在今板桥西路城河路口西南。

卫学是继卫治外，又一个庞大建筑群，附含了文庙、崇圣祠、名宦祠、乡贤祠、忠义祠、儒学官署等机构。始建于正统四年（1439），乾隆三十八年（1773）裁撤，日渐坍毁，直到道光十二年（1832）起重建部分建筑。同年，大观书院在卫学旧址建立，是清末金山卫最知名的书院之一。此地一直作为文教用地，据《金山县地名志》，1954年之后该地腾清作为军营，原有建筑完全拆毁。

11. 城隍庙

在卫学东，篠馆街上，洪武二十年（1387）建。

12. 钱武肃王庙

即钱镠庙。本在卫学西，光绪《金山县志》记，乾隆五十三年（1788）移建通政桥东，咸丰十一年（1861）遭毁。

13. 镇抚监

正德《金山卫志》记，在明刑桥南，卫初时设，成化十八年（1482）重建。入清后即已不存。

14. 关帝庙

正德《金山卫志》记，洪武初建，在篠馆镇西街，今北街西侧。光绪《金山县志》记，咸丰十一年（1861）毁于太平天国。

15. 金山卫守备署

全称金山卫掌印守备署。咸丰《金山县志》记，顺治四年（1647）

---

[1] 乾隆《金山县志》卷四《学校》，第150页。

建，乾隆十四年（1749）裁撤，在关帝庙西奚家巷。

16. 兵马司

明卫所机构，永乐十四年（1416）起建，四瓮城内各有一座。仅见载于正德《金山卫志》。

17. 汛署

有两座，分别在南门和西门。年代不考，仅咸丰《金山县志》有载，光绪《金山县志》记为"今圮"。

18. 金山营参将署

乾隆《金山县志》记，原为明指挥使魏弘宣宅，在城北；顺治初改为参将署，嘉庆二十五年（1820）改为游击署。具体位置今难考。咸丰十一年（1861）毁于太平天国后未复建。

19. 上真堂

即浦东道院。正德《金山卫志》记，在城隍庙东，元至元时建，后并入松江仙鹤观，建文四年（1402）后恢复。咸丰《金山县志》时已废。

20. 天妃庙

正德《金山卫志》记有两座，一座洪武二十年（1387）建于横浦桥西，位置不考。另一座于洪武三十年（1397）建于小官浦口，历代方志都有记载。《金山卫城文庙旧图》绘在小官浦口西岸。咸丰十一年（1861）毁于战乱，同治年间重建。

21. 火神庙

始见于乾隆《金山县志》，在参府署后。光绪《金山县志》记迁往朱泾。

22. 三忠祠

光绪《金山县志》记，在大观书院西，同治六年（1867）为纪念死于太平天国之乱的三武将而建。

23. 方园

园林。见于咸丰、光绪两志，咸丰《金山县志》记在城隍庙后。

24. 社稷坛、风云雷雨山川城隍坛、先农坛、邑厉坛

四大祭坛，都是立县后于雍正四年（1726）所建，迁县后迁往朱泾。社稷坛和邑厉坛在北门外，风云雷雨山川城隍坛和先农坛在西门外。

以上 20 多座建筑多是可确定其确切位置。显见城内以卫治（十字街）和卫学（小官街由南向西转角处）两地最为繁华，建筑聚集度高。城东南小官港两岸，即筑城之前的小官镇核心区域之一，却仅有总督府等寥寥数个地物，似乎说明这一区块处在一个萎缩的状态。

下表 50 多座建筑即为上文已复原位置的和另能推测大致方位的建筑列表，粗体为可复原位置的建筑：

表 2-2　金山卫城建筑表

序号	方位	洪武	正统	正德	雍正	乾隆	嘉庆	咸丰	光绪
1	1		卫治	卫治	卫治	卫治	卫治			
2	2		后千户所治	后千户所治	后千户所治					
3	3			卫学	卫学	卫学	卫学		卫学	卫学
4	4				后右所义塾					
5	5	东北					中军守备署	中军守备署	中军守备署	
6	6						演武厅	演武厅	演武厅	演武厅
7	7		仓厅	仓厅	仓厅					
8	8		万寿院	万寿院	万寿院	万寿院	万寿院	万寿院	万寿院	
9	9		上真堂	上真堂	上真堂	上真堂	上真堂			
10	10		城隍庙	城隍庙	城隍庙	城隍庙	城隍庙	城隍庙	城隍庙	城隍庙
11	11						钱武肃王庙	钱武肃王庙	钱武肃王庙	

续表

序号		方位	洪武	正统	正德	雍正	乾隆	嘉庆	咸丰	光绪
12	12	东北								三忠祠
13	13					镇海侯庙	镇海侯庙	镇海侯庙	镇海侯庙
14	14								方园	方园
15	1	东南		总督府	总督府					
16	2			东察院	东察院					
17	3		左千户所治	左千户所治	左千户所治					
18	4		忠烈昭应庙							
19	1	西南	前千户所治	前千户所治	前千户所治					
20	2				前左所义塾					
21	3				镇抚监					
22	4		保泰庵	保泰庵	保泰庵					
23	5								圆通庵	
24	6								魏家园	魏家园
25	7					干园	干园	干园	干园	干园
26	1	西北		西察院	西察院					
27	2		右千户所治	右千户所治	右千户所治					
28	3		军器局	军器局	军器局					
29	4					金山卫守备署	金山卫守备署			
30	5		义勇武安王庙	义勇武安王庙	义勇武安王庙	义勇武安王庙	义勇武安王庙	义勇武安王庙	义勇武安王庙	义勇武安王庙
31	1	东（外）			兵马司					
32	2								军装局	

续表

序号		方位	洪武	正统	正德	雍正	乾隆	嘉庆	咸丰	光绪
33	1	南（外）			兵马司					
34	2								汛署	汛署
35	3		天妃庙							
36	4		天妃庙	天妃庙	天妃庙	天妃庙	天妃庙	天妃庙	天妃庙	天妃庙
37	5						定海庵	定海庵	定海庵	定海庵
38	6		广孝所	广孝所	广孝所					
39	1	西（外）			兵马司					
40	2								汛署	汛署
41	3		晏公庙	晏公庙	晏公庙	晏公庙	晏公庙	晏公庙		
42	4					风云雷雨山川城隍坛	风云雷雨山川城隍坛	风云雷雨山川城隍坛		
43	5					先农坛	先农坛	先农坛		
44	6					保泰庵	保泰庵	保泰庵	保泰庵	保泰庵
45	7		广孝所	广孝所	广孝所					
46	1	北（外）			兵马司					
47	2					金山营参将署	金山营参将署	金山营参将署	金山营参将署	
48	3								火药局	
49	4						北镝厂	北镝厂		
50	5			吉祥庵	吉祥庵					
51	6					社稷坛	社稷坛	社稷坛		
52	7					邑厉坛	邑厉坛	邑厉坛		
53	8						火神庙	火神庙		
54	9			梅燕轩	梅燕轩					

从明洪武建城、正统升格为总督驻地到清雍正立县、嘉庆县治迁出是金山卫城建史上的四个关键时间点，史料留存丰富。另外正德、乾隆、咸丰和光绪四个时间断面因有方志，资料也比较齐全。

所以上表利用这八个时间断面的史料，尤其是记录完备的官衙资料，统计建筑兴废状况，可以大体分析城区的变化经过。

清代方志的话语体系中，咸丰十一年（1861）的太平天国之乱对于金山卫城是具毁灭性效果的。此外，不出意料的，每部方志的主修者在各自的方志中，几乎都是城建的领军人物，多有夸耀自身和忽略他人之嫌。以上两点，是方志记录信息存在的缺憾。

空间区域以十字街为区隔，划分成东北、东南、西南和西北四块区域作为比较，另外一些位置模棱不清的地物，以东南西北（包含城外近城处）作笼统归纳，具体的空间分析会尽量避开这些地物。

从方志中摘择出的近 80 条地物，多是官衙与祠庙，偶有兼涉私宅院邸等，难与如地契等详实数据匹敌，所以表中将数据相对齐全的官衙加粗，作为标准量分析。总共 54 条，加粗的官衙机构有 27 条，正巧是半数，足够支撑分析所需的数据量。衙署机构虽不能完全代表城市规模的发展情况，但是却能准确反映出城市每次政治地位变动后所受到的影响，所以还是可以将之作为城市演化的分析对象。

从表中看，可明显发现城东北地物较为繁密，符合前面所提及的卫治和卫学两各中心的情形。其他三块区域的地物大致相等。

从时间上看（见附册图 6），八个时间点的官衙机构数量依次是7、11、18、4、7、4、8、4，正德修志对地物官衙的记录特别详细，正统、正德两个时代对城内官衙有过大规模的增建或翻新。明清鼎革之后官衙数量迅速下降，即使立县之后也未见起色。究其原因一是从换代到立县这段时期，金山卫在入清后军事地位的下降；二是立县之后，囿于财政等原因，官方对衙署修建也不热心，如县丞署等机构就长期未建，或租赁民居，或与立县前的府县合用。从入清后出现的衙署机构看，有中军守备署、金山卫守备署、军装局、火药局、北枪厂等，似乎军用单位比民政单位出现的更主动，可见金山卫似乎一直未能完全摆脱军事色彩的城市性格，最终还是失去了作为民政单位驻地城市的资格。

五、小 结

经过对城内河道、桥梁和街巷的分模块处理的考证之后，目前能完全确定其位置，并标定在工作底图上的有运河、横浦、仓河，广安桥、定南桥、映月桥、迎恩桥，十字街等。其他地物通过与以上所定位的地物之间相互位置关系推演，并藉助日制《金山卫城》图进行比对，绝大部分都可得到一个较为准确的位置信息。

至此本章已可构筑出一个比较精确的城市基底。金山卫城的基底是以十字街为中心，向四周扩散的格局；城内四条水系围绕在十字街心，形成一个闭合的环流形态，并在西北、东南两角向外流转。面对这层基底，可以发现一个问题，金山卫城并不像一般的江南水乡聚落那样表现出"亲水性"，它甚至出现了"厌水性"的情形。例如，因为城墙的筑造，生生隔断横浦、旧运港等水系的完整性，使城内城外互不相通。对水关的态度也表现出漫不经心，甚至主动封塞了通向河港的南水关。金山卫城的主街同河道也并非相辅相成，不像上海、嘉定等江南城市那样并排而行，街河两者几乎是完全分裂的，河道只是在市心（即十字街心）的外围围绕环流。在由小官镇转向金山卫城之后，城市格局背后的主导力量显然来自街道而非水系，水系对城市格局的影响日渐式微，使这座城市呈现的是一种向陆性，而非与周边自然环境相适应的亲水性。

最终本章所描绘出来的明清金山卫城，是一个始终带有军事色彩的方型城市，它非周边自然环境原生的城市，实际是与周边环境有着格格不入的向陆性。城内十字街格局不断破坏原有的沿河市镇，将资源集聚至自身周边，改变了该地区原有的聚落格局。明代城西北桥梁众多，表明这一区域在当时较繁华，但之后由于中千户所外迁松江，该区域失去大量人口，桥梁尽毁，街区萎缩。城东南原有的沿河市镇也在不断萎缩，最终停止于该市镇北侧由水转陆的交汇处，重新蓄力发展，与十字街共同成为城东北两个核心街区。

附一节 金山柘湖考略

柘湖是金山卫城附近的一座大型古湖泊，今已不存，仅留下诸如"柘林"之类的小地名。如同雪泥鸿爪，于上海历史地理研究中留下诸多疑问。由于史料较少，在有关柘湖不多的研究成果中，学者各持说法，尚未能形成共识。相关观点中，以祝鹏《上海市沿革地理》一书的论述最为丰富，谭其骧在论及海盐沿革中有所涉猎。近年来，韩嘉谷、王斌和陈吉等人亦发表过新论点。

祝鹏在书中详细梳理史料，首先确定了柘湖的存在，并认定其面积广大，然后将之假定为一个理想型圆形湖泊，再进一步推定柘湖位于今金山张堰、朱行和漕泾之间。[1]谭其骧于《海盐县的建置沿革、县治迁移和辖境变迁》一文中认为，柘湖在今张堰与查山之间，南宋中叶开始湮塞，至明代成为平陆。[2]韩嘉谷《从海盐县城沦湖谈上海地区的汉代大水灾》中，利用1990年代《金山县海塘志》[3]中所引六朝时期地图《吴郡康城地域图》为主要依据，推导柘湖为一座潟

〔1〕祝鹏：《上海市沿革地理》，上海：学林出版社，1989年，第115—117页。
〔2〕谭其骧：《长水集．续编》，北京：人民出版社，1994年，第279页。
〔3〕《金山县海塘志》，南京：河海大学出版社，1991年。

湖，出现于冈身形成之后，并且在汉代和唐宋有过两次湖面扩大期，湖面覆盖今金山南部大部分及与之相邻的杭州湾海域。[1]不过，需注意的是《吴郡康城地域图》内容过于奇诡，该图的确真性与史料价值还需多做研究。王斌、陈吉二人在《秦至西汉前期海盐县城址新探》[2]一文中，以新的考古资料作为论证基础，提升了有关柘湖范围研究的准确度。

柘湖现存史料不多，早先见于《水经注》《元和郡县志》等书，言辞多简略，只是在记述海盐县沿革时提到"海盐沦入柘湖"一事。至宋代，有关柘湖的史料略渐丰富，《舆地纪胜》《方舆胜览》等总志中都有所见，《绍熙云间志》中的柘湖材料相对来说最为详细。《宋史》中亦有多处提到柘湖，保留了些当时治湖的宝贵材料。元代及明清文献中的材料多抄录旧志，无甚新意，但《吴中水利全书》《三吴水考》等水利集丛对文献多有保存之功。

一、柘湖的存在时间

柘湖形成的时间与海盐设县息息相关，一般认为最初的海盐县城是沦入柘湖的，也即是说柘湖出现在海盐设县之后。据《水经注》卷二十九："秦于其地置海盐县。《地理志》曰：县，故武原乡也。后县沦为柘湖，又徙治武原乡，改曰武原县，王莽名之展武。汉安帝时，武原之地又沦为湖，今之当湖也，后乃移此。"[3]《元和郡县志》《吴地记》等书所记略同。从中可知，海盐县城设于秦代，柘湖位于

〔1〕 韩嘉谷：《从海盐县城沦湖谈上海地区的汉代大水灾》，《历史地理》第 28 辑，上海人民出版社，2013 年。
〔2〕 王斌、陈吉：《秦至西汉前期海盐县城址新探》，《历史地理研究》，2021 年第 3 期。
〔3〕 陈桥驿：《水经注校证》，北京：中华书局，2007 年，第 687 页。

秦海盐县城附近，并在城迁武原乡前形成，那么成湖时间的上限当在秦代之后。

前文所据，武原乡于汉安帝时再次沦湖，则海盐迁武原必在此前，汉安帝在位时间为107—125年。另，早于《水经注》并大体被认为成书于东汉的《越绝书》在卷二《记吴地传》中有"海盐县，始为武原乡。"[1]卷八《记地传》中有"觐乡北有武原。武原，今海盐"[2]等句，也可说明海盐迁武原在东汉之前便已发生。又《汉书》卷二十八《地理志》"会稽郡"条："海盐，故武原乡。有盐官。莽曰展武。"[3]考订海盐县城迁武原乡是在《汉书·地理志》撰成之前。《汉书·地理志》所用原始材料多是元始二年（2）簿籍，并且文内称"故武原乡"，可见"海盐迁武原"一事对班固来说已是年久日长，不可胜知了。所以，柘湖成湖时间的下限在公元2年之前。

如上，柘湖形成时间应为秦末至公元2年的西汉时期。之后柘湖的演化，因材料欠缺，难以确知。但可以知道的是一直到宋代，柘湖水势仍然充沛，是一座大湖。

《绍熙云间志》引《吴地记》曰柘湖"周回五千一百一十九顷。"[4]《宋史》卷九十七《河渠志》言秀州有柘湖、淀山湖、当湖和陈湖四座湖泊，柘湖排第一位，并有十八条河流输水入湖，是周边地区重要的行洪蓄洪通道。[5]杨冠卿所著《客亭类稿》甚至称："夫秀之华亭滨海，有泄水之港，杭与湖、秀之水皆由是港聚归柘湖，

〔1〕 李步嘉：《越绝书校释》，北京：中华书局，2013年，第36页。
〔2〕 《越绝书校释》，第229页。
〔3〕 （汉）班固：《汉书》卷二十八《地理志》，北京：中华书局，1964年，第1591页。
〔4〕 （宋）杨潜：《绍熙云间志》卷上《古迹》，《上海府县旧志丛书·松江县卷》，上海古籍出版社，2011年，第22页。
〔5〕 《宋史》卷九十七《河渠七》，第2413页。

以入于海。"[1]将柘湖视作杭、湖、秀三州最重要的排水通道。杨冠卿是南宋初年人，生于 1138 年，卒年不知。这段文字是分析他之前的时代为什么不常发生雨水内涝的原因。由此可说明在杨氏那个时代，人们还能追忆柘湖的规模非常巨大。景祐二年（1035）唐询作《柘湖》诗："世历亡秦远，湖连大海濒。"[2]从而所知，北宋以及之前的时代是柘湖的黄金期，这一时期柘湖水量巨大，是重要的行洪通道。

这一黄金期是柘湖最后的时光，到北宋末年柘湖已开始消亡，至南宋《绍熙云间志》卷上《古迹》所记，"其后湮塞，皆为芦苇之场。今为湖者无几。"[3]南宋中期湖面已经不剩多少。生活在宋宁宗庆元年间的许尚作《华亭百咏》中有《柘湖》一诗，"展武沉沦后，波澄一鉴明。桑田复更变，触目总柴荆棘。"[4]"桑田复变更"一句，说明此刻柘湖已成陆。此后的《至元嘉禾志》卷十四《古迹》与《绍熙云间志》文字相同，明显为抄录而来。说明元代至元之前，柘湖已经完全湮灭，时人修志已不能见到湖泊，只能抄录旧志。明代正德《华亭县志》也指柘湖已淤积无存，"然以今视之，凡查山之西北，张堰之东南，黄茅白苇之场皆其地也。"[5]

柘湖的消亡在北宋末年已到膏肓阶段。《绍熙云间志》卷中《堰闸》记："华亭东南并巨海，自柘湖湮塞，置闸十八，所以御咸潮往来。政和中，提举常平官兴修水利，欲涸亭林湖为田，尽决堤

〔1〕（宋）杨冠卿：《客亭类稿》卷九《杂著编三》，清文渊阁四库全书本
〔2〕《绍熙云间志》卷下《诗》，第 48 页。
〔3〕《绍熙云间志》卷上《古迹》，第 22 页。
〔4〕（宋）许尚：《华亭百咏》，《上海史文献资料丛刊·第一辑》，上海交通大学出版社，2018 年，第 505 页。
〔5〕正德《华亭县志》卷二《水上》，第 99 页。

堰，以泄湖水。华亭地势，东南益高，西北益卑。大抵自三泖、
五浦，下注松江，以入于海。虽决去诸堰，湖水不可泄，咸水竟
入为害。"[1]太湖碟形洼地的外缘沿海地带略高，内陆则矮。处于太
湖碟形洼地东缘的华亭县，它的沿海地带，即今金山、奉贤等地
便是如此地形，海拔要略高过处于内陆的松江。这种地形下，海
水容易倒灌，而近海的柘湖等水体正好作为容纳倒灌海水的容器，
在海陆过渡地带发挥抵挡海水、稀释咸潮的作用。所以，当柘湖
淤塞之后，水容量急剧缩小，无法再容纳大量倒灌海水，致使咸
潮直接沿原入湖水道上侵，造成土地盐碱化。为解决因柘湖消亡
而产生的咸潮上侵的情况，宋人便在原十八条入湖水道上置筑闸
堰用于抵挡海水。

　　柘湖原入湖水道闸堰的筑造时间目前没有留下确切的记载。但
政和年间，放亭林湖水造田而引发咸潮倒灌的事件，则为此提供了
一条线索。据祝鹏研究，亭林湖旧迹在今金山亭林镇北。[2]按查地
图，亭林湖位于柘湖上游。因亭林湖干涸而产生土地盐碱化，说明
比其更靠近海岸的柘湖稀释淡化海水作用已不存在，那么就是说至
晚在政和年间柘湖已严重淤塞。

　　因而，柘湖的演变的过程应当如下。最初是在秦末至元始二年
（2）之间的西汉时期形成，一直到北宋时都保持着广大面积和充沛水
量，作为海陆过渡带的咸淡水体缓冲水体。在北宋晚期的政和年间
之前，柘湖发生淤积，面积与水容量都变急遽减少，以致到南宋绍
熙年间，原湖区绝大部分都变成遍生芦苇的湿地形态，几乎没有明
显的宽阔水体。元代则完全淤积，无法寻得旧迹。

---

〔1〕《绍熙云间志》卷中《堰闸》，第35页。
〔2〕《上海市沿革地理》，第115页。

二、柘湖的位置与进出水道

《绍熙云间志》记："柘湖。旧图：在县南七十里。湖中有小山，生柘树，因以为名。"[1]之前学者常以柘山定位柘湖位置，但考虑柘湖面积广大，仅凭一座湖中小山还不能精确复原出湖泊岸线。而且在柘山定位上还易出现分歧，如韩嘉谷认为柘山即今查山，为一音之转；谭其骧、祝鹏都认为柘山在今金山卫城东北的山阳镇境内。祝鹏定柘山在山阳镇甸山集，《上海市沿革地理》中记录："据金山县水利局王一帆同志说，今仍有柘山，因历来开山取石及开辟公路，被削去其半，今尚有高约二公尺露头。"[2]查山、甸山两山相距 3 公里有余，相距不远，应是都处于湖区，所以有被后人作讹名之误。

根据上文所引《绍熙云间志》，柘湖位于今金山南部这块大区域不会有错。文中"七十里"当是指从今松江到柘湖北岸距离。又《绍熙云间志》卷上《场务》罗列税场、盐场等机构都标明里程，其中金山税场在县东南九十里，金山盐场在县东九十里，遮山盐场在县东七十里，浦东盐场、柘湖盐场、横浦盐场在县南七十里。[3]同书卷中《山》："金山。在县东南九十里。"[4]即今大金山岛，故金山税场、盐场在今大金山岛附近。遮山盐场即今查山，正德《华亭县志》卷一《山》记查山"旧名遮，钱野人衮定为查。"[5]正德《金山卫志》记"查山。卫北二里，旧名遮。"[6]经实际测量，查山在金山卫城北两公里，又名大石头。正德《金山卫志》记横浦场在今金山卫城，浦东场在卫

〔1〕《绍熙云间志》卷上《古迹》，第 22 页。
〔2〕《上海市沿革地理》，第 116 页。
〔3〕《绍熙云间志》卷上《场务》，第 16 页。
〔4〕《绍熙云间志》卷中《山》，第 32 页。
〔5〕正德《华亭县志》卷一《山》，第 94 页。
〔6〕正德《金山卫志》下卷一《山类》，第 52 页。

城北三里。[1]遮山、浦东、横浦三盐场与柘湖盐场距离相近，将三盐场连为一线，就可推知柘湖北岸部分岸线。

又，《绍熙云间志》卷中《堰闸》记："运港东塘岸，自运港堰至徐浦塘，计二十四里一十七丈；西塘岸，自运港堰至柘湖，二十三里"。[2]东西塘岸是指运港河的东西两岸，从西岸至柘湖有二十三里，而东岸至徐浦塘二十四里多，所以徐浦塘据柘湖北岸不远。正德《华亭县志》卷二《水》"徐浦塘"条："自旧运盐河分支，东行草荡间，历浦东场、漕泾市，至澪阙闸止。"[3]则柘湖北岸线在漕泾 - 澪阙一线向西延伸线之南不远处。

历来方志中没有金山在湖中的记载，所以柘湖南岸线必在大金山岛以北。根据张修桂的研究，金山海岸线东晋时在今王盘山一线，唐代在今大金山岛以南，南宋初期仍在大金山岛一线，[4]因此柘湖南岸抵近大金山岛北侧是完全有可能的。

推定出柘湖处于大金山岛与金山卫城之间只是一个大略位置，若从出入湖水道的位置着手，就能复原出该湖的具体岸线。

上文所引《绍熙云间志》卷中《堰闸》中称"置闸十八"，《宋史》卷九十七《河渠志》言"东南则柘湖，自金山浦、小官浦入于海。""柘湖十有八港，正在其南，故古来筑堰以御咸潮。"[5]联系上下文，"正在其南"是说柘湖位于华亭县南边，不是指柘湖十八港在湖南侧。按此条材料所记，柘湖有入湖水道十八条，出湖水道两条。

---

〔1〕　正德《金山卫志》下卷一《盐场》，第 57 页。

〔2〕　《绍熙云间志》卷中《堰闸》，第 36 页。

〔3〕　正德《华亭县志》卷二《水》，第 99 页。

〔4〕　张修桂：《中国历史地貌与古地图研究》，北京：社会科学文献出版社，2006 年，第 294 页。

〔5〕　《宋史》卷九十七，第 2413 页。

出湖水道中，金山浦今已不考。正德《金山卫志》下卷一《水类》有名为"金山港"的小河，或是金山浦遗存。又，上卷一《营堡》："金山营。在卫东十里海上金山港口，旧名金山港营。"[1]金山港位于卫城东十里，考较里程约是今龙泉港一线，并且此处向南延伸正对金山三岛。

小官浦，正德《金山卫志》记："在卫南海上，旧与柘湖通，凡蓄舶悉从此来往，后湖湮。"又有"小官港。小官浦支流也。自海通南城河为浦，迤西而北在城者为港。"[2]可知小官浦明代被金山卫城墙截断，城内称港，城外仍称浦。查考旧地图，小官浦港大致为南北向，在今学府路东侧，至施二路转东，又在施三路转南，一直向南入海。

材料中所指的 18 条水道，在文献中没有留下具体名称。而前文所述《绍熙云间志》卷中《堰闸》提到为排干亭林湖"尽决堤堰"，亭林湖在柘湖上游，若要排水入海所决堤堰必定是下游近海的柘湖堤堰。这次"尽决堤堰"后，咸潮倒灌为害，为防止咸害，不久又复故堤堰，只留新泾塘以通盐运。因此新泾塘是柘湖入湖水道之一，今亭林镇东南有新泾塘。而后，到乾道七年（1171），因海潮肆虐，新泾塘口由于被海水长期冲刷而宽达"三十余丈"，又成为咸潮倒灌的通道。为解决这一问题，秀州知州丘崈放弃新泾塘，在距其二十里的运港另筑新堰，"并筑堰外港十六所"。[3]这十六座堰在《绍熙云间志》卷中《堰闸》中留有记录。虽然不能确指这十六座堰所在水道与除新泾塘外的柘湖十八港是否为相同水道，但因地理区位相同，且

---

〔1〕 正德《金山卫志》上卷一，第 16 页。
〔2〕 正德《金山卫志》下卷一，第 54 页。
〔3〕《绍熙云间志》卷中，第 35 页。

时隔并不太久远，可以断定其中大部分应当是有继承关系。

运港，据《宋史》卷九十七《河渠志》："新泾旧堰迫近大海，潮势湍急，其港面阔，难以施工，设或筑捺，决不经久。运港在泾塘向里二十里，比之新泾水势稍缓。若就此筑堰，决可永久。"[1]按《宋史》所述，新泾塘堰迫近大海，运港堰在新泾塘堰"里二十里"，则运港堰当是在新泾塘堰上游。考较里程，应在亭林镇附近，又今亭林镇东南有新泾塘，镇北有运港，当是宋代河道残留。

十六座堤堰对应的水道分别是囊墩泾、黄姑泾、张恋泾、老儿泾、何家泾、善泾、张泾、徐家泾、邵家泾、新开泾、招贤泾、管家泾、戚家泾、丫叉泾、吴塔泾和蒋家泾。其中黄姑泾、张泾和招贤泾今还见存。

黄姑泾在金山卫城西，东入金卫城河。招贤泾在亭林镇与朱行镇东侧，今河南段已不存，乾隆《华亭县志》卷首《水道图》绘至近海处，入于海塘北侧运石河。

今张泾河北接大泖港，南至金山卫城，入金卫城河。旧时张泾走向是从张堰镇西出发，向北入松江府城河。正德《松江府志》卷二《水》："张泾。在府南张堰镇之西，接新运盐河。北行过……至张泾桥与城河合。……《续志》云：'张泾起南门太平栅，至张堰，长六十三里。'"[2]张堰镇以南段为新运盐河。正德《华亭县志》卷二《水》"新运盐河"条："自金山卫城北流至张堰镇西为张泾，……初在查山东，后以风涛之险改浚于此。人呼其东为旧河。其北即古柘湖地。"[3]又，正德《金山卫志》下卷一《水类》："旧运港。张泾堰东

〔1〕《宋史》卷九十七，第 2414 页。

〔2〕（明）陈威：正德《松江府志》卷二《水》，《上海府县旧志丛书·松江府卷》，上海古籍出版社，2011 年，第 33—34 页。

〔3〕正德《华亭县志》卷二《水》，第 99 页。

南，一名运盐河。旧通海、小官浦，接小官镇，有盐场，故名。即设卫，徙盐场于城西，通卫西新河，遂名此为旧。"[1]姚裕廉《重辑张堰志》记"镇之东南有地名'闸上'"，[2]认为张泾堰就在该处。

另十三条今已不存的河道中，善泾、丫叉泾和吴塔泾三河在文献中还有记载。

正德《华亭县志》卷二《水》"顾胥塘"条：

> 自白茅泾东流，绝沈湖、洮港为善泾，至奉贤泾。[3]

"前冈塘"条：

> 自张泾接胥浦塘东流，……其西一支斜入张泾，曰丫叉泾。[4]

"奉贤泾"条：

> 在洮港东，北流入运港。其西为新港，北入善泾，逶迤西北行，为杨树溇，为吴塔泾，至亭林，与运港北入方西塘。……奉贤疑即古新泾塘。[5]

上文所见，明代善泾在新泾塘（奉贤泾）北，吴塔泾在更西北，

---

〔1〕正德《金山卫志》下卷一《水类》，第 54 页。

〔2〕（清）姚裕廉：《重辑张堰志》卷一，《上海乡镇旧志丛书.第 5 辑》，上海社会科学院出版社，2005 年，第 6 页。

〔3〕正德《华亭县志》卷二《水》，第 99 页。

〔4〕正德《华亭县志》卷二《水》，第 100 页。

〔5〕正德《华亭县志》卷二《水》，第 33 页。

三泾都在亭林东南。按《宋史》所述，旧新泾塘堰近海。又，乾隆《华亭县志》卷首《水道图》，奉贤泾（新泾塘）南抵海塘北侧运石河。丫叉泾则在张堰镇东北，入张泾。这四条泾在柘湖淤积之前都是直入湖内，柘湖消失后它们也跟着淤积，河道向北退缩。另加旧港，入湖十八港中可知位置走向的有五条，可勾勒出柘湖北岸的大致岸线。

因黄姑泾在金山卫城西，所以湖西岸线也不会远离卫城地区。

这一区域东侧是冈身，即今漕泾镇一线，略高于周边地形。按常理来说，湖东岸不会超过冈身地带。

综上，柘湖主体的位置大致是北岸过今金山卫城，南至大金山岛，西不过卫城区域，东不过冈身。部分出入湖水道方向有延伸的水潴，如旧港"其北即古柘湖地"。主要的出湖水道是湖南岸至海的金山浦与小官浦。入湖水道众多，在湖淤积后，其中湖东新泾塘成为这一区域的主要水道。

三、柘湖对周边水环境的影响及水利作用

柘湖占地面积大，而且位置近海，处于咸淡水过渡区，因此对周边水环境有重大影响。

柘湖成于水灾，形成之初就淹没海盐县城，直接改变了周边地理环境。柘湖南侧有金山浦和小官浦两浦作为入海的泄洪水道，因而可以确定柘湖并非是直接连海的潟湖类型。从这点可说明，导致柘湖形成的大洪水来源应当是北部太湖淡水，由于太湖碟形洼地的沿海边缘地形略高于内陆，以致向海泄洪不畅，洪水大量蓄积，从而形成淡水湖泊。

不过，太湖碟形洼地本身海拔高程并不高，遇到大海潮，并不能阻挡海水倒灌。淡水容量巨大又临近海岸的柘湖便发挥着稀释倒灌咸潮的作用，阻挡咸潮对上游黄浦江南岸地区的侵袭，减轻盐碱

化危害。

当然，柘湖的存在彻底改变了区域地貌。在柘湖淤积之后，原湖区成为黄茅白苇的湿地区，水面收缩成几条连海水道，如新泾塘等。

对于这一区域来说，柘湖最主要的水利作用是稀释南来咸水，宣泄北来洪水，所以围绕柘湖的水利工程多是以这两方面开展。调节南北水量的要素是库容量巨大，为保证库容，唐天祐元年（904）就对柘湖进行过疏浚。[1]此后还屡有疏浚工程，如宋绍圣年间，毛渐疏浚柘湖等水，"自是水不为患。"[2]

宋代，东南沿海人口增长，垦田渐多，护田和泄洪矛盾逐渐尖锐。柘湖因有泄洪的作用，需保持水道畅通。反之，保持水道畅通又便利了海水倒灌，影响农业。乾道七年（1171）新泾塘堰改筑运港堰，就是因海潮肆掠，咸水上延，危害苏湖两州农田。所以柘湖周边居民多在水道上私筑坝堰。熙宁三年（1070）郏亶《上水利书》中便提到"向因民户有田高壤，障遏水势，而疏决不行者，并与开通达诸港浦。"[3]为此，官方十分头痛，后来设置了可以启闭的堰闸才解决矛盾。《宋史》卷一百七十三《食货志》便称："旁海农家作坝以却咸潮，虽利及一方，而水患实害领郡；设疏导之，则又害及旁海之田。若于诸港浦置牐启闭，不惟可以洩水，而旱亦获利。"[4]

除早期柘湖十八港闸和丘窑十六堰闸外，张叔献于淳熙十三年（1186）上《请筑新泾塘招贤港堰牐状》，要求在新泾塘、招贤港和徐浦塘三处河口置牐筑塘。这些措施都是柘湖地区保障水利的重要

〔1〕（明）张国维：《吴中水利全书》卷六，清文渊阁四库全书本

〔2〕《宋史》卷三百四十八《毛渐传》，第 11040 页。

〔3〕（宋）郏亶：《上水利书》，《吴中水利全书》卷六，清文渊阁四库全书本

〔4〕《宋史》卷一百七十三《食货志》，第 4185 页。

工程。

柘湖未淤之前是此处重要的水利枢纽，淤积之后原湖面收缩为诸多水道用以排水灌农，其中以新泾塘为最重要，兼有盐运功能。但至隆兴二年（1164）置张泾闸之后[1]，原湖区的主要水道由东侧新泾塘开始向西侧张泾转移。到乾道七年（1171），丘崈弃新泾塘，移筑运港堰，这一转变彻底完成。其后，浦东、查山、横浦等盐场都聚于张泾河一线，明代更是成为金山南部最重要的水道。民国《金山张泾河征信录·序》称之为"邑中水利之尤重者，莫如张泾一河"，并且形成了"二十年一浚"的制度[2]。

---

〔1〕《绍熙云间志》卷中《堰闸》，第 36 页。

〔2〕高燮：《金山张泾河工征信录》，松江成章印刷所，1924 年，第 1 页。

第三章　明清青村所城的平面形态复原

第一节　资料概述与城建小史

一、方志与地图

　　青村所城，今奉贤奉城，雍正三年（1725）设奉贤县，县治驻此，遂习称奉城。目前所见最早的奉贤方志是乾隆《奉贤县志》，知县李治灏主修，书稿成于乾隆十九年（1754），后又由知县周隆谦"追阙补亡"[1]而定稿，最终于二十三年刻版。这部书是奉贤立县后首部方志，不少内容为书内首见。卷首有郁希范所绘《县城图》（以下称乾隆《（奉贤）县城图》），不过绘法写意，图文简略，仅记载了些基本地物。

　　成于光绪三年（1877）的《重修奉贤县志》是奉贤第二部方志，知县韩佩金主修，该志成因编修《江南通志》的机缘，条目清晰，内容丰富。书内卷首的《奉贤县城图》虽仍然使用传统的写意绘法，但已隐隐有近代实测地图的风格，相比乾隆《（奉贤）县城图》多了支巷、河道等众多地物，价值也更高。

　　第三部方志是民国《奉贤县志稿》，由专门成立的县文献委员会于1948年起编修，书未成且有散佚。1988年县志办公室整理此稿，并

---

〔1〕（清）周隆谦：乾隆《奉贤县志·序》，《上海府县旧志丛书·奉贤县卷》，上海古籍出版社，2009年，第10页。

将另一残稿民国《增修奉贤县（志）草卷》一并抄录，合为一书，仍定名为民国《奉贤县志稿》。[1]该书编纂方式远不同于旧式传统方志，编目新颖，记述更加详实精准，不可多得。今日所流行版本是余霞客于2009年整理出版的校点本，该本以1948版为底本，"行文次序一依原书，……卷目以各册原目录所示定名"，[2]同1988版面貌有所不同。

　　以上是奉贤历史上编纂的三部方志，是本文复原奉贤（青村所城）明清城市形态的主要依据。

　　另外，宣统元年（1909）出版的《乡土地理》是奉贤乡土教育课本，作者裴晃，该书虽然文辞简单，但以导游手册的视角介绍了奉贤情况，读之颇为有趣，且现场感十足，是复原工作不可多得的上佳材料。奉贤上级政区和立县之前的方志，如金山卫、松江府和华亭县等地的方志及其他材料对复原研究也同样具有重要作用。其中，正德《金山卫志》是现存记录青村所筑城后的第一部方志，对城内的形态有不少记录。

　　近代实测地图有1915年江苏陆地测量局绘两万五千分之一奉贤城地图，比例尺较大，仅作用于城市平面轮廓和主要架构。另，张春辉《上海近郊传统聚落景观形态浅析：以奉城老城厢为例》一文中不知引自何处的一幅民国三十二年（1943）的简图，图内街区基本只沿十字街排布，其他大部分区域为农田或荒地，[3]显然是与晚清之后街区萎缩有关。

---

〔1〕　1948版的民国《奉贤县志稿》、民国《增修奉贤县（志）草卷》和1988版的民国《奉贤县志稿》三部书流传的具体过程可见《上海方志提要》相关的专条记述，上海社会科学院出版社，2005年，第70—72页。

〔2〕　余霞客：民国《奉贤县志稿·整理说明》，《上海府县旧志丛书·奉贤县卷》，上海古籍出版社，2009年，第487页。

〔3〕　张春辉：《上海近郊传统聚落景观形态浅析：以奉城老城厢为例》，《美与时代（上）》，2011年第2期，第100页。

两图都较为简略，未能体现城市形态的细部结构。因此，本章复原研究的工作底图选择使用1985年实测的《奉城镇现状示意图》，[1]图中可见十字主街和支巷、城内外河道和"旧城基"等地物，便于与传统舆图比较地物位置，适宜于复原工作。

二、青村所城建小史

青村所全称青村中前千户所，属金山卫。城建于青村镇，原为盐业聚落。若按政治地位来分，可分为四个时期，即：一、盐业聚落时期（1386年以前）；二、卫所军城时期（1386—1725年）；三、县域城市时期（1725—1912年）；四、市镇时期（1912年之后）。这四个时期大致可概括青村所地方史的进程，而具体至青村所的城市化过程，则又略有差别。

青村镇是一处因制盐业而兴起的滨海聚落，在宋《绍熙云间志》卷上《场务》中就已见"青村盐场"的记录，则该处聚落的产生当不晚于此时。明洪武十九年（1386）在此地筑城，为卫所制下的军事城池，沿用镇名。

从各方文献来看，青村所筑城之初是将青村镇包入了城内。正德《金山卫志》下卷一《镇市》："在中前所，西为高桥，各三里。"[2]历代方志记青村所城周六里，所城近正方形，即单边长约一里半，可证筑城之时包青村镇之半入城。究竟是包哪一半？按正德《金山卫志》同卷记"青村场盐课司，中前千户所西南二里。"[3]又乾隆《奉贤

---

〔1〕 该图刊于《奉城志》，内部发行，1987年，第41页。

〔2〕 （明）张奎：正德《金山卫志》下卷一《镇市》，《上海府县旧志丛书·金山县卷》，上海古籍出版社，2014年，第57页。

〔3〕 正德《金山卫志》下卷一《盐场》，第57页。

县志》卷一《官署》记"青村场盐课司署，在高桥镇。"[1]并光绪《重修奉贤县志》卷一《市镇》"高桥，在治西三里。"[2]可见青村所是在青村镇之东半部位置建造。

乾隆《奉贤县志》卷一《建置》记"其城因青村之旧，立县署焉。"[3]所城建于青村镇上无误。城内布局与金山卫相似，以十字街为主干串联巷弄。街北另有一街，名为奉贤街，以县名街。相传奉贤县名由来是因孔子弟子子游曾至该地讲学，遂以崇奉贤人为名。黄之隽《浚青村城濠记》起首："吾郡诸水以泾港塘汇名者百数，奉贤者，泾之一也。华亭既分，遂以名其县。"[4]正德《华亭县志》卷二《水上》记奉贤泾在亭林（今属金山）一带，不在奉贤境内，但黄之隽是当地人，此文作于雍正九年（1731），为表记知县舒慕芬疏浚城濠水道一事，当不至于出错。县名源于河名，比得自于"言子讲学"一事更为合乎常理。

洪武十九年（1386）筑城，是该城始兴之刻，大量建筑应运而生，其中以军事管理机构和兵营为主的军事设施构成了城内街区主要景观。而后随着明中后期卫所制渐趋糜烂，城内也是逐步荒废。即使雍正三年（1725）立县，定青村所为县治，也未能立刻给青村所的城市景观带来多大改观。众多作为县治所必须的衙署都未及时兴建，其他城市要素的兴造则更加谈不上了。黄之隽在《浚青村城濠记》中明确说到官员"皆僦南桥民居以视事"，[5]又如作为科举教育的管理机构县学训导署也是一直寄居在松江府城内。[6]如此尴尬的情

〔1〕　乾隆《奉贤县志》卷一《官署》，第31页。
〔2〕　（清）韩佩金：光绪《重修奉贤县志》卷一《市镇》，《上海府县旧志丛书·奉贤县卷》，上海古籍出版社，2009年，第233页。
〔3〕　（清）李治灏：乾隆《奉贤县志》卷一《建置》，第24页。
〔4〕　（清）黄之隽：《浚青村城濠记》，乾隆《奉贤县志》卷一《城池》，第25页。
〔5〕　《浚青村城濠记》，第25页。
〔6〕　乾隆《奉贤县志》卷一《学校》，第31页。

况直至第三任知县舒慕芬在青村所浚濠建屋之后，才逐步有所改变，青村所这才迎来了成为县治之后的又一次发展机遇。

咸丰十一年（1861），太平天国之乱，城内几遭覆灭，平定后不少建筑未能恢复。至民国元年（1912），县治迁南桥，遂衰落；"八·一三"淞沪抗战更遭战火，局面进一步恶化。沦落为普通市镇后的青村所城失去发展机遇，缺乏管理规划。在生齿日繁的历史过程中，城内空地被逐步占据，城市景观向街道狭窄局促，低矮私房丛生杂乱的状态变化。今日城内所能见到的情形即是以这类窄巷杂屋为主，昔日城市要素仅有十字街、护城河等尚可辨认。

上述即青村所城演变概貌，因史料匮乏，各部方志间隔时长，不少时期的演变难以推证，因而下文拟采取概述式的方法对明清青村所城的平面结构进行讨论。

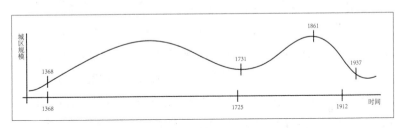

各时期青村所城区规模变化示意图

第二节　城市平面形态的复原

青村所城的史料较为匮乏，各部方志间隔时间长，记述内容详略不一，地图资料也不丰富，不少时段的演变难以推证，因而下文采取概述式的方法对明清时期青村所城（奉城）平面格局进行讨论。文中结合江南水乡地貌特征，将城市形态要素拆分出河道、桥梁、街巷和建筑等地物要素，一一分析复原，确定其在今日城市平面上的位置。上述地物要素根据所占空间的大小和对城市平面格局的不同作用，可分为中尺度地物和小尺度地物两种不同类型的地物，其中河道、桥梁和街巷为中尺度地物。

一、中尺度地物复原

青村所规模小于金山卫城，地图资料也不如金山卫丰富，因此将青村所的河道、桥梁、街巷归在一节叙述。以上三个要素是城市内部主要的交通通道及划分区块的地理界线，本节目的即是复原上述三个要素的演变过程，以及它们所划分出的地块情况。

青村所城小地僻，城内河道并不发达。《乡土地理》言："惟水泉无多，仓河、庙河，皆不甚广，且不与外通。"[1]光绪《重修奉贤县志》卷十八《古迹》："仙人潭，在邑庙西北，大旱不涸。"[2]从中可知城内主要河道是仓、庙两条河道及名为仙人潭的水塘。

"仙人潭""仓河"两地名在光绪《奉贤县城图》皆有标绘。惟"庙河"未标，但在城隍庙前绘有一条河道。民国《奉贤县志稿》描述此段河道"……为庙河沟，沟东为长圆形，西至庙桥为止，渐形狭小，状如琵琶。"[3]因此该河道是"庙河"无疑。并且这段材料直接称此河为沟，又恰能证述城内水道狭小，与《乡土地理》中"不甚广"相呼应。光绪《奉贤县城图》中绘仓、庙两河从城西向东，在东城墙南北两侧出城，通东城河。历代方志都记青村城无水门，光绪《奉贤县城图》之《图说》又记："旧图所载甚略，今仿前规补入内街、支河、水

---

〔1〕 裴晃：《乡土地理》，《上海府县旧志丛书·奉贤县卷》，上海古籍出版社，2009年，第693页。

〔2〕 光绪《重修奉贤县志》卷十八《古迹》，第438页。

〔3〕 民国《奉贤县志稿》，第640页。

窦及名迹。"[1]所以青村城墙系统无水门这点是明确的，两河应是以城墙下"水窦"形式出城。[2]另在城东有南北向水道一条，连接仓、庙两河，未知何名。

庙河得名不外乎是出自城隍庙，青村所城城隍庙建于筑城不久后的洪武二十五年（1392）。仓河之名则未知从何而来。城内仓廪以正德《金山卫志》记有广积仓，洪武二十年（1387）建，未记方位，之后方志都没有该仓的记录。光绪《重修奉贤县志》则载有社仓和丰备义仓，两仓都在县署内，远离仓河。社仓后废弃，同治八年（1869）又重建，俗称城仓，并于光绪二年（1876）在城东南学署东建总仓。总仓在光绪《奉贤县城图》中已绘，然而与图中仓河在城东延伸的河道有些距离，不可能与得名相关。民国《奉贤县志稿》记关帝庙"庙北负仓河"，[3]光绪《奉贤县城图》也将"仓河"二字标于"武庙"之北的河段，推考此处应是明广积仓之址，仓河得名应来源于明广积仓。由此，仓、庙两河出现的时间不会晚于筑城初期，其存在一直延续到晚清之后。

按光绪《奉贤县城图》，仓河源于城西南武庙北的水塘，向西走出一个C型弯后，向东跨越南街至城东南。今日城西南有一条C型弯小巷，起点处是空旷农田，在2003年现场形态图中，此处农田仍有水塘残留。《奉城镇现状示意图》也印证此处为水塘（见附册图8）。从而确证这条小巷为仓河故道，并以此为参照点，可推证城内其他河道与桥梁的相对位置。光绪《奉贤县城图》中庙河在北街西侧转北流，后再转东过北街东流，据《奉城镇现状示意图》，与光绪《奉贤

---

[1] 光绪《重修奉贤县志》，第223页。

[2] "水窦"即城墙下暗渠，与青村所城同时所建的浙江桃渚所城至今仍保存有完整的"水窦"系统，可资参证。

[3] 民国《奉贤县志稿》，第641页。

县城图》中庙河走向对应的位置有三处水塘，应是庙河水道残留。按此，庙河的走向也大致可定。

昔日青村所近海，城外东南两侧因临海塘，而无河道。乾隆《（奉贤）县城图》和光绪《重修奉贤县志》卷首《奉贤县东北水利图》中在城西、北和东北角都绘有河流接入护城河。今日城外联通护城河的河道则有城西的运盐河、城北奉新港、城东东门港和城东南角接出的南门港。

乾隆《奉贤县志》记南桥塘"自屠家湾东至城濠，名青村港。此河为盐艘往来所必经"，[1]光绪《重修奉贤县志》的记载与乾隆《奉贤县志》相同，并在卷首的《奉贤县东南水利图》标绘接入西城河一段名为东长浜。民国《奉贤县志稿》仍记为青村港，河道走向为"东流经青村港镇、高桥镇直通城濠"。[2]根据各方志文字所记青村港流向，应就是东长浜无误。查按今日地图，东长浜位置与运盐河相同，今运盐河向西流至高桥镇，之后的河道已淤塞难寻。

城北河道为奉新港。乾隆《奉贤县志》卷一《山川》即记有"头桥港"，[3]光绪《重修奉贤县志》记其旧名为头二三桥港。奉新港一名，始于民国，按民国《奉贤县志稿》载："该河原名无查考，按旧志浑称头二三桥港。奉新港之名，系采用县政府印制之奉贤县地形图所载。"[4]

旧城河东北角河道今已无迹，光绪《奉贤县东北水利图》记为一团港。

另，东门港始见于民国《奉贤县志稿》。南门港出现则更晚，

---

〔1〕　乾隆《奉贤县志》卷一《山川》，第 26 页。
〔2〕　民国《奉贤县志稿》，第 509 页。
〔3〕　乾隆《奉贤县志》卷一《山川》，第 29 页。
〔4〕　民国《奉贤县志稿》，第 511 页。

1985 年的《奉城镇现状示意图》标为"规划河"，尚未开挖。

城内河道狭小，换言之对桥梁需求也不多，历代方志对城内桥的文字记载也是甚为粗疏。光绪《奉贤县城图》绘城内桥十座，其中庙河五座，仓河四座，城东南北向无名河上一座。除处在十字街上，并且通城门的三座桥都名为"太平桥"外，其他桥梁都不记名称。

光绪《重修奉贤县志》卷首《城隍庙图》中庙河最西段两座桥分处于城隍庙正门左右两侧，即是前文所引民国《奉贤县志稿》中所称的"庙桥"。由西而东的第三座桥处于奉贤街与北街的交汇口，第四座桥是位于北街的太平桥，第五座桥在真武庙南支巷上。

仓河最西段两桥位于 C 型弯下弧北侧的沿河街两端，易于定位。向东是南街太平桥，再东的桥处于文庙正门右边的育才坊下，光绪《重修奉贤县志》卷首《文庙学宫图》中，此桥为简易石板桥（见下图），符合文献中河系不广的记载。

《文庙学宫图》中的石板桥（圈中）

另，光绪《奉贤县城图》将城外四门吊桥直接标名为"吊桥"。此外，光绪《重修奉贤县志》又记西门外有"宝成桥"、北门外为"万福桥"。宝成桥最早见于乾隆《奉贤县志》，光绪《重修奉贤县志》记同治十三年（1874）改为宝荣桥。又，民国《奉贤县志稿》记先农坛"在奉城西门外王家桥西”。[1]先农坛位于西门外北,乾隆《(奉贤)县城图》、光绪《奉贤县城图》皆绘出,位置确证,所以王家桥或是宝成桥的别名。光绪《重修奉贤县志》又记万福桥“在拱宸门外,原名周家桥”。[2]根据1915年江苏陆地测量局所绘两万五千分之一地图,[3]宝成桥错记为“荣宝桥”,南北向,跨今运盐河;万福桥,东西向,跨今奉新港。

青村所城内的街巷与金山卫城相同,是以十字街为主构,另外在城北还有一条奉贤街,五条主街共同组成了城内街巷的主体框架体系。

十字街即是通向四城门的街道,街心有楼,筑城时所建,今日四街仍存。北街北段因万佛阁扩建而消失。东、南、西三街都连通前文所述城门处,故而可确证十字街位置未发生过变化。

奉贤街,又名古游里,始见乾隆《奉贤县志》,以民国《奉贤县志稿》记载最为详细:“自奉城庙衒东北行,经城隍庙、同善总堂、节孝总坊、言子祠、奉城初小、交北街,过奉城师范、吕祖庙、至林家弄入东街。道光十三年(1833)杨本初修。今节孝、言子及奉初小均毁。”[4]又“奉贤街于道光十五年(1835),由杨本初修建,自西街城隍弄北行至城隍庙、折而东,越同善总堂、节孝祠、言子祠而与北街交,再东行即潘公祠与吕祖禅院,再折而南行由林家弄入东街。”[5]按《奉城志》记“城隍庙”:“该庙坐落在城西门内(今粮管所

〔1〕 民国《奉贤县志稿》,第599页。

〔2〕 光绪《重修奉贤县志》卷一《桥梁》,第235页。

〔3〕 参见[日]布目潮渢:《中国本土地图目录.增补版》,东京:株式会社东方书店,1987年,第306页。

〔4〕 民国《奉贤县志稿》,第627页。

〔5〕 民国《奉贤县志稿》,第639页。

址)。"[1] 粮管所即今奉城粮库，粮库南侧临北街 39 弄处是一 "凹" 形
支巷，疑即因城隍庙前照墙影响而形成的走向 (见下图)，同样在城
东南文庙所处范围也有类似 "凹" 形支巷，所以推定北街 39 弄即是
奉贤街。

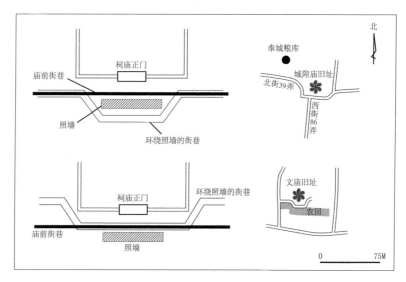

庙前照墙影响的街巷走向示意图

查考各方志上述两条史料所提及的奉贤街建筑 (见附册图 9)，
城隍庙建于洪武二十五年 (1392)，同善总堂建于道光十四年 (1834)
春。节孝祠不知始建年代，但乾隆《奉贤县志》已记述，祠前的节
孝总坊建于道光十五年 (1835)。言子祠建于道光十五年，奉城初小
在祠内，初为光绪三十一年 (1905) 所设的道南学堂，后迁言子祠东
侧，民国十七年 (1928) 更名。潘公祠是为纪念同治二年 (1863) 从
太平天国手中克复奉城的潘鼎新，祠当建于此后。吕祖庙即真武庙，

---

〔1〕《奉城志》，第 302 页。

民国《奉贤县志稿》记其建于乾隆四十三年（1778）。这之中，同善总堂、节孝总坊和言子祠等都是由时任知县杨本初倡建，所以两条史料中称道光十三至十五年杨本初修奉贤街是指此事，这个时间并非奉贤街的修筑时间。乾隆《（奉贤）县城图》已绘奉贤街，是图中十字街外唯一绘出的街巷，可知奉贤街最晚出现不晚于乾隆年间，并且已成为同十字街地位相当的主街。街内最早的建筑城隍庙建于洪武二十五年（1392），则奉贤街筑建的最早年代当定于此年。街名的由来当在建县之后以县为名。

　　乾隆、光绪两志图都仅绘奉贤街在北街以西一段，又《乡土地理》指潘公祠位置是"出古游里北行，过太平桥，距佛阁庙甚近，……折而东行，至潘公祠"，[1]此处太平桥位于北街上，显见潘公祠前道路不与北街西的奉贤街相接。潘公祠东即是真武庙，该庙在乾隆《（奉贤）县城图》中已有，被标绘在远离奉贤街的城东北处，而光绪《奉贤县城图》中则有《乡土地理》所言的这条街巷，与奉贤街也不相连。因此可证民国《奉贤县志稿》对奉贤街的记述有误，奉贤街应仅是北街之西至城隍庙前的一段道路。

　　城内支巷各志多不载，正德《金山卫志》记东西两街各有三条，南北两街各有四条，具体位置、名称等信息都不记。奉贤街或可能是明代北街的一条支巷，但具体仍难确证。

　　至清末民初支巷信息仍不全，仅在民国《奉贤县志稿》中散见有东街林家弄（册六之一）、东街蒋家弄（册七之一）、庙弄（原文作"庙衔"，册九之二）、马家弄（册九之五）四条。《乡土地理》又记"学堂东偏为文昌阁。由阁前东角门出，顺砖路南行，经一长弄，左为积谷总

---

〔1〕　裴晃：《乡土地理》，第 693 页。

仓，右为学署。"[1]总共五条。光绪《奉贤县城图》也绘有数条支巷。

庙弄，旧作庙衖、城隍弄，直通城隍庙前，从城隍庙的建筑年代推测该弄就是明代西街的一条支巷，应当无误。今西街 86 弄。

林家弄，即民国《奉贤县志稿》误记的奉贤街东端巷弄，由东街延伸出，向北直至真武庙，光绪《奉贤县城图》标其北端跨庙河城东段，有桥，即庙河由西向东数第五座桥。《奉城志》记"真武庙"："光绪末年于旧址改建祖师殿和潘公祠。……潘公祠为曙光中学和中共奉贤县委所在地。"[2]则林家弄今址为奉粮路曙光中学旧址与东街奉贤刑侦十支队之间的无名道路。

根据潘公祠所处位置，原被误认为奉贤街东段的街巷，其位置也可被确认。《光绪图》中，这段支巷西起北街太平桥北，东止真武庙南小桥，按今位置是奉粮路东段。

蒋家弄和马家弄两条支巷暂无考。

据光绪《重修奉贤县志》记，奉贤文庙建于乾隆二十五年（1760），则光绪《奉贤县城图》中从南街延至文庙的支巷及《乡土地理》所称的"长弄"都应形成于此后时期。

光绪《奉贤县城图》于武庙前，仓河 C 型弯下弧北侧绘有一条从南街延伸出的支巷。正德《金山卫志》记武庙建于洪武三十年（1397），这条支巷当也形成于此时段前后，是明代南街四巷中的一条。该巷在武庙东西两跨仓河，即前文所证 C 型弯下弧两座无名桥。按光绪《奉贤县城图》所绘，之后此巷北折在西门附近接西街。

上述分析显示，文献记载最为明确的十字街主街系统自建城以来，一直延续至今，有长达 600 多年的历史。支巷资料留存不多，

〔1〕 裴晃：《乡土地理》，第 692 页。
〔2〕《奉城志》，第 302 页。

难以揭示其完整面貌，明清之间可能存在较大差异。另一方面，个别可复原的明代支巷一直延续至晚清仍然存在。晚清民初的河道，根据资料倒推，大多可推证至明代，说明河道状况变化并不剧烈。

综而述之，对城市内部平面格局有重大影响的主街和河道，在筑城以来的 600 多年时间内，保持长期稳定的状态。因此，根据它们所划分的地块状况也是处于一个长期稳定状态。

二、建筑复原

建筑基底是地块的有机组成，建筑是城市形态的重要表现。一般说来，非居住性建筑密度与地块繁荣度息息相关，城市核心地带往往是非居住性建筑密集区。在没有地契等宗地资料的情况下，建筑基底的复原研究是依靠文献中对重要和特定用途建筑的记录来了解城市内建成区的状况。

统计各部方志中所有与建筑相关的条目，就可发现如青村所治等大量见载于正德《金山卫志》的地物在后世的方志都找不到痕迹。想必是卫所制糜烂之后，青村所城内日渐凋敝，这些建筑也逐渐塌毁。奉贤立县之初的几年，城内无处办公，官员寄居南桥似乎也证明了这点。立县之后掀起的官衙建筑高潮也的确是该城再次发展，或说是重生的机遇。考乾隆《（奉贤）县城图》因信息简略，对复原研究帮助不大，而光绪《奉贤县城图》中则可清晰看出城内以东北县署、东南文庙和西北奉贤街为中心的三个建筑密集区。

县署处于东街北侧靠近十字街心，今东街 13 弄 16 号。始建于雍正十年（1732），太平天国时被毁，后重建，内有大量附属机构。民国迁治后改为司法署，民国二十六年（1937）年被侵华日军炸毁。

县署东有社仓五间，乾隆十七年（1752）建，光绪《重修奉贤县志》记其废弃，同治八年（1869）重建于县署内。

县署东北有潘公祠，今曙光中学旧址，奉粮路 70 号，是为纪念同治二年（1863）从太平天国手上收复奉贤城的潘鼎新。

潘公祠东是真武庙，乾隆四十三年（1778）建，道光十年（1830）重建，咸丰十一年（1861）再次遭毁，后又断续重建。宣统时东侧为震东学堂，民国改为奉城师范学校。

万佛阁在北瓮城内，今仍在，并有向南扩建。光绪《重修奉贤县志》引《修建万佛阁碑记》[1]称其建于明，已有 400 余年。

东南处的文庙周边有学署、文昌阁、肇文书院、魁星阁、三官堂等建筑。

文庙，始建于乾隆二十五年（1760），咸丰十一年（1861）毁于战乱，同治四年（1865）移建原址西北 30 多米处的圆通寺旧址，后毁于日军战火。文庙内有乡贤名宦祠、忠义孝弟祠等建筑。今城东南有 "凹" 字形支巷（见 84 页图），疑与城隍庙旧址前同类支巷形成的原因相同，是为规避文庙前照墙所致，所以考定文庙即在该处。

学署，与文庙同于咸丰十一年（1861）被毁，同治六年（1867）在文庙新址东侧重建。

魁星阁，在文庙东南，南城墙上，乾隆五十八年（1793）建，同毁于咸丰十一年（1861）。

肇文书院，嘉庆十年（1805）建，在文庙西北，后改奉城小学校。书院东侧是文昌阁。

圆通庵，正德《金山卫志》即已载，光绪《重修奉贤县志》："有圆通寺，当城南正位，相传为宋时古刹，亦被贼毁。"[2]毁于咸丰

---

〔1〕（清）李大源：《修建万佛阁碑记》，光绪《重修奉贤县志》卷二十《方外》，第461 页。

〔2〕 光绪《重修奉贤县志》卷五《文庙》，第 291 页。

十一年（1861），后地被新文庙占。

三官堂，在学署东北，光绪《重修奉贤县志》记建于明代，内附火神庙。

据光绪《奉贤县城图》，城西北奉贤街有城隍庙、同善堂、节孝祠、言子祠等，都位于街北，街南有河，街东与北街交汇口有牌坊。《乡土地理》叙述奉贤街景为："复由西门大街，入庙弄，迤东荒地，相传即都司衙署旧址也。北行数十步，至城隍庙。"又"由城隍庙东行，历同善总堂至节孝祠"，"节孝祠之东，为言子祠。"[1]这是宣统时的街景。

都司署，即青村营都司署，始见于乾隆《奉贤县志》，建筑年代不可考，咸丰十一年（1861）遭毁。光绪《奉贤县城图》显示都司署西侧有演武场。

城隍庙，洪武二十五年（1392）建。

同善总堂，道光十四年（1834）建，同治三年（1864）修复太平天国的破坏时将堂后三神庙并入。

节孝祠，始见于乾隆《奉贤县志》，民国二十六年（1937）毁于日军。

言子祠，道光十五年（1835）建，宣统改为劝学所教育会，民国二十七年（1938）遭毁。

先农坛，在西门外。民国《奉贤县志稿》记先农坛雍正四年（1726）建，"在奉城西门外王家桥西，即奉城至高桥中途公路之北侧。"[2]风云雷雨山川城隍坛和厉坛都在西门。社稷坛在北门。

以上是青村所内可大体确定今日所在位置的地物。以史料记载时段来看，青村所城内地物存续状况可用洪武建城、雍正立县和太

---

〔1〕　裴晃:《乡土地理》，第693页。
〔2〕　民国《奉贤县志稿》，第638页。

平天国之乱三个时间节点划分。青村所城规模狭小，城建不足，从山川、城隍两坛合祀即可看出。

限于资料，尤其是近代实测地图的匮乏，上述城内河道、桥梁、街巷和建筑的位置多只是大致位置，精确定位尚有困难。

今日奉城老城之内的地物景观已完全不是明清时期的状态。纵观明清城内形态，与筑城同时规划建造的十字街主导了城内街巷格局，覆盖了之前青村盐镇的市镇基底，完全改变了此地市镇聚落的原生形态。城内不甚发达的河道，没有水门的城墙系统，与金山卫表现出相同的"厌水性"特征，显示了该地水乡经济的薄弱。

三、小 结

城市平面格局的复原结果表明，明清青村所城的城市形态是一座方形城池，外环城河，共有四座城门。在城市内部，与筑城同时规划建造的十字街主导了城内街巷格局，覆盖了筑城前青村盐镇的市镇基底，完全改变了此地市镇聚落的原生形态。

这一方形城濠加十字街的"田"字形格局，是青村所城市形态的最主要特征，其在600多年的时间里显示出强大的生命力，经历了数场战乱，仍异常稳定，并残存至今。若以存续状态的稳定性作为标准，在这个"田"字形结构之下，水系、桥梁和多数支巷作为青村所城市形态第二层，延续的时间略微短少，在进入20世纪中后期以后逐步消失，至今已难寻踪迹，但总体仍趋稳定。以建筑为代表的第三层形态则比较脆弱，历经明中后期和晚清至抗战的两次毁坏，建筑基底已是经过两次更换，完全不复之前的建筑景观。今日城内以低矮私房为主的城市景观是因战乱破坏，加上失去县城地位而无力进行战后复建等原因所致。

在青村所的三级城市形态中（见附册图10），第一层级的十字街主街结构主导了老城厢的城市平面格局，至今未有改变，表现了该城与一般江南水乡原生城市"亲水性"截然不同的城市性格。以苏州、绍兴两座江南最古老城市为典型，"河街相邻，水陆并行"的"亲水"性格是江南各级聚落最为显著的特征。江南城市内部的水系不仅是表面上的繁多密集，更深层次的是水系往往还决定了街巷的走向，主导城市生长的空间格局。这是由于在多水的地理环境中，水系成为交通网格主要的组成部分，在这套网格的各个节点上发育出的大小聚落自然是因水而生，沿水而长。

青村所则不然。首先，如前文所证城内水系都是狭小短浅河道，不具备航运功能，甚至不能满足城市供水功能。《乡土地理》言及城内水系狭小时即有言"故居民有出城远汲以供饮者。"[1]其次，青村所没有水门，说明城内与城外的联络不依靠水路。在船行为主的江南，无水路出城，说明城市内部活动"向陆性"为主，与城市外部的江南水乡社会存在差异。再次，城内主街和水系不存在"相邻并行"关系，分布格局是不相干的两套系统。以上诸种提示了青村所具有独特的"厌水性"城市性格。

第三节　青村镇空间结构的蠡测

前文述及青村所是建于青村镇之东半部，本节详以论述此点。

按最早记录"青村镇"的正德《松江府志》内容：

　　青村镇。在十五保，去县东南八十里，村旧作墩，元时有

----

〔1〕裴晃：《乡土地理》，第693页。

> 著姓陶氏家焉，俗呼为陶家宅头。其南十八里岸海即青村场，北负横溪里，国朝金山中前千户所治焉。[1]

这条最早的青村镇史料透露其源于元代。

同时的正德《金山卫志》记：

> 青村镇在中前所，西为高桥，各三里。高桥市独盛，海渔者得鱼，悉于此鬻。[2]

这条信息较多，除了青村镇外，还交待了镇西的高桥，两个市镇位置相近，规模也都是各"三里"。因此，可以通过高桥的空间结构去蠡测青村镇的结构。

高桥镇在奉城西，自川南奉公路向西北沿河塘延展大致三里规模，符合文献所记，镇中还有同名桥梁、青龙桥等古桥（见附册图11），川南奉公路即明初海塘原址。从现场田野考察判断，总结出如下三点：一、镇子的传统平面格局大体保存完整，并维持了明代"三里"规模；二、高桥镇滨海，与海塘相交成丁字结构；三、典型江南市镇平面结构，沿河塘展布主街。

通过高桥镇形态去推断青村镇，应该也是一座与海塘相交为丁字的沿河市镇。那么下一步就是确定青村镇形态主干的河塘是哪条，在哪里。

从对奉城围郭的考证判断，围郭内水系不发达，数量有限，较

---

〔1〕（明）陈威：正德《松江府志》卷九《镇市》，《上海府县旧志丛书·松江府卷》，上海古籍出版社，2011年，第133页。

〔2〕正德《金山卫志》下卷一《镇市》，第51页。

为靠近围郭南边海塘的只有仓河。笔者所绘《明正德十二年（1517）青村所城复原》（见附册图20）所示，仓河东有无名水道流向围郭东南角，若无城墙阻拦，应直入海塘；西边延伸则可接入西门外的青村港。青村港是奉城周边最重要的水路通道，所以两厢连接，便可判断青村港东经围郭内的仓河，再东向无名河，就直接接入海塘。因此，从此处与海塘交界处，沿围郭东南无名河 – 仓河 – 青村港上溯三里，就是奉城筑城前的青村镇街区，按仓河北岸塘街推论，青村镇街区因是"单街临河"分布于塘河北岸的一字街（见附册图12）。

第四章　明清南汇嘴所城的平面形态复原

第一节　资料概述与城建小史

一、方志与地图

南汇嘴所，今浦东惠南镇，原南汇县城，位于上海东南，浦东南部。从雍正四年（1726）南汇建县始，[1]至 2009 年并入浦东新区，此地一直是南汇县（区）城所在，有近 300 年的县城史。若从洪武十九年（1386）建南汇嘴所城起追溯，其筑城史可上溯至 600 多年以前。由此算来，本城发轫于明初，成熟于清前期，其城市发展的时间轴贯穿明清两代，正是观察同时期江南市镇文明背景下的城镇聚落形态变迁的一个典型范本。

重建历史上的南汇嘴所城，最为重要的史料莫过于记录南汇乡土情况的各类方志与地图。现存的南汇方志共有雍正《分建南汇县志》、乾隆《南汇县新志》、光绪《重修南汇县图志》和民国《南汇县续

---

〔1〕 南汇建县时间以首任知县上任时间为准。按南汇首部县志雍正《分建南汇县志》中顾成天《序》中记："雍正三年乙巳，定建南汇县议。其明年，邑侯钦公廸简于廷，首莅兹土。"《上海府县旧志丛书·南汇县卷》，上海古籍出版社，2009 年，第 7 页。又，乾隆《南汇县新志》卷九《历任文职》中记首任知县 "钦璉，浙江长兴，进士，雍正四年任。"《上海府县旧志丛书·南汇县卷》，上海古籍出版社，2009 年，第 399 页。

志》四部。

雍正《分建南汇县志》是首任知县钦琏所修，成书于雍正八年（1730），正是钦琏对自己建设南汇新县的总结记录，数据庞实可用。卷一有《南汇县城图》，图中绘有水系、桥梁及部分建筑，虽是传统舆图绘法，但制工精良，颇具参考价值。

乾隆《南汇县新志》为知县胡志熊主修，乾隆五十八年（1793）刊行。据何立民《整理说明》所言该本流传过程中虫蛀火燎，保存不佳，部分章节有阙文。[1]

书内《南汇县城图》较雍正《南汇县城图》精细，所载地物信息更多。雍正、乾隆两志相隔不远，都是南汇建县初期的重要资料。

光绪《重修南汇县图志》，署理知县金福曾等修，光绪五年（1879）初刻，是书重印多次，流传广泛。书内《县城图》笔绘不如雍正、乾隆二志图精细，略显粗疏，但所绘地物并不见少，信息量仍较完备。光绪《重修南汇县图志》价值在于对太平天国之乱后南汇城的写实记载，记录了大乱之后的南汇城及其恢复情况。

民国《南汇县续志》，旧题《续修南汇县图志》，秦锡田总纂，修纂时间为民国十二年（1923）至十七年。书内起讫时间从光绪四年（1878）至宣统三年（1911），内容详细精准。该志重视地图展现，在《邑境总图》和《海境图》外，又有"清季创办自治城区之外，又划全境为二镇十七乡。本志各制一图，以著自治之区域。"[2]全为实测图，朱焘鹏绘制。反应城区地情的《城厢图》涵盖了水系、桥梁、街道等地物，十分完备。是图对支巷的详细绘录，直接反映了清末民初的

---

〔1〕　乾隆《南汇县新志》，第 272 页。

〔2〕　秦锡田：民国《南汇县续志·凡例》，《上海府县旧志丛书·南汇县卷》，上海古籍出版社，2009 年，第 1043 页。

城区规模，是不可多得的材料。

除以上四部县志之外，南汇上级政区和建县之前所属地区的方志中也有关于南汇城市平面格局的资料，其中以今存唯一一部记载了明代南汇嘴所的正德《金山卫志》最为重要。此外，编于本世纪初的《惠南镇志》在第一章《南汇古城》中关于城内古今地名对照和城内古迹遗存的记录对本文在地物考证方面有不少助益。

上述四幅县志所收城区图，前三种为传统舆图，民国图为近代实测地图。除此之外，嘉庆《松江府志》亦收有《南汇县城图》一幅，是一幅传统舆图。难能可贵的是四幅传统舆图在绘制风格上一脉相承，对地物的表现手法较为统一（见下图），这就为确定有清一代南汇城内重要地物的相对位置及承继关系提供了可能。

另据上海市测绘院近年公布的材料，有一幅《江苏南汇县全境图》，[1]该图左下角有三幅附图，其中一幅题名为《邑城》图，是南汇县城的实测地图，内容细致。据公布信息《江苏南汇县全境图》，档号：TD4114G-8，尺寸102厘米*68厘米，由朱祖尧于1909年编制。朱祖尧，民国《南汇县续志》有传，称其为开南汇实测地图绘制之先，[2]据此推断《邑城》图是第一幅南汇城区实测地图。比对民国《南汇县续志》所收《城厢图》，两图中的地物相近，且民国志中称南汇城经纬度来自于"载朱氏《邑境图图记》"，[3]据此推断《城厢图》改绘自《邑城》图。

〔1〕 顾建祥：《上海市测绘院藏近代上海地图文化价值研究》，上海辞书出版社，2019年，第56—63页。
〔2〕 民国《南汇县续志》卷十三《朱祖尧传》，第1239页。
〔3〕 民国《南汇县续志》卷一《邑镇》，第1069页。

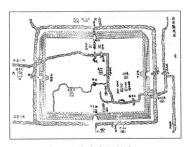

雍正《分建南汇县志》

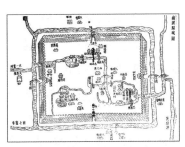

乾隆《南汇县新志》

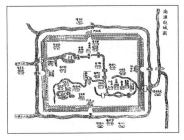

嘉庆《松江府志》

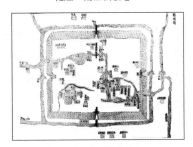

光绪《重修南汇县图志》

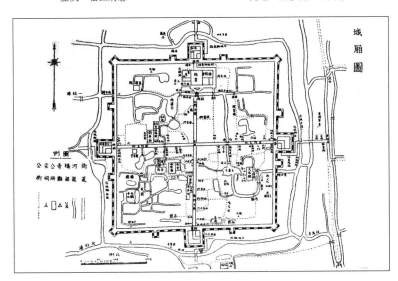

民国《南汇县续志》

各方志中所见南汇城

二、南汇嘴所城建小史

就南汇嘴所的聚落史来说，可简略地分为四个时期，分别是一、盐业聚落时期（1386 年以前）；二、卫所军城时期（1386—1726 年）；三、县域城市时期（1726—2009 年）；四、市镇时期（2009 年至今）。

洪武十九年（1386）南汇嘴所筑城，标志着南汇城建史的开始。在此之前，南汇嘴所城地名为三团。"团"是盐场下级机构的称谓，雍正《分建南汇县志》卷二《乡保》里记载位于今上海东南地区的下砂盐场管理有编号为一至九的 9 个团，三团位列其中，所以该地前身应该是一处盐业聚落。《绍熙云间志》卷上《场务》中已见下砂盐场，并有南、北两座分场。由此推断，三团盐业聚落当形成于宋或之后。

南汇嘴所城的筑城不仅是此地城市化的开始，同时也奠定了老城厢 600 年城市形态的基本格局。十字街、护城河等筑城之初的城市基础建设，一直是南汇老城厢平面格局的基础架构，至今未变。因卫所人员流入而带来的衙署、兵营、民宅、祠庙等军民用建筑，使得此处第一次有了传统城市的风貌。但随着卫所制的废坏，因之而兴的城市，也避免不了走向衰败。以雍正《分建南汇县志》卷二《邑镇》所言："城中惟四街上下岸，民居稠密。其外皆田亩居多，向为兵弁所居，去县荒远，虽有城池，亦等于乡僻之地。"[1]

南汇城二次兴盛，则在雍正立县之后，南汇嘴所城改称南汇县城。据乾隆《南汇县新志》卷一《邑镇》："向惟四街上下岸有廛舍，余多田亩，且地近海滨，风气朴陋。自分邑以来，居民渐密，文教聿新，骎骎乎日上矣。"[2]立县所带来的城市化发展更多于之前，不

---

〔1〕 雍正《分建南汇县志》卷二《邑镇》，第 54 页。
〔2〕 乾隆《南汇县新志》卷一《邑镇》，第 321 页。

过六十年的时间，已出现超越所城时期的"骎骎乎日上矣"景象了。

这一平稳发展的演进阶段持续至咸丰十一年（1861），因太平天国运动而被打断，老城厢遭遇到筑城以来最为严重的战乱。战争所带来的破坏力极为深重，以至于十数年后仍未能完全恢复。据光绪《重修南汇县图志》卷一《邑镇》载："及十一年冬，为粤匪所陷，官舍民房，颇多毁坏。同治元年，贼投诚后，以次修葺，未尽复也。"[1]以这条史料所记，可知即使到了编修光绪《重修南汇县图志》时，城区仍未恢复到战前规模。

此乱之后，一直到晚清末年，南汇城才有了进一步发展，并有逐渐溢出城墙之势。民国《南汇县续志》卷一《邑镇》所记："街道成十字形。依近中央处商市最盛，其次自东门至车扒街，即老护塘路。又次南门至吊桥南首。"[2]

综上所述，南汇老城厢自明洪武建城以来，城市街区一直围绕十字街与护城河（即拆城前的城墙线）生长，城市平面格局的主要架构长期保持稳定，而当规模达到一定程度之后，开始向城外溢出扩张。整体而言，街区的生长是较为缓慢的（见附册图 13）。

南汇嘴所的经历与金山卫、青村所大同小异。洪武十九年（1386）建城，雍正初江南分县时立县，咸丰十一年（1861）遭战火损毁严重。南汇嘴所一直作为县治所在，这点较金山卫和青村所两地稳定，因而战乱之后的恢复情况优于两地。今日的南汇嘴所旧地，市面繁荣，城区早已不限于城墙之内。即使原先规模不大的老城之内，现在也是街道纵横，俨然一派城市风貌，远非明清时期街区规

---

〔1〕　光绪《重修南汇县图志》卷一《邑镇》，《上海府县旧志丛书·南汇县卷》，上海古籍出版社，2009 年，第 598 页。
〔2〕　民国《南汇县续志》卷一《邑镇》，第 1069 页。

模可比，幸而十字主街与护城河尚存，可以从中对明清格局观之一二。

第二节　晚清的南汇城

南汇嘴所清代以来的图文资料丰富，四幅传统舆图风格相近，一脉相承的笔法便利于对城内地物建立连贯性研究。成图于民国第二个十年的民国《城厢图》又以实测技术十分精细地表现了晚清民初的南汇城，使精准复原这一时段的南汇城成为可能。本文对南汇嘴所城市形态的考察手段，是先复原晚清的南汇城，再以此为基础，根据图文资料逐步向上溯源，复原其他时段。

一、河道复原

如今的南汇城内已无水系，而在晚清之时南汇城拥有东、西两座水关，分别位于城西北与东南。城外一灶港向东与西城河交叉后从西水关入城，保持东西向，在背靠北门的县署西南处形成名为西潭子的水塘，并继续向东越过北街，在县署东南侧转向南流。民国《城厢图》这段河道上有白虎、惠南和青龙三座桥依次排在县署西南、正南、东南方位。转向南流后的水系呈南北向，一直越过东街后又形成东潭子水塘，并在东潭子之南产生了个 U 形湾，拐到东潭子东侧，又向东转，从东水关出城，汇入东城河。南转后至东潭子段有靖海、文源两桥，靖海在东门大街之上。东潭子南侧 U 形湾河道有思乐、聚奎两桥，思乐桥南北向，聚奎桥东西向，靠近东城墙。

民国《南汇县续志》未记城内水系，光绪《重修南汇县图志》卷二《川港》记"城内河，自惠南桥，东过青龙桥，南过靖海桥、文源桥，至福泉寺，东过思乐桥，北至书院，东出水关。自惠南桥，西过彩凤桥南淳为潭，西出水关。"[1]彩凤桥，光绪《重修南汇县图志》卷二《桥梁》"在县署西者曰彩凤桥。"[2]《惠南镇志》"彩凤桥，又名白虎桥，在惠南桥之西。"[3]光绪《县城图》中彩凤桥也大致位于民国《城厢图》白虎桥的位置。光绪《重修南汇县图志》所记城内河道走向与民国《城厢图》一致，光绪初至民国这条城内主干河道未有变化。民国《城厢图》中青龙桥东，河北岸有县桥浜东路，县桥即县署正门前惠南桥，则惠南桥两侧，西潭子以东河道名为县桥浜无疑。又，图中靖海桥至文源桥东岸有鞠家浜路，这段应称鞠家浜。《惠南镇志》中统称此河为城市内河或市河，已是当代地名。

今一灶港仍存，在人民路南侧。若一灶港河道向东延长入城内，这条城内水道即沿今人民路并行。按《惠南镇志》，人民路与西城河相交处至北门大街段即为原河道。[4]比对民国《城厢图》与今日地形，西潭子位于人民路南的跃进路北段一线，今有"西潭新村"的居民区。河道在县署东南转南处大致是今人民路工农南路口西侧。白虎等三桥位置依次在今为民路、北门大街、县东街三条马路与人民路交口。南转后的河道基本与工农南路保持平行，东潭子在今南汇一中东北处，U形湾河道即在南汇一中内。靖海桥位置即今工农南路东门大街口，文源桥在东潭子北河口处，思乐桥在南汇一中东南，聚奎桥在一中正东。

除这条主水系外，城内河塘小浜漫布，支小水系众多，尤以城西南为甚，几乎大半地块都是水潴。

---

〔1〕　光绪《重修南汇县图志》卷二《川港》，第616页。

〔2〕　光绪《重修南汇县图志》卷二《桥梁》，第638页。

〔3〕　《惠南镇志》编纂委员会：《惠南镇志》，北京：方志出版社，2005年，第45页。

〔4〕　《惠南镇志》，第293页。

西门大街所跨一条支流东岸有同桥浜路，该段支流应名同桥浜。民国《邑城》图中，西门大街跨此河的桥名为水洞桥。（见下图）。《惠南镇志》作"桐桥河沿"，是西门大街83弄，按位置应在今跃进路和公安路西。此支流北通西潭子南的水塘，并接通西潭子。

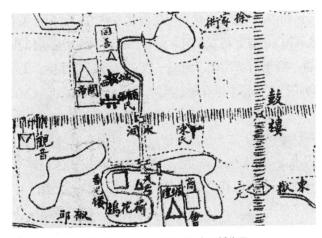

民国《邑城》图中西门大街水洞桥位置

据民国《城厢图》，南城河原为七灶港一段，今更名为惠新港。

今日浦东运河在北门处接入北城河，并利用东城河，继续向南延展。根据民国《南汇县续志》卷首《城西乡图》与《城厢图》，北门以北段晚清时为马路港，在南山桥东侧分为东、西两股水道接入北门东、西两侧城河，在北门城河段外形成半月状闭合水系。图中南山桥正对北门吊桥，西股水道有桥，桥西为邑坛。光绪《重修南汇县图志》记此桥为坛基桥，"马路港，自北城濠入坛基桥，稍折过南山桥"。[1]今西股水道接北城河处仍有残留河道，文化路东端近北门路

〔1〕 光绪《重修南汇县图志》卷二《川港》，第614页。

处桥梁即坛基桥旧址。

今东城河北段接出中港河，该河在民国《南汇县续志》中既已见载。

二、桥梁复原

民国《城厢图》上标绘的城内桥梁除市河上白虎、惠南、青龙、靖海、文源、思乐、聚奎七座及西门大街水洞桥之外，还在城西北、东北各支系水道上分别绘有桥三座，城东南四座，城西南两座，但大多未标其名。民国《南汇县续志》关于桥梁记载不多，未见这几座桥名。

城西北三座桥中，最远一座在养济院东，东北向，跨市河北岸支流，紧贴市河。按图上比对，此桥位于今解放路西侧人民西路上。

另两座桥，一座在西潭子与南侧水塘间的连接水道上，东西向，东接钱家衖。《惠南镇志》作"钱家弄"，即今北门大街28号。一座在西潭子南水塘西口，同桥浜北入水塘处，南北向，南接杨家衖。《惠南镇志》作"杨家弄"，今跃进路。

城东北三座桥，一座位于青龙桥河段向东延伸的支流上，为县桥浜东端。此桥名砖桥，南北向，北接县桥浜东路，南接陈家堰。陈家堰南为梅家衖，《惠南镇志》称今为东门大街68弄。

另两座桥一在砖桥东北支流上，东西向，今彩虹新村内。一在砖桥东南的一段独立河道上，南北向，今人民新村内。

城东南四桥，一座位于聚奎桥北的支系河道上，南北向，北接南衖。《惠南镇志》作"南弄"，今东门大街129弄。

另三座桥，一座名为香花桥，在东潭子南的福泉寺前门，南北向，南接杨家堰。一座在香花桥西，南北向。最后一座位于东潭子西水系，南北向，北接柴行衖。《惠南镇志》作"柴行弄"，今东门大街39弄。

城西南两桥，一座南北向，北接同桥浜路，东接张家火衖，张家火衖按《惠南镇志》即向阳路。此桥位置应在向阳路公安路口西。另一座桥，东西向，跨同桥浜，浜在西门大街水洞桥与此桥之间。

城外桥梁，有四门吊桥，东门吊桥东侧水道还有一桥，历代方志都视作城门桥，故南汇城有五座城门桥。北门外，有上文提及的南山桥和坛基桥。民国《城厢图》中还有多座桥梁，但离城较远，不再讨论。

三、街巷复原

晚清南汇老城厢内的街巷已有数十条，为便于叙述，本文将其分为主街和支巷两个层级。主街指连接四座城门的十字街，其他街巷均为支巷。

城内十字主街至今仍存，分别称为四门大街。原县署正处北门内，导致北门大街过惠南桥后，在县署大门向东折，沿县署东墙绕往北门，此段民国《南汇县续志》中记为东大街，今已拉直。四街原在各门瓮城内转弯，今也拉直。民国《南汇县续志》称十字街口为鼓楼头，地名源于明初卫所十字街心建鼓楼之制。

民国《南汇县续志》所记共五十八条支巷，南门大街西侧六条，东侧九条；东门大街南北各九条；北门大街东西各七条；西门大街北侧五条，南侧六条。与民国《城厢图》比对，图中未绘的有徐家小衖、东大街两条街道，见于图而志中未记的有杨家堰、泥墙路两条，及其他数条无名小巷。

徐家小衖，民国《南汇县续志》记其在南门大街东，"通城河沿。"[1]显见这条小路在城河两岸。民国《城厢图》中南城河北岸与瓮城之间有"徐家衖"。又，民国《南汇县续志》"关帝衖，今呼徐家衖，通里城脚东路"，[2]说明徐家衖前身为关帝衖，因为接通里城脚路，所以应该在城内。并且，民国《城厢图》中有"关帝衖"，位置在城内。所以图中"徐家衖"即徐家小衖。

东大街，即是县署东侧至北门的道路，民国《南汇县续志》中有明确记载。

民国《南汇县续志》卷一《邑镇》"西小街，北折，循县署泥墙转东向北，以达城北门，南折而西达章、邓二公祠前。"[3]图中泥墙路在西小街西段北侧，紧贴县署西侧习艺所西墙，南北向道路。显见民国《城厢图》中泥墙路即志中所记西小街的一段。

自上世纪 70 年代起，南汇城建速度加快，老城改造规模扩大，城内河道填埋，街巷扩建、改建、被侵占现象日益严重，以致晚清的城市基底几乎全部被覆盖，尤其以原先空旷多水潴区块为甚，如城西南。不过，虽然晚清的城市平面基底格局已大部被覆盖，但部分街巷至今依旧保持未变。

根据《惠南镇志》第一章中《惠南镇新旧街道、里弄名称对照表》、第二十一章中《城镇道路》等篇，与民国《城厢图》和现代地图对照，基本可得晚清街巷的今日位置，少部分街巷因被侵占，已在今日城市基底中无法辨认。复原情况见下表。

---

[1]　民国《南汇县续志》卷一《邑镇》，第 1070 页。

[2]　民国《南汇县续志》卷一《邑镇》，第 1070 页。

[3]　民国《南汇县续志》卷一《邑镇》，第 1070 页。

表 4-1　晚清南汇城街巷复原表

区域		巷名	旧称、别称	复原位置	区域	巷名	旧称、别称	复原位置
城东南	南街东	徐家小衖*/***			东街南	车扒街***		三角街
		外城脚路***		卫星东路		鞠家衖***		惠医路
		里城脚东路		卫星东路		油车路***		油车场路
		徐家衖	关帝衖	今存		城脚南路		运河路南段西侧
		徐家北衖	混堂衖	今存		南衖		东门大街129弄
		祖师衖		中山东路		鲁班衖		立新路
		马衖	朱家衖	南门大街105弄		典当衖	新衖	
		香衖		向阳路中段西端		鞠家浜路		少年路
		岳庙衖		南门大街47弄		柴行衖	混堂衖	东门大街39弄
		杨家堰**		工农南路南段				
城西南	西街南	外城脚南路***		城基路南段	南街西	吊桥沿河路***		卫星西路
		里城脚南路		城基路南段		城脚西路		卫星西路
		季家小衖				陈家衖	西衖	
		杨家小衖		香光路北段		城隍衖		中山路
		同桥河沿		西门大街83弄		盐店衖	盐公堂衖	南门大街62弄
		孙家小衖				张家火衖		向阳路中段东端

续表

区域		巷名	旧称、别称	复原位置	区域	巷名	旧称、别称	复原位置
城西北	北街西	外城脚西路***		北城河南岸	西街北	外城脚北路***		城基路北段
		里城脚西路		北城河南岸		里城脚北路		城基路北段
		西小街	泥墙路	为民路		武庙巷		
		县桥北堍西门沿	浜北路	人民路西段		杨家衖		跃进路
		县桥南堍西门沿	浜南路	人民路西段		九曲街		原九曲弄
		钱家衖		北门大街28号				
		徐家衖		今存				
城东北	东街北	李将军东衖***		东门大街268弄	北街东	外城脚东路***		北城河南岸
		李将军西衖***		东门大街252弄		东大街*		县东街
		城河沿路***		沿河泾北路		里城脚东路		北城河南岸
		外城脚路***		运河路北段		梅家路		
		里城脚路	城脚北路	运河路北段西侧		青龙桥东河沿	县桥浜东路	人民路东段
		北衖		三八路		新街	县桥东河沿	人民路东段
		羊肉衖		东门大街60弄				
		梅家衖		东门大街68弄		杀人衖	花园衖	原建设路
		辕门衖	所衖、箭衖	新华路				
		陈家堰						

注：* 民国《城厢图》未标绘

　　** 仅在民国《城厢图》中标绘，民国《南汇县续志》未记载

　　*** 城外街巷造词

以民国《城厢图》所绘，这些支巷绝大多数集中在十字街周围，城内的外围地块仍显空旷。另按民国《南汇县续志》卷一《邑镇》所说有十字街心、东门外和南门外等三处繁华地段，在图中也有表现，如东门外已有车扒街、鞠家衖等支巷组成的街区。

城内街巷以城东、南两处最为繁密。城东发育较为完全，有数条连缀可贯通南北的街巷，如东大街—所衖—柴行衖—杨家堰连缀一起，便能从北城墙脚至南城墙脚。城西街巷多只是沿十字主街发育的短小支巷，城西南众多的水潴仍是此地块的主要风貌。

另外，有不少街巷沿河道分布，呈现出江南聚落典型的"河街并行"格局。如沿市河边的青龙桥东河沿、新街、鞠家浜路等，支系水道也有同河沿路等多条无名小路。但是，这类"河街并行"的街巷分布格局并不普遍，也没有成为城市平面格局的主导因素。

总体而言，晚清南汇城的街巷网络是以十字街为主构道路，决定城市平面格局；另有相当数量支巷沿河岸分布，表现出传统江南水乡聚落的景观格局。城市规模主要还是集中在十字街周边，并没有填满城墙内地块，但在东、南两门外都有街区形成。

四、建筑复原

建筑地块如同城市肌理的细胞，是其平面格局的基本单元，建筑的密度往往直接反应城市规模和细微个性之处。

据民国《城厢图》所绘，北门处县署、城东南文庙、南门大街西城隍庙和北门大街北关帝庙四个区域建筑最为密集，图中对寺庙、宗祠绘制也比较详细。然而需指出的是，这些建筑是中国传统地图绘制者所重点关切的地物，它们并不能完全代表城市建成区的范围。当然占地面积广，也是这些建筑在地图中较为醒目的一个原因。正如前文所述，晚清南汇城商市最为繁华的街区是十字街、东门外和南门口，而这三处的建筑密度在图中根本未能体现出来。技术快于思想，近代测绘技术的应用，不一定代表绘制者思维的更新。因此，在利用近代实测地图时，仍需注意地图表达与地情实际相脱节的情况，使用图文互证的方法以求准确。

北门的县署，今位置在县东街、人民路、为民路三条道路围合区域内无疑。历来县署、文庙是一地官衙机构的庞大建筑群。晚清南汇县署内包括积谷仓、习艺所和自新所等多个建筑。积谷仓，在县署东，同治十一年（1872）建，亦称东常平仓，早先为县丞署。习艺所是光绪三十四年（1908）建，在县署西，原为西常平仓。自新所作为拘留所性质的建筑，则在县署内东侧的典史署西边。

文庙，在今南汇一中，今仍在。晚清时整块区域内书院、儒学署、文昌宫、文星阁等建筑俱在。

文庙西边隔市河有福泉寺，寺前有香花桥，今工农南路西。福泉寺是城内最早建筑之一，乾隆《南汇县新志》记其为元至正二年（1342）建，早于建城之时。寺内宋银杏一株今存，古钟移于今城西南古钟园内保存。民国《南汇县续志》记"清光绪三十四年，城董陶恺达就寺前荒地创办树艺试验场。"[1]

位于南门大街西侧近十字街的城隍庙，按《惠南镇志》，民国时改作监牢，建国初又作拘留所。今位置在公安路东，中山路与向阳路之间，公安路得名缘此。按民国《城厢图》，庙东是商会，在东南临南门大街处是釐赘局、万寿宫、女校，庙西为香光楼、育婴堂。据民国《南汇县续志》，商会即南汇商务分会，光绪三十三年（1907）设。

釐赘局，光绪《重修南汇县图志》记同治年间以吴氏民宅长春堂

---

〔1〕　民国《南汇县续志》卷二十一《寺院》，第1362页。

部分基址所建，在今南门大街中山路口西南侧。万寿宫在卹嫠局南。民国《南汇县续志》记女校为公立女子两等小学堂，光绪三十二年（1906）办，三十三年建校舍于卹嫠局南，万寿宫东，临南门大街，初名公立城南第一女学堂，三十三年八月改名。

香光楼，城西南荷花坞北，今香光路东。育婴堂，在香光楼东，按民国《南汇县续志》原为王光裕民宅。

城内它处建筑仍多有可实考之处，待本章复述各时段南汇嘴所城平面后，列表细述（见118页表4-2）。

五、小　结

晚清的南汇城作为县城已经有200年历史，城市发展已到一定规模，街区溢出城墙范围，城东盛于城西都是其城市平面的特征。四城门对应的十字街作为城内主街撑起最基本城市的基底平面，城内分区、方向定位都围绕这个基底展开。城内主水系，与十字街分离，不相径庭，不少支巷则与水系亲近，隔河延展。

民国《城厢图》如同它所使用的近代技术一样，它所表达的南汇城也是接受了近代洗礼的城市，女子学堂等近代思潮下的产物出现在城内，都展示着晚清南汇城的时代特征。也需注意的是虽说民国《南汇县续志》时间断限在宣统三年（1911），但地图绘制和地物记载等涉及实地考察采访的工作，也未必不会混入民国时的信息。

第三节　太平天国之乱后的南汇城

咸丰十一年（1861）南汇城落于太平天国之手，遭毁严重，不少建筑再未有恢复之机。光绪《重修南汇县图志》成书于这场战乱之后近二十年，对城内地物战乱前后对比和重建情况的记录可谓应时，时效价值颇重。卷首光绪《县城图》以传统手法绘制，精确度自然无法同民国《城厢图》和民国《邑城》图相比，但画风尚算严谨，所表现地物大体仍可与之相对应。不同之处在于，光绪《县城图》中，城内外共有8处以"基"后缀的地名，如守备署基、山川坛基，多是此乱中所毁。

如前文所引光绪《重修南汇县图志》有关城内河道的记载，光绪初年的水系与清末民初时的水系大致相同，不同之处在于白虎桥记为彩凤桥，不见聚奎桥。但光绪《县城图》已绘聚奎桥，且在卷二《桥梁》中记："在文昌宫西者曰聚奎桥。同治己巳建。"[1]同治己巳为1869年。

光绪《县城图》中，城西南荷花坞标为荷池，在图内标示得特别醒目，周边有城隍庙、荷花坞、天后宫、知止庵和育婴堂等建筑。之所以标绘得如此清晰，是因为该地水潴众多，风貌以自然景观为主，是城内文人雅集之所，见光绪《重修南汇县图志》卷十九《古迹》"荷花坞"条："在城西南隅，上即香光楼。是处旧有知止庵，相传明董其昌读书处。"[2]此条史料还记录了荷花坞面积约有三四亩之广，并考证香光楼建于乾隆《南汇县新志》之后。

光绪《重修南汇县图志》记北城河为北一灶港，即今一灶港；南城河为南七灶港。北一灶港为北城河，此说不确，北一灶港接西城河自西水关入城，无必要北折绕北城河，当是筑城开濠之后，水道更改所致。筑城前水道，即入城之后，流经县署前水道及向东延长的砖桥支系水道。

民国时称之为"坛基桥"的北门外桥梁，光绪《重修南汇县图志》

〔1〕 光绪《重修南汇县图志》卷二《桥梁》，第 638 页。

〔2〕 光绪《重修南汇县图志》卷十九《古迹》，第 960 页。

有更正式称呼："跨马路港者曰邑厉坛桥，同治辛未修。"[1]同治辛未即 1871 年。

街巷方面，光绪《重修南汇县图志》与民国《南汇县续志》相比，有关南门大街西侧记载相同，南门大街东侧则少徐家北衖和杨家堰。北门大街东侧无梅家路，新衖和青龙桥东河沿之名尚未出现。北门大街西侧则只有东大街、徐家衖和县桥西河沿。因县桥东河沿即新衖，在市河南岸，因此推定县桥西河沿亦在河南岸，即县桥南堍西门沿；则钱家衖、县桥北堍西门沿尚未开辟。东门大街南侧无鲁班衖和鞠家浜路，城外街巷都未记。东门大街北侧无梅家衖和陈家堰。西门大街南仅记同桥河沿衖，其他都无。西街北侧缺九曲衖。

不考虑城脚道路和城外道路，城内支巷明显减少，可见晚清城内市街的变化。

城内建筑被毁的多是府衙机构和宗教场所，如南汇都司署、县丞署、东岳庙、三官堂、社稷坛、山川坛等。这与太平天国的宗教政策相关。部分民宅也遭战乱破坏，如城西北黄氏烟霞阁。被毁建筑中部分就地原址重建，显示出地块性质的稳定性，也有不少未再重建，"同治元年，贼投诚后，以次修葺，未尽复也。"[2]（见 118 页表 4-2）

第四节　雍乾时期的南汇城

雍正建县对南汇城的发展有划时代的意义，在首任知县钦琏的主导下，城内基底有很大的变化，县衙官署等不少民政城市所必

---

[1]　光绪《重修南汇县图志》卷二《桥梁》，第 638 页。
[2]　光绪《重修南汇县图志》卷一《邑镇》，第 598 页。

须的建筑应运而生，市面日渐繁荣兴旺。以乾隆《南汇县新志》所语"向惟四街上下岸有廛舍，余多田亩，……自分邑以来，居民渐密，文教聿新，骎骎乎日上矣。"[1]足见立县对城市扩展的影响。本节以雍正八年（1730）成书的雍正《分建南汇县志》和乾隆五十八年（1793）成书的乾隆《南汇县新志》两部方志考察南汇城在建县最初一个甲子的城市平面变化。

乾隆《南汇县城图》中作为城内主干水系的市河在河道形态和走向方面变化不多，东潭子未出现。建县之前的情况却与之不同，雍正《分建南汇县志》记此河"旧从西关经县前，至守府署后转南，过望海桥即转东，径出东门。"[2]清守府署即明南汇所治。望海桥，即靖海桥，乾隆《南汇县新志》记知县胡具体改名，胡具体于乾隆九年（1744）至十一年、十三至十七年两任知县。雍正《分建南汇县志》记"望海桥，在东门内，守府署前。"[3]则南汇所治所在地块为十字街东北角，金山卫、青村所两治所也在这一位置。

按雍正《分建南汇县志》记载，雍正五年（1727），钦琏命人开濬望海桥以南河段，将河道向南延长至福泉寺东，转弯环绕学宫，即后来的 U 形湾水道，再出东水关。原先"径出东门"的一段河道被填埋作为学宫大成门基，此处可知，东水关也于雍正五年（1727）所建，原东水关是在东门处。另，雍正《南汇县城图》中也未见有西潭子，志中也未记载。

市河上七座桥梁，除聚奎桥在同治年间建造外，其余多在此时段兴建。雍正《分建南汇县志》记立县后建惠南、青龙、思乐三桥。

〔1〕　乾隆《南汇县新志》卷一《邑镇》，第 321 页。

〔2〕　雍正《分建南汇县志》卷三《川港》，第 72 页。

〔3〕　雍正《分建南汇县志》卷四《桥梁》，第 114 页。

光绪《重修南汇县图志》记彩凤桥建于乾隆丙申，即1776年；乾隆《南汇县新志》记文源桥是知县成汝舟所建，两桥建筑时间都在他任期内。望海桥今不知建筑时间，按其跨东门大街的特性，一般在建城之时即已筑造。

乾隆《南汇县城图》中支流水系所绘不多，惟城西南支流水系在东岳庙南与东南水系相连并接入市河。河上有一桥，在东岳庙南，乾隆《南汇县新志》未载。查光绪《重修南汇县图志》卷十九《古迹》有"瓶桥"："又名铁桥，在南门东岳庙前。……道光时铲平，改铺石板。东旧有河，今犹存遗迹。"[1]民国《城厢图》南门大街东侧岳庙南有一小河直通东潭子，即是此河；街西侧河道萎缩较多，已不在街旁。则该桥是南门大街上旧物。

城西南之荷花坞在图中显示湖面较为广阔。光绪《重修南汇县图志》以荷花坞远离李氏园林椒邱，来证乾隆《南汇县新志》所载椒邱在荷花坞边有误，现在看来有误的或是光绪《重修南汇县图志》。荷花坞北的香光楼，是乾隆《南汇县新志》主修者胡志熊于乾隆五十八年（1793）倡建，其本人实地亲临，又以时事风闻，断不至于连湖塘大小也分不清楚。后人以后世所见揣测前人事物当需谨慎，目前看来合理的解释为乾隆至光绪这段时间内荷花坞面积有所萎缩，按民国《城厢图》椒邱位置，雍乾时期的荷花坞比晚清时在西南方更加宽广，较光绪时期的"三四亩"更大。

城外水系，雍正、乾隆二志记有东门外运盐河，又名内横港、内护塘港，是东门外吊桥所跨河道。按民国《城厢图》，此河在今沿河泾南路和三角街之间。三角街外为外护塘港，即今南祝路。马路港与中港在两志中都不见载。

---

〔1〕 光绪《重修南汇县图志》卷十九《古迹》，第960页。

　　城内街巷方面，南门大街两侧盐店街和朱家街还未出现，陈家街与徐家街的名称未形成，分别称西街和关帝街，雍正、乾隆二志记载相同。东门大街两侧仅有所街、北街、南街和新街；东门大街南侧新街，乾隆《南汇县新志》记是乾隆时知县成汝舟所开，其他两志记载相同。雍正《分建南汇县志》记西门大街有杨家街、戚家街，乾隆《南汇县新志》记为杨家街、盛家街。杨家街一直延续至晚清，戚家街和盛家街则不考其处。北门大街支巷则两志都不载。

　　从街巷名称和分布就可直观看出城内街区状况。以立县前南汇嘴所治所在的东门大街支巷名称反映出此地域在立县前为城中之首，[1]最高官署和简单方位命名的支巷明确提示了这点，立县之后学宫选于此处，更加促进了这一区块的集聚发展。西门大街的姓氏命名的支巷暗示新的人口聚集，在卫所制之下这种地名的出现有悖于规则，可见在卫所制逐渐崩溃，卫所城市更趋于回归到自然生发的模式上面。同时也暗示了城西本就不在所城的核心范围内，使得此处有了自由发展的空间，当然这种自发形成的城市空间在大多数情况下有可能缺乏后力，所以直到晚清，西门大街的支巷仍多以短巷为主，不像城东有能贯穿南北全城的长巷。街背后城西南区块密布的水潴，成为城内园林宅院的上佳选择，逐渐形成河塘间错的低密度建筑景观。南门大街还未出现的姓氏街名都在表明雍乾的南汇城是从军事城市向民政城市过渡期。

---

〔1〕　此处的所街、南街、北街和新街等支巷名称或是以城内最为重要的地物（南汇嘴所治所）命名、或是直接以方位（南北）命名、又或是按时间顺序（新街）命名。这类名称在用语方面简单直白，用词选择上有先占性，说明此处地名的命名在整个南汇嘴所城中占据了优先性，所以该处街区的地位较高。

第五节　明代的南汇嘴所城

明代南汇嘴所城的细节已难追考，依靠正德《金山卫志》中对建筑的记录，可大致了解城市街区的规模。

城内主水系维持在雍正五年（1727）改道前走向，即从西水关入城，沿今人民路东行，过新华路后南转，此处向东有支流延长；转南水道过东门大街后，转东从东水门出城。西南水系有水关出城。全城共四座水关，第四座不考。

河上，跨北门大街和东门大街的惠南、望海桥建于洪武筑城之时。按"惠南"之名源于"惠泽南汇"的说法，惠南桥名称出现应在立县之后，此时或与南门大街上瓿桥一样称呼。西门大街上水洞桥是否同时出现，已难考。

南门大街上瓿桥之东有香花桥，按香花桥在福泉寺前，应是早于筑城之前，与福泉寺一起所建。这条东西向支流水系从福泉寺前一直向西，蜿蜒寺南。

十字主街格局在筑城时建成。因街心有鼓楼而被称为鼓楼头的十字街心并不在城中心，而是偏南一点，应是为与北侧市河拉开距离。由此反推，筑城之前此地的三团聚落当即是沿市河排布。

支巷，按上文所述，东门大街是筑城后的中心街区，以正德《金山卫志》载，此处有巷两条，按推应是所衙和南北两衙连缀。

南门大街有巷四条，按正德《金山卫志》，城隍庙、关帝庙、东岳庙在永乐年已全部建造完毕，并且位置能和后世方志相对应，所以雍正《分建南汇县志》中城隍衙、关帝衙、岳庙衙在明代应已存在。剩余西衙、张家火衙和香衙三条中，香衙东通福泉寺，以名称来看是信众进香道路，所以最后一条应是香衙。

北门大街两条支巷，可能在市河北岸原三团聚落处，即光绪《重修南汇县图志》中的县桥东、西河沿，名称则另有它称。

西门大街三条支巷，按雍正、乾隆两志所记的杨家衖、戚家衖、盛家衖三条，但名称当不是此称。

城南区块的城隍庙、关帝庙、东岳庙、福泉寺等建筑都是在明初即已建成，而且一直到晚清都没有发生位置变化，说明南门大街北段地块在明代已发育成熟，且在600年的长时段内保持稳定。

正德《金山卫志》记城内军营共1248间，合计占地1497丈6尺，这一尺寸是宽度，而非面积。以前文所引，卫所营房宽1丈2尺，长15步，将：

$$\frac{1497\text{丈}6\text{尺}}{1\text{丈}2\text{尺}} = 1248（\text{间}）$$

与军营数相等，确证1497丈6尺是宽度，再乘以15步，2步1丈，15步即7丈5尺，得军营面积约124800平方米。南汇嘴所城近正方形，周长5里149步，城内总面积约472000平方米。两者相除，军营约占全城四分之一强的面积。历代度量衡并非一致，这些数值换算也存在误差，但此处只是求一个大概比例值，因而还是有参考价值。这些军营并非是沿十字街平均排布，它们在东门大街南北衖应当占据了一大部分。

根据本节的推论，洪武筑城之前，此处聚落沿北一灶港北岸分布，即今人民路一线。筑城之后，形成新的"双十字"格局，大十字以十字街主街为主，东、南两侧在有明一代稳定发育，并且南街不少地块长达600多年保持不变，结构稳定。东门大街与南北衖处，以所治和大量军营形成小十字的街区格局，是明代南汇嘴所城的核心街区。

第六节　小　结

　　根据上文所述，南汇城早先是一处沿一灶港排布的盐业聚落。明洪武年间，此处设南汇嘴所，从而转为按国家意志规划建造的方形军事堡垒，成为围郭城市。在这座军事城市中，以十字街为城市平面格局的主导，并辅以小十字（东门大街与南北衖）形成"双十字"格局，两者所在的区域是城内核心区块。这个"双十字"格局在后来600年的城市演化进程中虽然并不注目但却隐然可现。十字主街的格局自然一直影响着城市平面，而小十字则在乾隆后期表面上"隐于"城市之中，但实际上以它为核心的城东区块一直是城内最具城市活力的街区，甚至在晚清时溢出城墙，于东门外形成仅次于大十字街心的新繁华区。同样在筑城之初就已形成规模的城南街区，日后也一直维持领先，于晚清之际发展成为第三大稠密街区。雍正立县，建县署于城北，使此地最早的聚落区域再次得到重生，为此后形成城内另一大街区埋下伏笔。相对而言，城西则一直处于缓慢进程中，密集水网使这一区块的建筑数量一直处于低密度状态。

　　根据史料，可将南汇嘴所的发展历程分为明洪武筑城、雍正立县、太平天国之乱和晚清四个时间断面，下表是具体可考位置的建筑在这四个时段的分布表：

表 4-2　南汇嘴所城建筑表

序号	序号	区域	洪武筑城后	雍正立县后	太平天国之乱	晚清
1	1	东北	南汇嘴所	南汇都司署	南汇都司署 *	
2	2		架阁库			
3	3		军器局			
4	4		旗纛庙	旗纛庙	旗纛庙 *	

续表

序号	序号	区域	洪武筑城后	雍正立县后	太平天国之乱	晚清
5	1	东南		学宫	学宫 **	学宫
6	2			惠南书院	惠南书院	惠南书院
7	3					官立第一高等小学堂
8	4		东岳庙	东岳庙	东岳庙 **	东岳庙
9	5		福泉寺	福泉寺	福泉寺 **	福泉寺
10	1	西南			育婴堂	育婴堂
11	2				惜字局	惜字局
12	3				恤嫠局	恤嫠局
13	4					公立城南第一女学堂
14	5		城隍庙	城隍庙	城隍庙 **	城隍庙
15	6		天妃庙	天妃庙	天妃庙	天妃庙
16	7			万寿宫	万寿宫 **	万寿宫
17	8					南汇商务分会
18	1	西北			种桑局桑园	种桑局桑园
19	2				同善堂	同善堂
20	3			养济院	养济院	养济院
21	4				益善堂	益善堂
22	5		关王庙	关王庙	关王庙 **	关王庙
23	6				章邓二公祠	章邓二公祠
24	1	北（外）		县署	县署	县署
25	2			节孝祠		
26	3			县丞署	县丞署 *	
27	4			典史署	典史署	典史署
28	5				自新所	自新所
29	6			东常平仓	积谷仓	积谷仓
30	7			西常平仓	西常平仓	习艺所
31	8			邑厉坛	邑厉坛 **	邑厉坛

序号	序号	区域	洪武筑城后	雍正立县后	太平天国之乱	晚清
32	1	东(外)	东海神坛	东海神坛	东海神坛 *	
33	2		忠勇祠	忠勇祠		
34	3			八蜡庙	八蜡庙 **	八蜡庙
35	4			火神庙	火神庙 **	火神庙
36	1	南(外)	演武场	演武场	演武场	演武场
37	2			广善堂		
38	3		三官堂	三官堂	三官堂 **	三官堂
39	4			社稷坛	社稷坛 *	
40	5			风云雷雨境内山川坛	风云雷雨境内山川坛 *	
41	1	西(外)		南汇守备署	南汇守备署 *	
42	2		观音堂	观音堂	观音堂	观音堂
43	3			先农坛	先农坛 **	先农坛
44	4					天主堂

注：*　太平天国之乱毁而未建
　　**　太平天国之乱毁后重建

"双十字"格局有一值得关注之处——它们都是洪武筑城时规划所建，与一般江南聚落"河街并行"的格局不尽相同。沿河而生是江南聚落最大的特点，究其原因在于当地水网密布的自然环境。自然生发聚落的集聚效应，于经济活动之下形成汇聚各方资源的空间交点，因而交通因素显得尤为重要。明清江南经济实力强盛的市镇，其空间形式依附于水系格局，流过市镇的河道是连接内外交通的动脉，也是经济活动的空间平台。作为卫所军城诞生的南汇城则无需考虑经济活动，明代南汇嘴所的城市功能是军事防卫，因此具有人为规划创设色彩的所城以横平竖直的"双十字"作为城市平面格局的基底，并不在意与周边经济交流活动的空间便利性。在雍正立县之后，南汇嘴所转为一般民政城市，成为一县之首的南汇县城，城市功能发生转变，进而带动城市平面格局发生新的演化。虽然十字主街的格局有其自身韧性，但随着经济的活化，在支巷层级出现不少沿河而生的街道，也反映了该城向一般江南城镇转变的历程。

第五章　明清吴淞江所城的平面形态复原

第一节　资料概述与城建小史

一、方志与地图

　　明代的吴淞江所在清代转变为宝山县城，关于这座城的史料主要保存在历代的《宝山县志》之中，雍正建县之前的嘉定方志也多能见到相关的零星史料。今所及见的《宝山县志》有乾隆《宝山县志》、光绪《宝山县志》、民国《宝山县续志》和民国《宝山县再续志》。其中前三部对于明清宝山县城的内部空间结构研究多有助益。

　　乾隆《宝山县志》是赵酉主修，成书于乾隆十年（1745），是宝山县第一部方志，简记了自立县以来的宝山县事。书中对雍正分县一事记录甚为详细，收录了相关奏疏。

　　宝山对于官修方志似乎始终不甚热情，继乾隆《宝山县志》之后的130多年，才完成了第二部光绪《宝山县志》。该志是光绪二年（1876）应修各省通志之命，采辑地方资料的应付之作，由时任县令梁蒲贵负责，仅用数月便宣告完成，最后被省通志局打回修改。之后又延宕三年，耗费一季之时重新修订，才获通过。前后两次编修，总用时未超过一年，与同期周边县份为应对修省通志而编纂的方志相比较，显得尤为简略。

　　民国《宝山县续志》成书于民国九年（1920），此志的体例已不完全相同于旧式方志，渐及了一些新的记叙内容。凭借近代之风与上海主城的发展，此时的宝山核心区域逐步向南转及与上海交界之处和据港口之利的吴淞，吴淞江所城所代表的宝山城区重要性下降。民国《宝山县续志》的撰写也反映了这种趋势，书内关于宝山县城的篇幅相对减少。

县志之外，刘振铎所著乾隆《太仓卫志》、马元调的万历《吴淞所志》和刘曧的乾隆《续吴淞所志》等三部卫所志，它们的题名都与吴淞江所相关联。《太仓卫志》多关注于太仓本卫，对下属的吴淞江等所城着墨不多。两部所志今已难寻，只能偶尔见到收于其他书内的部分篇章，如民国《宝山县续志》卷三《城垣》所收录的万历《吴淞所志·自序》一文。据陈金林等人的研究，两部所志早已散佚，两志之前还有数部关于吴淞江所的方志，其中车信臣的嘉靖《吴淞志》是该地志书的肇始，但到今日这几部地方志书都已不传。[1]

整体而言，吴淞所城市空间结构的史料流传甚少。明代资料多在《嘉定县志》，一般仅寥寥数语；《宝山县志》只有清代乾隆与晚清两个时段，中间相隔了一百七十多年。《吴淞所志》的散佚，尤其是万历《吴淞所志》的缺失，对研究早期所城内部空间来说是颇为遗憾。

地图方面，作为近代上海的海口要道，吴淞江所地区的地图并不难见。民国四年（1915）刊行的《城厢市街道图》，是中国人自行绘制的此地域较早的实测地图，由当时宝山清丈局主持制作，收于《宝山全境地图》[2]。图中内容丰富，城墙、水系、桥梁、主街、支巷和主要建筑一应俱全，主要建筑都标有名称，其他地名从略。民国十年

---

〔1〕 见陈金林所著《上海方志通考》关于宝山区的章节，上海辞书出版社，2007年，第343—346页。
〔2〕 宝山清丈局全体绘丈生：《宝山全境地图》，上海：商务印书馆，1915年。

（1921）刘镜蓉为修海塘而编写的《宝山海塘图说》一书中，绘有宝山城简图（以下称《宝山塘图》），该图也为实测地图，内容简明扼要，图内地名比较丰富，可作民国《城厢市街道图》的补充。

方志舆图方面，民国《宝山县续志》卷首《图说》所收录的各幅城乡地图，即宝山清丈局所绘的《宝山全境地图》中的图，但书内只收了县下各乡镇的地域图，未收表现城市街区结构的民国《城厢市街道图》。民国《宝山县再续志》则未收图。

乾隆《宝山县志》和光绪《宝山县志》都绘有宝山县城图，以下分称乾隆《县城图》和光绪《县城图》。两图虽都是传统舆图，虽然风格截然不同，但是对城内水系、桥梁和主街等地物信息都有丰富的反映。嘉庆《直隶太仓州志》也收有一幅嘉庆《宝山县城图》。

万历《嘉定县志》和康熙《嘉定县志》亦都绘有吴淞所城图，以下分称万历《吴淞所城图》和康熙《吴淞所城图》。两图内容相差不多，地物重合度高，显然是康熙图翻刻万历图的缘故。另，嘉靖《嘉定县志》卷六《兵防》同样收有一幅《吴淞所城图》，一般认为该志修于嘉靖三十三年（1554）至三十六年，正是吴淞所城改砖城后不久，也是嘉靖十六年（1537）迁址重建后的吴淞江所城的早期地图之一。嘉靖《吴淞所城图》仅绘了城墙及五座水陆门，其他一概阙如，对复原研究几无用处。

二、从吴淞江所城到宝山县城

现今位于黄浦江入海口西岸的宝山主城区一般习称为淞宝地区，这个名称是吴淞和宝山两个地名的组合，北部为宝山，南部为吴淞。

自明初以来，这两个地名在这一带及周边历经辗转迁徙，才最终形成现在的格局。以明初立吴淞江所城为契机，今日宝山地区被称为吴淞江所或吴淞所，该所之名显见是取自于吴淞江，以水为名。

同一时期的"宝山"则处于黄浦江口东岸今外高桥地区，其地名来源于区域内一座用于航道指引的人筑土山。正德《练川图记》卷上《山》"宝山"条："宝山，在县东南八十里。永乐十年三月，平江伯陈瑄督海运，筑为表识，以建烽堠。"[1]其时有御制碑以记筑土山之事，该块石碑现仍存于高桥中学内。至雍正分县，设宝山县，建治于吴淞江所城内，坊间改称所城为宝山县城，"宝山"才取代了吴淞，指称现在的宝山地区。"吴淞"一名，则是因同治九年（1870）吴淞营从宝山县城南迁至当时的胡巷桥镇，地名一同南迁，从而改称胡巷桥为吴淞，即今蕴藻浜口的吴淞地区。

如若观察卫星地图，就会发现吴淞江所城地区面朝长江，背靠街区，是今日宝山主城区的北部边缘部分。宝山主城区又与上海主城相连，是上海主城的北部边缘，上海"十二五"规划中已将之明确定性为"中心城区的拓展区"。[2]所以，明时的吴淞江所城在今日已成为上海主城的一部分，是上海主城的北缘。

纵观宝山的城市发展脉络，明吴淞江所城（即清宝山县城）可分为"明代卫所军城时期""清代县域城市时期""近代开埠时期"和"当代融入上海主城时期"四个时期。其中前两个时期占据了明清两代绝大部分的时间。

明代的军事城市时期自洪武十九年（1386）筑城墙为始，是宝山城市化的开端，这座城市后来因水流冲刷而坍入长江之中。嘉靖十六年（1537）在该城西南另建的新城，是今日宝山城区的基础。作为一个以军事功能为主的城垒，城市建设并没有得到应有重视，据

---

〔1〕（明）陈渊：正德《练川图记》卷上《山》，《上海府县旧志丛书·嘉定县卷》，上海古籍出版社，2012年，第13页。

〔2〕《上海市国民经济和社会发展第十二个五年规划纲要（2011—2015）》，第32页。

嘉靖《嘉定县志》卷六《兵制》所言："又议建总兵、把总公廨，及新拨太、镇二中所千百户寓舍，及各军营房。檄嘉定、上海二县协力并造，未果。"[1]此时已是嘉靖三十四年（1555），新城由土改砖的工程刚刚竣工，城内衙署营舍尚未完全建成，其他更无从谈及，可见城市发展的滞缓。从早期舆图看，城内以十字街为主干道路，仅有少数衙署等建筑。清雍正建县以后的舆图显示，城内主干街道未发生变化，但支巷明显增多。兴许是城内狭小，同时期方志的文字记载中，城外周边也有不少建筑。最引人注目的是西门外沿河形成一里多长的街区，称为西关市，街区外溢现象明显。

与此同时，吴淞地区日渐兴盛，与县城构成二元结构，并有超越宝山县城的趋势。晚清民初，吴淞历经两次开埠，进一步加速城市化过程，成为宝山城区的核心，民国两部方志的书写即反应了这种变化。1927年，设上海特别市，吴淞正式纳入上海城市体系，开始与上海主城融合。直到今日，这一融合过程仍在加深，并且扩及到了北部宝山地区。

成书于上世纪90年代的《上海市宝山区地名志》中所收录的航拍图片中，可以清晰地看到当时城内面貌。城外的护城河水道完整，西市河蜿蜒流转。城内的十字街依稀可辨，城南多是低矮的旧式民居，城西北和西南边缘是新建的楼房，城东南辟为今日的临江公园，东北仍是荒地。历经大半个甲子的时光，城市平面格局一再迁变，城市景观完全以现代街道楼房和公园为主，吴淞江所城的旧时痕迹已经难寻。城内街巷痕迹多已湮灭，仅有个别存留。城墙只剩东南一小段，水系除东城河、北城河东段和西关市河道外，都已不存。

---

〔1〕（明）杨旦：嘉靖《嘉定县志》卷六《兵制》，《上海府县旧志丛书·嘉定县卷》，上海古籍出版社，2012年，第95页。

第二节　城市平面形态的复原

　　基于现状，本节复原研究的对象是指嘉靖十六年（1537）建的吴淞江所新城。吴淞江所的文字资料时间间隔较大，时代连贯性较弱，如详细的河道和街巷资料在光绪年间才有记录。不过，吴淞江所城的地图资料留存较多，图上信息也记录丰富，且在时间线上具有连贯的可比性。所以本节关于吴淞江所城的平面形态复原，以地图资料为主，辅以文字史料。

一、河道复原

　　吴淞江所城的水系可分为城内、城外两部分。城外水系即护城河与西关市河。城内水系以民国《城厢市街道图》所绘，大体是与城墙平行的环状水道，在北门处断开，分别沿北门大街两侧南伸。北门大街东侧河道较长，甚至穿过东门大街和南门大街至城西南，斜穿全城，但中间部分河道有被侵占。另在东门大街南侧有一条东西向水道，东侧接入环状水道。因此晚清时的城内水系可分环状水道、城东北—城西南斜穿水道和东门大街南侧水道三个部分。

　　城外水系的大部分河道至今仍易于辨别。东城河即旧海塘[1]内侧随塘河，民国《宝山县续志》卷二《河渠》"城市河"条："东城濠，即随塘河中段。"[2]此段河道今仍存。北城河东段，东林路至东城河段今也尚存，东林路与河道交汇处有护城河桥，可证此段河道为北

---

〔1〕　吴淞江所城东北角是新旧海塘起点，新海塘于 2008 年前后修筑，自旧海塘向外延伸 150 米左右，为今日长江岸线。

〔2〕　张允高：民国《宝山县续志》卷二《河渠》，《上海府县旧志丛书·宝山县卷》，上海古籍出版社，2012 年，第 810 页。

城河故道。原城东南，今临江公园内有南城墙和东南水关的遗迹，因此南城河位置可定。原城西南外向南延伸，今宝山区政府东侧君子兰路与密山路交口有桥梁一座，君子兰路一线为明显淤积河道地貌，可见此处原是河道。君子兰路向北延伸是水上新村和宝城一村两居民小区的分界道路，该道路即应是原西城河道。《上海市宝山区地名志》的《友谊路街道》[1]一图中，所绘护城河仍然呈正方形完整闭合，西城河被称为西门河，正处于水上新村与宝城一村之间。

西关市河今也仍存，名为老市河。

城内水系至今都已湮灭成陆，踪迹全无。据民国《城厢市街道图》来看，城内水系最为引人瞩目的是与城墙平行的环状水道。这条水道实为内城河，应形成于新城筑城之际。嘉靖《嘉定县志》卷六《兵制》"吴淞江守御千户所"条："外城河广六丈，深一丈；内成河广三丈，深八尺"。[2]光绪《县城图》的绘制手法变形严重，北侧内城河不明显，东南段有断流，但通过比较图中斜穿水道的位置，可知光绪《县城图》中内城河走向与民国《城厢市街道图》基本相同。光绪《县城图》中，东门大街水道西侧接入斜穿水道，与民国《城厢市街道图》不同。乾隆《县城图》的内城河更趋明显，与民国《城厢市街道图》大体相同。图中斜穿水道北段自药师殿东侧流过，光绪、民国两图都是从西侧流过，并在北门大街东侧接北内城河。城东南处无东门大街水道，而是从斜穿水道引出一条南北向水道，由东南水关通向城外。万历、康熙两图的水道走向一致，图中内城河未形成环状水道，沿东城墙的水道单独成河，未连入内城河，沿北城墙水道则还未出现。斜穿水道已出现，但北端不与东城墙水道相连，南端连入西内城河，与早

〔1〕 该图比例尺 1:11500，收于《上海市宝山区地名志》，上海科学技术文献出版社，1995年，第56—57页。

〔2〕 嘉靖《嘉定县志》卷六《兵制》，第95页。

先乾隆、光绪两图中连入南内城河有所不同。城东南南北向水道不与斜穿水道相连接，光绪时才出现的东门大街水道虽并不存在，但相近位置的东内城河西侧摆出一条尾闾，应是其前身。

根据上述五幅地图所示，城内水系先后出现过四条水道。

1. 内城河，形成于筑城之时。康熙之前仅有沿西、南、东三面城墙的河道，东城墙河东单独城河，不与西、南段相连。乾隆时，东城墙河与西、南段相连，沿北城墙河道出现，并在北门大街两侧向南流，形成不闭合的环状水系，这个走向一直延续到清末。

2. 斜穿水道，由城东北向南，过东门大街、南门大街，流入城西南。康熙之前，这条水道北端不与内城河相连，南端接入西城河。乾隆时，北端在药师殿东连入北城河，南端改入南城河，此段河道在县治与城隍庙之间，原连入西城河水道仅剩小段尾闾。光绪时，北段河道西移，改至药师殿西侧接入北门大街东侧内城河向南流淌的尾闾，药师殿东只剩有小段残存河道。

3. 城东南南北向水道，万历《吴淞所城图》显示在察院西、关王庙东。光绪《宝山县志》卷六《营署》"吴淞协守千户所署"条："改为察院，即今文庙基。"[1] 关王庙即武庙。民国《城厢市街道图》中两座建筑位置明确。乾隆《县城图》中，该河道位置更趋东侧，且北端连入斜穿水道；光绪时，该河道已湮灭，仅剩北端尾闾。

4. 东门大街水道，东西向，在东门大街南侧。乾隆《县城图》中，东城河中段，杨相公庙（即杨王庙）北出现小段向西摆出的尾闾，与民国《城厢市街道图》中的东门大街水道位置相近。光绪时，这段河道发育成熟，东连东城河，西接斜穿水道。民国《城厢市街道图》

---

〔1〕（清）梁蒲贵：光绪《宝山县志》卷六《营署》，《上海府县旧志丛书·宝山县卷》，上海古籍出版社，2012年，第442页。

中，西段水道萎缩，不再接斜穿水道。

以上是明清两代吴淞江所城内外水系演变情况，大部分水系可追溯至万历年间，更早的则可上溯至嘉靖建城之时。通过将民初实测的《城厢市街道图》与当代地图比对，可得到清末水道在今日地形上的确切位置与走向。进而将早期的四幅地图中的水道再与民国《城厢市街道图》比对，又可得到自明万历以来的各时期水道的确切位置，从而复原出这几段时期内的吴淞江所城河道（见附册图14）。

各时期地图中的水系情况大致如上，在光绪和民国两部方志中又有两段文字更细致地描述了城内外水系情形，可补充部分水道名称、流经走向和湮灭兴废等情况。

光绪《宝山县志》卷四《水道》"县城河"条：

> 一支由代舆桥经县署西出西水关。又一支自县署南稍北趋，东过太平桥折而南，通南城河。东引护塘河水入东水关北流，折而西至真武庙前，东南引护塘河水入朝阳门越学潭，过麟趾桥，通西城河。一支北流，经药师殿东，通北城河。城中水道浅狭，鲜潴蓄之区，且湮塞逾半，猝难修复，设遇小旱，每劳远汲。及今不筹疏通，将来恐故道亦不可复考矣。[1]

民国《宝山县续志》卷二《河渠》"城市河"条：

> 昔称县城河。……入城之水关共有四窦，一在西南城角北首，入城东流，经麟趾桥，至文庙前，俗称草鞋浜。与东南水关会合。一在西北城角东首，入城南流，经代舆桥、永康桥，

〔1〕 光绪《宝山县志》卷四《水道》，第394—395页。

与西南水关会合。今代舆桥南均建房屋，已无河形。其二均在东南城角，一在城角之西，一在城角之北，入城会合北流，经东北城角，折西转南，经九龙桥达东南水关，西流折南达西南水关。今从九龙桥起，迤南迤西均建房屋，已无河迹。其余亦淤成小沟，失今不修，故道不可考矣。[1]

从两段文字可看出，城内河道多是"浅狭""小沟"，不具备航运功能；"设遇小旱，每劳远汲"又说明只能承担部分饮用水的功能。其次，河道淤塞、被侵道现象很常见。如光绪《宝山县志》描述南内城河"东南引护塘河水入朝阳门越学潭，过麟趾桥，通西城河。"此处的朝阳门虽然在各部方志未见确指是哪个城门，但从所描述的位置和名称判断，应是东城门，即这段文字说明南内城河从城东至城西是贯通的。而在光绪《县城图》中这南城河东段却是断流不绘的，民国《城厢市街道图》则又绘成是连接通畅的。这正对应了城内河道狭浅易淤，故道难考的说法，这段河道已"浅狭"到在地图上可有可无的地步了。两篇文字对河道规模和淤塞状况表示出了相同的担忧，显见无论是光绪还是民国时期，城内水系都面临着消亡的危险。

第三，城内外水系连接有"四窦"。吴淞江所城水关情况较为复杂，经历多次改筑，分别在城西北、西南和东南三处都开辟过水关，且开辟时间也不相同。除水关之外，城墙下排水口也能作为连接内外水系的通道，所以"四窦"不止局限于水关。民国、光绪两图"水窦"数量与位置相同，都是四个，依次是位于城西北的北城墙、城西南的西城墙和城东南的东、南城墙处。乾隆《县城图》则只有三处"水窦"，城东南的东城墙无"水窦"。康熙《吴淞所城图》水关绘法暧

---

[1]　民国《宝山县续志》卷二《河渠》，第810页。

昧不清，不易辨识，或是有城西北和东南两处，城东南处"水窦"在南城墙。万历《吴淞所城图》则明确绘出两处"水窦"，一是城西北，一是城西南。西南处明确标出"水关"二字，且在南城墙出城，与后代的西南水关从西城墙出城有明显不同。

对比两段文字对城内水系各水道的表述（见表5-1），在这近40年的时差中，部分河道的前后变迁明显。总体而言，河道消失是变迁的显著方向。这种消失不只是水干河淤式的自然消亡，而是"均建房屋，已无河形"人为消亡。相比之下，这样的消亡更加彻底，在地表之上完全不留痕迹。

表5-1　光绪《宝山县志》与民国《宝山县续志》对城内水系的表述

河名	光绪《宝山县志》	民国《宝山县续志》
内城河	1）西内城河：一支由代舆桥经县署西出西水关。 2）东、北、南内城河：东引护塘河水入东水关北流，折而西至真武庙前，东南引护塘河水入朝阳门越学潭，过麟趾桥，通西城河。 3）东城河南段：又一支……，东过太平桥折而南，通南城河。	1）西内城河：一在西北城角东首，入城南流，经代舆桥、永康桥，与西南水关会合。今代舆桥南均建房屋，已无河形。 2）东、北内城河：其二均在东南城角，一在城角之西，一在城角之北，入城会合北流，经东北城角，折西转南，…… 3）南内城河：一在西南城角北首，入城东流，经麟趾桥，至文庙前，俗称草鞋浜。与东南水关会合。
斜穿水道	1）南段：又一支自县署南稍北趋，…… 2）*北段：一支北流，经药师殿东，通北城河。	其二均在东南城角，……折西转南，……西流折南达西南水关。今从九龙桥起，迤南迤西均建房屋，已无河迹。
东门大街水道	又一支……，东过太平桥折而南，……	其二均在东南城角，一在城角之西，一在城角之北，入城会合北流，经东北城角，折西转南，经九龙桥达东南水关，……今从九龙桥起，迤南迤西均建房屋，已无河迹。

注：*光绪《县城图》河道已改流至药师殿西，药师殿东仅有小段残留河道。

地名是地物复原工作的重要标志。吴淞江所城内水系的不发达性，使其得以留存下来的名称甚少。上述两段文字保留了两个河道名称，一是南内城河东段的"学潭"，一是南内城河西段的"草鞋浜"。学潭位于文庙前，光绪《县城图》此处是一水潭。另，民国《宝山县续志》卷三《坛庙》"文庙"条："光绪二十三年，知县沈佺濬城市河，训导谢珣以学渠淤塞，牒请因工带濬疏通东南水关，引外城濠水注之。"[1]可见此段亦称"学渠"。又，《宝山塘图》补充了一弯位于东门大街北侧，东连东内城河的水塘，名为"冯家河沿"，即此处水塘名冯家河。《上海市宝山区地名志》记冯家河沿在民国初改名苏家河沿，建国后称东门后街，现为盘古路东段。[2]

二、桥梁复原

民国《城厢市街道图》中城内外共有桥五十一座。另外，《宝山各图圩形细号图》之《城市冈四十三图乃圩》[3]一图中，城东北、西南各有两座，城东南一座桥不见于《城厢市街道图》。因此，宝山城（吴淞江所城）内外共有五十六座桥。若按城内外区分，城内三十八座，城外十八座。这其中继续细分的话，城内除去十字街上的四座桥梁，城东北、西北、西南和东南四区域分别是九、八、十、七座；十字街上东门大街有两座，北门大街无桥梁。城外西关市跨市河有四座，支流上两座，另在各城门外共四座桥梁。总共是四十八座，剩余八座都是在城外周边区域。

若按河道划分，城内跨内城河的桥梁共十七座，以北、西、南、

〔1〕　民国《宝山县续志》卷三《坛庙》，第855页。
〔2〕　《上海市宝山区地名志》，第260—261页。
〔3〕　宝山清丈局：《宝山各图圩形细号图》，上海，1915年，第1页。

东的顺序分别是三、五、七、二座，其中北城河三座桥梁都位于北门大街西侧向南延伸的河道上。斜穿水道上八座，东门大街水道三座。加上跨西关市河干、支流的六座桥和跨护城河的四门吊桥，总共是三十八座桥梁，其他十八座桥梁都在支流之上。由于在这一时期内，城内水系部分河道已消失，而且这些消失的河道不少是因处于闹市街区而被新建房屋侵占，可以想见原本就是处于交通繁忙地段，所以可以推定有不少桥梁连同河道一起消失。

吴淞江所城的水系多为小河，本身河道狭窄，河上桥梁一般是以小桥为主，不引人注目，因此桥名的资料流传甚少。目前所见距所城三里之内的桥梁资料也不过二十座左右，而上述五十六座桥，除西关市区域外，全部是在城内或城外紧邻所城的地方，所以所城区域的桥梁可考的不多，相关考证待后再论。

表5-2　吴淞江所城区域桥梁分布（单位：座）

城内水系	内城河	北：3、西：5、南：7、东：2
	斜穿水道	8
	东门大街水道	3
城外水系	西关市河	干流：4、支流2
	护城河	4
	其他	8

民国《城厢市街道图》之外的四幅传统舆图都不含西关市区域，桥梁的记录更是大幅减少，尤为简略。以光绪《县城图》来说，城内只绘八座桥梁，东、南门大街各两座，西门大街一座。其余三座，两座在县前街上，一座在城西北的西内城河上。城外包含四门吊桥在内，共有七座桥。乾隆《县城图》的桥梁与水陆门绘法一致，需仔细辨别。图中桥梁共四座，另有四处河街交叉，应也有桥梁，但未绘。四座桥梁东、西门大街各一座，南门大街两座，河街交叉有两

处在县前街，一处是斜穿水道在西门大街与县前街之间的街道上，另一处是东内城河与东门大街交叉处。乾隆《县城图》中跨东门大街桥梁位置与光绪《县城图》中相异，是对应了斜穿水道西移之前的桥梁，非同一座桥。康熙《吴淞所城图》共六座桥梁，皆在城内。东、南门大街各两座，西门大街一座，跨城东南南北水道一座。万历《吴淞所城图》与康熙《吴淞所城图》相同。

从历代地图来看，城内最重要的街道——十字街之上，共存在六座桥梁。其中东门大街三座、南门大街两座，西门大街一座，这个分布格局保持了长期稳定，直到清末南门大街上的一座桥才因河道消失而消失。光绪《县城图》中标示了六座桥中的三座名称，分别是西门大街上的代舆桥、南门大街上的麟趾桥和东门大街上的九龙桥。乾隆《县城图》则记录了南门大街上偏北的另一座桥的名称——太平桥。乾隆《县城图》中标了代舆、麟趾和太平三个桥名，书内卷二《关津》篇中城内桥梁也只记录了这三座。更早期的康熙《嘉定县志》卷二《戎镇》同样记录了这三座桥，并记代舆、麟趾两桥是建于万历年间，太平桥是"巡按尚公建。"[1]对城内桥梁记载相对较为系统的光绪《宝山县志》则补充太平桥建于嘉靖年间，太平桥就是清末消失的那座桥。代舆、麟趾两桥分别跨西、南内城河，太平桥跨斜穿水道。九龙桥也是跨斜穿水道，除光绪《县城图》和上节所引民国《宝山县续志》"城市河"条外，未见它处有这名称，当是因斜穿水道西移后所筑，建桥时间较晚的缘故。光绪《宝山县志》卷二《桥梁》有"万安桥，东门大街。万历间建"和"兴隆桥，东门大街城门旁"[2]

---

〔1〕（清）赵昕：康熙《嘉定县志》卷二《戎镇》,《上海府县旧志丛书·嘉定县卷》，上海古籍出版社，2012年，第471页。

〔2〕光绪《宝山县志》卷二《桥梁》，第343页。

两句，可知《乾隆图》中跨东门大街桥梁名是万安桥，在九龙桥东。另，同篇又有"吊桥，四门各一"之句，所以东门旁的兴隆桥是在城内跨东内城河，而非城外东门吊桥之名。

十字街六桥名称都已考出，其中四座建桥时间也已确定，六桥并非是建城时统一所建，可见新城建造的仓促，连通向城门的十字主干道上的桥梁都未完善。当然，城内河道狭窄也是对桥梁需求不紧迫的一个原因。

光绪《宝山县志》卷二《桥梁》篇中在四门吊桥前共记了七座桥梁，除去十字街上的五座，还有哈家桥和种福桥。哈家桥在"城西北隅"，种福桥在"察院基后"，四门吊桥之后排列的都是城外桥梁。又光绪《县城图》绘城内八座桥，十字街五座之外的三座桥中，仅标示了在县治西的县前街上跨西内城河的桥，名为永康桥。其他两座桥都未标名称，一座位于城西北跨西内城河，一座在永康桥东，位于县前街跨斜穿水道。

民国《城厢市街道图》城西北隅西内城河上有两座桥，按光绪《宝山县志》卷二《坊表》中"二街，在西门代舆桥北。三街，在哈家桥西"[1]所言，哈家桥接三街。从街名看，按理二街、三街应该相邻，故哈家桥在近代舆桥处。西内城河上另一座桥在城西北角处，离西门大街上的代舆桥较远，该处光绪《县城图》标为仓基，康熙《嘉定县志》卷二《戎镇》"军储仓"条："在本城西北隅。明万历二十年建，今废。"[2]民国《城厢市街道图》该桥连接一街道，光绪《宝山县志》又有"仓前街，在西北隅"，[3]即是该桥所连街道。所以民国

---

〔1〕 光绪《宝山县志》卷二《坊表》，第 322 页。

〔2〕 康熙《嘉定县志》卷二《戎镇》，第 468 页。

〔3〕 光绪《宝山县志》卷二《坊表》，第 322 页。

《城厢市街道图》中，代舆桥北，连接三衢的桥梁为哈家桥。

察院基所处位置，按光绪《宝山县志》卷六《营署》"察院行台。向在所城东北隅。万历九年，副总兵张藻因地隘，以协守千户署改建"和"吴淞协守千户所署。所城东南隅。后移驻宝山，改为察院，即今文庙基。"[1] 两条史料看，察院基即后来的文庙，位于城东南处。更早期的万历《嘉定县志》卷十六《官廨》对"察院行台"的记载也是如此。民国《城厢市街道图》中东门大街水道近文庙处有一座桥，即当是种福桥。

城外护城河上有四门吊桥各一，康熙《嘉定县志》记俱是"嘉靖中建。"[2] 同条还记有水门吊桥一座，同其他四桥一起建造。时嘉靖所建水门只有西北水门一座，所以该水门吊桥处于城西北水门外，所跨应是西内城河出城河道，而非护城河，位置在护城河与城墙之间。又据民国《宝山县续志》卷三《津梁》"阜财桥"条："即南门外之吊桥"，[3] 南门吊桥又名阜财桥。《宝山塘图》标北门吊桥为镇海桥。

西关市的六座桥，按光绪《县城图》西关市河接入护城河处有一座兴隆桥，此桥与东门大街兴隆桥同名，光绪《宝山县志》卷二《桥梁》同有记载两桥，是康熙时建。光绪《宝山县志》同篇中记西门外依次还有销皮湾、聚福和洪济桥三座，其中聚福桥明确记为"跨市河"，洪济桥为"西市稍"，所以认定民国《城厢市街道图》中西市河上四桥，从近城处向西依次是兴隆、销皮湾、聚福和洪济四座桥，另两座支河桥梁难考。销皮湾、聚福和洪济三桥建于何时已难知晓，因为乾隆、光绪二志在康熙年间究竟是新建还是重建的关键用词上反复拉锯，出现矛盾，并不能准确告知修建时间。洪济桥在康熙《嘉

---

〔1〕　光绪《宝山县志》卷六《营署》，第442页。
〔2〕　康熙《嘉定县志》卷二《戎镇》，第471页。
〔3〕　民国《宝山县续志》卷三《津梁》，第866页。

定县志》中被记作为"弘济桥"，[1]显然是后来为避乾隆名讳而改，另三座桥则未被康熙《嘉定县志》记录下来，或可作为修桥时间的依据。《上海市宝山区地名志》指硝（同"销"）皮湾为今宝钢四村，[2]则销皮湾桥位置可定。

另外，还有一座水关庙桥，被光绪《宝山县志》记录，称其在城北水关庙前。实际根据民国《城厢市街道图》该桥位于城西，西关市北，东临护城河，庙北有一条从护城河延伸出的小河，连入护城河处正有一座小桥，《宝山塘图》也标此桥名为水关庙桥。上节所引民国《宝山县续志》"城市河"中还提到红木桥与马桥两座桥梁，两桥都处于护城河与外延水系交汇处。光绪《县城图》标红木桥位于护城河西北角北延水道处，马桥在东南角南延水道处。

综上所述，吴淞江所城内外区域内的桥梁情况大致如此，上述的桥梁到今日除北门吊桥位置处有座东林路护城河桥外，其他都已经消亡。吴淞江所的桥梁中，十字街主干道上的桥梁形成较早，且状态稳定，是区域内较为重要的桥梁。西关市的桥梁大致出现在康熙《嘉定县志》成书之后，即康熙十二年（1673）后，从而可推断宝山县城西门外街区形成于康熙中后期。

三、街巷复原

吴淞江所城内最主要的街道自然是连接四座城门的十字街，而走在今日的宝山街头，这片区域的主干道仍然是由东林路和盘古路交叉而成的十字路。比照《友谊路街道》地图，东林路即是从南、北门大街扩建而来，盘古路则不是原来的东、西门大街，实际旧十字

---

〔1〕康熙《嘉定县志》卷二《戎镇》，第471页。

〔2〕《上海市宝山区地名志》，第263页。

街口在今日东林路盘古路口南约80米处，旁边是临江公园西北边墙。整个城内区域除东林、盘古和小段友谊路这三条现代化道路外，几乎已经没有可以称之为街道的道路了，只留有县前街、县佑街和西门街等数条藏之于居民小区内的支巷还在记忆老城的旧时格局。

　　根据本文所提出的水系、桥梁和街巷划分区块，从而决定城市平面格局的理念，今日宝山的平面格局已经完全取代了明清时期的城市平面。在水系不甚发达的卫所城市，道路作为城市区块划分的界线，作用尤为突出，与今日区域内仅有三条道路不同，民国《城厢市街道图》中所绘制的道路不胜枚举。图中城内主干道除十字街外，还有一条在城西南隅从南门大街延伸出的东西向大街，这条街从县署和城隍庙前而过，是为县前街，今日地名犹存。城外主干道为西关市街，《宝山塘图》中称西门外大街，今地名为西门街。图中其他街道都作支巷处理。

　　作为非实测的传统舆图，光绪《县城图》只绘制了几条街道，除不可或缺的十字街外，城西南、东南和西北各有一条街道。城西南街道在永康桥接县前街，再向西折北连西门大街。城东南街道在麟趾桥东接南门大街，再向东至文庙东侧北折，到东门大街水道南岸为止。城西北大街自西门大街向北，环绕参府，东折街北门大街。更早时期的乾隆《县城图》同样有三条街道，其中城西南和西北街与光绪《县城图》相同，第三条街道不在城东南，而在城西南城隍庙西侧，南街县前街，跨斜穿水道北接西门大街。康熙《吴淞所城图》和万历《吴淞所城图》都只绘十字街。

　　对比民国《城厢市街道图》，乾隆、光绪二图中的四条街道都可找到相对应的道路。方志中唯一系统记录城内外区域街道情况的光绪《宝山县志》卷二《坊表》篇中共记录有二十二条街巷，不包括十字街和西门外大街。

表 5-3 光绪《宝山县志》中的街道

序号	街道名	光绪《宝山县志》所描述位置	是否与民国《城厢市街道图》对应
1	二街	在西门代舆桥北	是
2	三街	在哈家桥西	是
3	学前街	在兵道街东	是（按：此处有误，兵道街以兵备道行署得名，该署万历十年（1582）由按察司行台改建而来，明代学庙确在其东，但顺治六年（1649）既已迁走，此处"在兵道街东"为误。即光绪《县城图》城东南街道。）
4	察院街	在东南隅	是（按：文庙东侧南北向街道。即光绪《县城图》城东南街道。）
5	仓前街	在西北隅	是
6	新街	在西城脚	是（按：乾隆、光绪二图中城西南街道。）
7	县前街	在西南隅	是
8	觔头街	在西门	否
9	草鞋浜塘	在麟趾桥西	是
10	府街	在西门帅府署右	是（按：县立第一小学建于参将署旧址，即乾隆、光绪二图城西北街道。）
11	杨家街	在南门	否
12	倭洗街	在南门太平桥西，今改轿子街	是
13	城隍庙街	在南门	是（按：城隍庙西侧南北向道路，即乾隆《县城图》城西南街道。）
14	做笔街	在南门	否
15	冯家街	在东门	是（按：东门大街北通冯家河沿支巷。）
16	贾家街	在东门	否
17	府后巷	在北门	是（按：因位于参将署后得名，即乾隆、光绪二图城西北街道。）
18	方家街	在北门	否
19	兵道街	在北门	否（按：在城东北）
20	硝皮湾	在西门外	是
21	车家街	在北门	否
22	张家街	在西门外	否

　　以上是历史地图和资料中所见，并且可相互对应的街道。正如上文提到的而今存留地名中还有一条县佑街，据《上海市宝山区地名志》所言此街因位于县署之右侧（西侧）得名，[1]此言真假且不追究，在民国《城厢市街道图》中县署右侧确实有一街道，并与今日县佑街相对应。

四、建筑复原

　　直至清末，在民国《城厢市街道图》上显示的城内建筑密集区域主要分布在十字街两侧，西城墙根一线。县署－城隍庙、文庙则分别占据了城西南和东南两块区域的大部分，这对一个边长600—700米的小城来说，两处建筑群显得尤为庞大，相对而言城内其他的区域仍旧是大片空地，空旷乏人。城外沿市河排布的西关市街区规模隐隐然有超越城内意思。

　　城南建筑多于城北的情况不只是清末如此，筑城之初就已出现这种现象。万历《嘉定县志》卷十六《官廨》篇中所记载的十一座建筑，只有两座在城北，及一座在北门外。城北街区的不断退化还有其他线索，如康熙《吴淞所城图》中城东北还有兵备道、文庙等建筑，在之后都已废弃或迁移它处。所以，可以清晰地看到，在吴淞江所城的城市史中，城市街区呈现城南繁于城北，城北逐渐空芜的特点。这一特点的产生，应是由于城北靠近长江，易受水害的原因，需知吴淞江所旧城正处于新城东北，并最终坍入长江。

　　作为城内占地最广的区块之一，城西南县署－城隍庙区块的发展甚早。据乾隆《宝山县志》卷二《公署》记载，县署区域地名为荷花池头，是雍正四年（1726）所建，之前为操江司署基，地属民顾万

―――――――――――

〔1〕《上海市宝山区地名志》，第607页。

青。万历《嘉定县志》卷十六《官廨》记为水营把总司，嘉靖三十六年（1557）建。康熙《嘉定县志》已记为"今废"。

城隍庙，光绪《宝山县志》记，嘉靖年间由吴淞所旧署改造。万历《嘉定县志》对此记录更详："吴淞守御千户所，旧在所城南偏，后改为城隍庙。时新裁游兵把总，即以其署为所治。后游兵把总复设，仍居之，而所治久缺。万历三十二年，千户王有道始请建于旧署东南。"[1]

城内另一处占地广大的区域是城东南的文庙区块，此处除文庙以外，还有武庙等建筑。文庙，光绪《宝山县志》记这块地块原本为吴淞协守千户所署，即后来迁至江东的宝山千户所前身，其搬迁后此处又改为察院，入清之后的乾隆十二年（1747），也即乾隆《宝山县志》成书后不久，兴建于此地。早期位于城东北的所城文庙是"（嘉靖）三十年，巡按尚维持重建于新城东北隅。……崇祯末废。"[2]今存大成殿，在临江公园内。

武庙，又称关帝庙，民国《宝山县续志》记民国四年（1915）改称关岳庙。康熙《嘉定县志》卷二记其在游兵司东，万历时改为关帝庙。又，同卷记游兵司是嘉靖三十三年（1554）建，清时改为中军守备署。光绪《县城图》此处标为"守备署基"，已废为空地。另考，光绪《宝山县志》记武庙为嘉靖年间建，实误。据康熙《嘉定县志》记关帝庙有二处，一处即此处城东南文庙旁的武庙，是万历年改建，另一处是位于城北旧城内的演武场，建于嘉靖年间。光绪《宝山县志》将两座武庙误作为一处。

在民国《城厢市街道图》中，位于十字街西北的县立第一高等小

〔1〕（明）韩浚：万历《嘉定县志》卷十六《官廨》，《上海府县旧志丛书·嘉定县卷》，上海古籍出版社，2012年，第326页。
〔2〕光绪《宝山县志》卷五《庙学》，第429页。

学颇为醒目，是城北占地最广的区块，按今位置为宝山区实验小学所在。民国《宝山县续志》记此学校是由参将废署改建而来。参将署见光绪《宝山县志》，即明总镇府，嘉靖三十六年（1557）建，同治九年（1870）吴淞营参将改驻今吴淞地区。乾隆《宝山县志》补记，康熙六年（1667）改为参将署。万历、康熙《嘉定县志》记载略同。

　　沿西城墙街区中，民国《城厢市街道图》只标记了街区南端的永康寺，位置为县署西南，县前街西端永康桥处。按康熙《嘉定县志》："永康庵。在西南隅。明嘉靖中，迁城移建。"[1]可见是与新城同时期建造的，是新城内最早的一批建筑之一。

　　西关市中，东端尽头北侧的水关庙前身为永庆庵，光绪《宝山县志》记该庵是顺治时所建。

　　以上是民国《城厢市街道图》中几座地标建筑的位置与沿革，根据这几个可精确定位的点，就可推知区域内大部分史料有载的建筑位置。历代的方志中，嘉靖《嘉定县志》对吴淞江所城区域记录不多，仅有零星史料见文，如卷二《公署》中"军储仓，旧在吴淞所城内之南。洪武间，千户周杰建。"[2]即使如此，这条也是旧城资料，与嘉靖之后的新城无关。万历《嘉定县志》卷十六《官廨》篇记录了十一处官署衙司，见下表：

表 5-4　万历《嘉定县志》中的建筑

建筑	万历《嘉定县志》原文
总镇府	在所城西北隅。嘉靖三十六年，副总兵卢镗始建。
陆营把总司	在所城东南隅，万历九年建。
水营把总司	在所城西南隅，嘉靖三十六年建。
游兵把总司	在所城南隅，即千户所旧署。嘉靖三十三年建。

〔1〕　康熙《嘉定县志》卷二《戎镇》，第 471 页。

〔2〕　嘉靖《嘉定县志》卷二《公署》，第 60 页。

建筑	万历《嘉定县志》原文
吴淞守御千户所	旧在所城南偏，后改为城隍庙。时新裁游兵把总，即以其署为所治。后游兵把总复设，仍居之，而所治久缺。万历三十二年，千户王有道始请建于旧署之东南。其军器局在城迤北，又西为军储仓。
察院行台	在所城东南隅，万历九年建。
按察司行台	在所城东北隅，嘉靖三十六年建。
鼓楼	在所城中央，嘉靖三十七年建。
钟楼	在城上东南，万历二十八年建。
演武场	在北门外二里，万历五年建。
急递铺	在总镇府前。

从表中可知城南建筑远密于城北，各建筑的始建年代多集中在嘉靖三十年（1551）之后。嘉靖三十年之后所城迎来建设高潮的原因是旧城被彻底放弃，在此之前虽在十六年就已建新城，但旧城仍在使用中。"三十一年，倭犯境，明年夏四月，围旧城，溃旧城基"，[1]"溃旧城基"是指城墙的完全毁坏，显然城墙的存废直接关涉到了卫所军事城市的存亡，紧接着就是新城在三十一年改土城为砖城，城内建设明显加速，吴淞江所城市核心从旧城向新城转移。

康熙《嘉定县志》中对所城内建筑的记录愈加完善，不仅关系到公署，还涉及了庙宇、桥梁、牌坊等方面。乾隆、光绪两部《宝山县志》的记录也颇为详细，具体见下表：

表 5-5　清代宝山县城主要建筑表

建筑	位置	始建年代	康熙	乾隆	光绪
鼓楼	十字街	万历		鼓楼	鼓楼
吴淞营参将署	西北	嘉靖三十六年建总镇府	吴淞营参将署	吴淞营参将署	废地

---

〔1〕 康熙《嘉定县志》卷十六《官廨》，第 463 页。

续表

建筑	位置	始建年代	康熙	乾隆	光绪
军储仓	西北	万历二十年	废地	废地	废地
火神庙		光绪			火神庙
陈公祠		道光二十二年			陈公祠
长寿庵		天启	长寿庵	长寿庵	长寿庵
吴淞江水营司署		嘉靖三十六年	废地	废地	废地
养济院	东北	乾隆九年		养济院	废地
按察司行台		嘉靖三十六年建兵备道行署	水师右协署	水师右协署	水师右协署
军器局		嘉靖三十一年	废地	废地	废地
尚公祠		嘉靖	尚公祠	废地	废地
真武殿		万历二十八年	真武殿	真武殿	真武殿
药师殿				药师殿	药师殿
关帝庙	东南	嘉靖	关帝庙	关帝庙	关帝庙
杨相公庙			杨相公庙	杨相公庙	杨相公庙
三官堂		嘉靖			三官堂
大士殿		万历	大士殿	大士殿	大士殿
钟楼		万历二十八年	钟楼	钟楼	钟楼
守备署		嘉靖	游兵司署	守备署	废地
县署	西南	雍正四年	县署	县署	县署
文庙		乾隆十二年	吴淞协守千户所署	文庙	文庙
城隍庙		嘉靖建吴淞江所	城隍庙	城隍庙	城隍庙
永康寺			永康寺	永康寺	永康寺
城隍庙		嘉靖	城隍庙	城隍庙	城隍庙
刘猛将军庙		雍正十三年		刘猛将军庙	刘猛将军庙
韦陀殿	西关市		韦陀殿	韦陀殿	韦陀殿
岳鄂王庙					岳鄂王庙
地藏殿		万历	地藏殿	地藏殿	地藏殿
陈州娘娘庙			陈州娘娘庙	陈州娘娘庙	陈州娘娘庙

上表是清代方志内所记录的城内和西关市位置确切的建筑列表，可根据此复原出清代康熙、乾隆和光绪三个时期城内最主要的建筑分布情况。

综而述之，吴淞江所城的特点是城墙内区域狭小，城北街区稀疏，城南街区繁密，康熙时期西门外沿市河发育出西关市，规模不下于城内街区。因城内面积狭小，清代几部方志还记录了以城为核心三里范围内众多桥梁、祠庙等建筑零散分布的情况，这与城墙足够广大的吴淞江南金山卫等三城的情况不同，因不属吴淞江所城本身范围，故本文不再讨论。

五、小　结

复原上述空间地物之后，可见明代筑城初期的吴淞江所城是一座符合传统中国城市认知的方形围郭都市，这类城市大量存在于地形连贯平整的中国北方地区，然而江南是被密集水系分割成大量细碎地块的地貌区，并不易轻见这种形态的城市。自康熙之后，在西门外生长出"街水并行"的西关市，是吴淞江所城为适应地区自然环境而在城市形态格局上所做的一次重大变化。就明清长时期以来，吴淞江所城城市形态的重大变迁仅发生过这么一次，足见地理环境对城市形态格局影响的重要性。

值得注意的是，城墙之内的水系、桥梁两种地物在明清时代的变化，都具有萎缩倾向，这与城内水系本身狭小有关。伴随水系退化，横跨于上的桥梁也自然呈退化状态，而且桥梁本身由于水系不发达，在筑城初期甚至显现出非是必要交通设施的情况，从而出现建造较晚的现象。

就这点而言，吴淞江所城内区域显示出与一般江南城市迥然不同的"厌水性"特征。这一特征与其筑城之初作为军事性质聚落的背景有关，并且是迫使该城在军事功能消亡之后，其城市格局向城外沿河的西关市发展的直接因素之一。

第六章 江海沪卫：上海地区卫所城市的功能和地位

第一节 强势崛起的军事功能

明初在东南构筑海防，除防倭之外，防备因当地高度发达的商贸经济而催生出的海盗问题，也是明代海防的重要任务。

杭州湾南岸在地域上属于地理要冲，便于船只登陆，倭寇即常从此登岸，袭扰内地。倭患最严重时，金山卫东的漴缺至柘林一线曾被倭寇做为基地而长期占据。在此种情形下，金山卫等城也是屡遭袭扰，甚至在永乐十六年（1418），明国力尚强，倭患还不严重之时，即有倭寇攻入金山卫城内的记录。[1]嘉靖倭患渐炽时，这一地带的卫所遭袭扰次数更是不可胜数。据台湾学者林为楷的不完全统计，有明一代金山卫遭受 4 次盗寇攻击，青村所 9 次，南汇嘴所 4 次。[2]实际远不止此数，这是《明太祖实录》《国榷》等国史著作的统计数字，若翻阅各地方志，这一数字将大大增加。

在这样的情况下，明廷对此地不得不多有关注。嘉靖中期，即

---

〔1〕（明）张奎：正德《金山卫志》下卷二《军功》，《上海府县旧志丛书·金山县卷》，上海古籍出版社，2014 年，第 69 页。

〔2〕 林为楷：《明代的江海联防：长江江海交会水域防卫的建构与备御》，台北：花木兰文化出版社，2010 年，第 42 页。

在金山卫设参将一职，长期驻扎城内，至嘉靖三十二年（1553）又设副总兵，进一步抬升金山卫的军事地位。[1]考《筹海图编》，副总兵一职为协守浙直地方副总兵，是今长江以南江苏、上海和浙江沿海防区的二把手；另，书中又补记城内还设有游击将军一职。[2]林为楷也提出，早在嘉靖以前金山就设有备倭官，总管自长江镇江上游到嘉兴一线的江海防事宜。可见明代的金山卫城是该地区的海防枢纽，它的早期城市功能是以海防为主的军事功能。而据《筹海图编》，青村所与南汇嘴所则长期设有把总一职，总管防务。

除地理因素之外，三城能有如此重要的军事地位，还有它们自身规模宏大的原因，如这三座军城的城墙规模，在两浙地区独立建城的卫所中都属于规模比较宏大的。足够广阔的城内面积，是兵员驻扎的空间保证。不仅是陆上兵员的大规模驻扎，该地还有水上兵员，按《筹海图编》所记三城所属海船各有 80 艘。[3]这些船只是海上巡警御敌的重要装备。

这种城内城外、陆水相应的防卫体系构成了这一地带的军事力量，是军事功能的直观体现。这个军事功能来源于作为明代国防基石的卫所制，并且没有随明亡而亡。入清之后，三城仍然以军事城市的面貌长久存在，城内依然有大量军事建筑，其中以金山营守备府最为重要，其他如在青村所也有都司署、城守营，在南汇嘴所有守备署等。

雍正四年（1726），江南分县，以这些城市为县治，该城军事色彩浓重的情形才逐渐有所改变，但却始终没有完全消失。如晚清李

---

〔1〕（清）张廷玉：《明史》卷九十一《兵三》，北京：中华书局，1974 年，第 2244、2248 页。

〔2〕（明）郑若曾：《筹海图编》，北京：中华书局，2007 年，第 388—389 页。

〔3〕《筹海图编》，第 423 页。

鸿章还在称金山卫为"浦东门户"，[1]其军事堡垒的意义更重。军事功能一直伴随金山卫城始终，甚至在其失去"县城"地位之后，这一功能仍然没有消失。青村所和南汇嘴所则较成功地摆脱了军事功能，使城市民政、经济功能逐步发挥出来。

当然在作为一县之城的时代，军事功能也有着难以忽略的影响。三城之所以能成为县治驻地，与其拥有完备的城墙，以及海防需求是分不开的，金山卫在嘉庆失去县城地位的理由中就有一条是海波渐平。虽然军事功能的色彩突出，但转为县城之后的各城也在不断的弱化这一功能。卫所城的街巷格局是以整齐划一为要的，而乾隆年间金山卫出现的奚家巷，南汇城发育出的众多巷弄，就开始打破了这个标准，体现了军事功能不再是这些城的主导的城市功能，而是逐渐向民政城市转变。

然而军事功能给金山卫三城带来了什么？在给三城带来完备的城墙系统，使之后世成为县治占得一丝先机以外，更多是负面价值。原先此地的盐业经济完全被取代，金山卫的横浦盐场迁出，青村所的盐课司重心逐渐转向城西的高桥镇，业已形成的盐业市镇几乎都在萎缩之中。旧有的经济功能被抽离，水系地理格局改变，原先的河口枢纽转而成为水网末流。

金山卫北的张堰镇崛起就是因为"金山初立，商贾畏军强，莫敢往卫，止于镇，凡卫之贸易者，日杂还于途，镇由是益盛。"[2]可见这些地区军事功能的崛起，反而遏制了当地发展。军事功能强势、封闭、排他的特性，是经济活动的障碍。这也是在入清之后，摆脱

---

〔1〕　这是李鸿章平定太平天国之乱后的看法，见光绪《金山县志》卷七《城池》，上海古籍出版社，2014年，第539页。

〔2〕　正德《金山卫志》下卷一《镇市》，第57页。

了军事干扰因素，南汇嘴所才得以长足发展的原因。反观金山卫与青村所因为军事功能的持续影响，在有清一代的发展历程反复起伏，导致两城最终衰败。

第二节 后卫所时代的功能转型

清朝统治稳定之后，整理前代兵制，卫所制逐渐被取消，代之以都司署、守府署、绿营营汛兵等军制，使上述卫所城市得以继续履行军事专守职能。直到两江总督查弼纳提出分县，金山卫等三城才迎来新的局面。乾隆《元和县志》卷一《建置》中所收录的查弼纳的奏章讲述了分县的缘由：

> 窃照江南赋税甲于天下，苏松所属大县额征地丁漕项杂税银米多者至四十余万，是一县粮额与四川贵州一省之额数相等。况州县钱粮纳户零星款项繁杂，民情巧诈，百端诡隐，征比倍难，加以人情好讼，盗贼窃劫刑名又极纷繁，县令征比钱粮，办理钦部案件日夜匆匆不得休息，力既疲惫，才难兼顾，安有余力除弊。[1]

显见收取赋役和安定治安是地方官员首要关心的两点，江南人口繁密，经济发达，使得县政治理陷于困难，就需要减少县域体量来达到减轻治理的压力的目的，因而出现了雍正初年的江南分县动议。

---

[1] （清）许治：乾隆《元和县志》卷一《建置》，清乾隆二十六年（1761）刻本。

　　这一建议很快得到了实施，在实施的过程中，涉及本文研究对象的是娄县分出金山、华亭分出奉贤、上海分出南汇。在查弼纳的设想中，金山卫、青村所作为县治没有问题，上海所分之县则设想驻于川沙，而非后来的南汇嘴所。

　　随后接手此事的江苏巡抚张楷则以已有城垣作为县治驻地的第一考量，选择新县驻地，并用南汇嘴所取代川沙。究其原因，城墙规模是南汇嘴所的一大优势。另外，节省经费始终是清廷在此次分县事件中所抱的一大需求，南汇嘴所不少乡民自愿捐资兴办新县所需机构也是其最终赢得新县治的因素，事后南汇城内的确有不少建筑都是乡民自办。

　　分县之议尘埃落定之后，紧接着就是城市建设，营造各类满足民政城市运作需求的机构建筑，这些建筑以县衙和学宫为首要考虑。然而节约财政始终是清廷于这次事件中抱有的原则，即使有乡民自捐的南汇嘴所，首任知县钦琏仍旧抱怨朝廷所拨下的用于修筑县署的 3000 两白银相当拮据。[1]金山卫利用旧时所留遗的旧物，稍加修葺便可投入使用。最为困难的是青村所，新建立的奉贤县因无钱建筑官署，竟然在南桥镇寄治数年后，才迁回青村所城办公。即使迁回青村所城，情况也未好转，如奉贤的县学还长期借用华亭县学。于是在这样的情况下，对城内民政所需建筑的修缮大多只能勉力持续，甚至到晚清还是如此。偶有两个欲成事的知县出现，用尽各种手段筹钱，也多是应付一时之需，不能完全解决问题。

　　各城对待民政建筑修筑的态度也直接映照在了城市发展之上。最终，态度最为积极，依靠乡民自行筹钱办事的南汇嘴所始终保持

----

〔1〕　见《新建南汇县治碑记》，雍正《分建南汇县志》卷四《衙署》，《上海府县旧志丛书·南汇县卷》，上海古籍出版社，2009 年，第 84—85 页。

住了县城的地位，而金山卫和青村所则先后失去这个地位沦落为镇，金山卫更是进一步下滑成为荒地。

当然，城内建筑的修筑只是一部分原因，在这个转型的过程中，自然地理的因素也始终伴随期间。金山卫两度失去县城地位，都是因为地处偏僻，不利管理县境。反观青村所和南汇嘴所两城，由于滩涂淤涨，海岸线外移的原因，立县之初同金山卫一样濒临海塘的它们，至晚清俨然已处于县境中央了。民国《南汇县续志》中特意将盐场的"团"与乡保的"图"并称，就说明了土地扩张后滨海盐业经济与内地农业并立的地位，滨海地区在南汇、奉贤两县占据日益重要的地位。

地理区位的优劣，直接影响了交通的便捷程度，而交通则又对经济产生作用。金山卫毁于小官浦的封闭，成为了水网末端，交通极为不便。南汇嘴所则利用城东门外的海塘随塘河优势，迅速构建了水路交通，与沿海塘分布的各路盐业聚落形成紧密联系。

综而言之，在后卫所时代，由军事功能向民政功能转型的过程中，上海各卫所城分别走向了不同的道路，有自然地理方面的因素，也有人为主观的原因。

第三节　卫所城在县域内市镇体系中的地位

上海地处长江三角洲外缘，大部分土地是由长江泥沙堆积而成。以地质学的时间尺度来说，这是一片新近生长出来的土地，若要用形象的语言来描述它的形成过程，那么这就是个以冈身为界，如同水面涟漪一样不断向外作弧线型扩散的过程。虽然部分区段在海潮的作用下偶有坍塌内缩，但总体仍是向海生长。

　　新近出版的《中国历史自然地理》总结了近一个世纪以来国内外学者对上海地区成陆问题的研究成果，尤其是采纳了谭其骧、张修桂等人的观点，对这一问题作了详尽的论述。书中将今日上海地区成陆过程分为 5 个时间段，其中第四阶段为距今 1700 至 1000 年前，是今浦东中部地区的形成时段，而本文所讨论的对象城市都在这个时段形成的海岸线之西，也即是说这 700 年间生长出来地域是本文所重点讨论的地理空间。距今 1000 年前的海岸线稳定在北宋皇祐年间华亭县令吴及所筑海塘一线，即今以里护塘为路基的川南奉公路，南汇嘴所和青村所两城都紧邻这条海塘。

　　第五阶段是距今 1000 年以来浦东东部地区的形成期，这时期的初期以大团至马厂的方向成陆最快，而到"在距今 600 年左右，曾有一个以东、西沙带为海岸的相对稳定阶段。"[1]马厂在今泥城镇西北，西距川南奉公路 6 公里多，所以在明初筑城之时，南汇嘴与青村两所距海岸线最远只有 6 公里。

　　金山卫城处于冈身之西，陆地形成较早，东晋海岸线甚至在今岸线外 25 公里的滩浒山处，然而由于海潮作用，此处的海岸线一直处于塌陷内缩的状态，至明初筑城时仅距海岸线一里左右。

　　金山等三县之地的形成时间各有不同，金山最早，在 7000 年前，奉贤、南汇两地核心区域形成于 1700 至 1000 年前，并在之后的时间里持续生长。因而各地开发先后也有不同，聚落市镇的出现过程各有特色。

　　以金山为例，南北朝前即设有海盐、胥浦和前京三个县城，说明此地开发之早。正德《金山卫志》中有张泾堰、漕泾、柘林、青村、高桥、陶宅、新场、下沙和八团等镇，其中张泾堰、漕泾属金

---

〔1〕　邹逸麟：《中国历史自然地理》，北京：科学出版社，2013 年，第 591 页。

山，柘林、青村、高桥、陶宅属奉贤，新场、下沙属南汇，八团为今浦东川沙镇。张泾堰在金山卫城诞生之后，借驻军强横等原因吸收了不少逃离小官镇的商业资源，市面一度繁荣，远超卫城。这种局面至正统年间驻军军纪得到整肃，不少资源回流卫城以后，才有所改变。说明至少在初期，金山卫城在区域内的繁荣度是不如张泾堰的，并不是立城就能走向繁荣。一座带有浓厚军事意义的城墙并不能改变聚落在区域经济体系中的层级。事实上，张泾堰在更早的历史中就是金山卫的上一层级的聚落点，乾隆《金山县志》卷一《疆域》："浦东盐司旧在张堰，因去场远，别建官衙于筱馆镇，即今县治旧址。"[1]金山卫城成为金山县内的中心地尚有个艰难过程，但在正统年间反超张堰（即张泾堰）的事件说明，金山卫已开始走向了这一过程。

乾隆、光绪之后的金山方志所记录的市镇更多，仅乾隆《金山县志》就记载了 14 个，只是这些市镇的规模都未详载，难以同金山卫城做横向比较。

从后世的眼中所能得知的是，金山卫在与朱泾的竞争中失败，失去县治的地位。乾隆《金山县志》记录朱泾镇由于地处松江至嘉兴之间的水路要道上，有着良好的地理位置，元代在此置大盈务使这个镇成为一个重要的关税点。成书于嘉庆年间的《朱泾志》记"镇长三里"。[2]金山卫城周十二里，换算成四街各长一里半，也即是有四里街市，还略胜于朱泾。然而此时朱泾的街巷已多达今二十条，桥梁更是不计其数，在内部空间的繁密度上超越了金山卫城。如同本

〔1〕（清）常琬：乾隆《金山县志》卷一《疆域》，《上海府县旧志丛书·金山县卷》，上海古籍出版社，2014 年，第 117 页。

〔2〕（清）朱栋：《朱泾志》，《上海乡镇旧志丛书》，上海社会科学院出版社，2005 年，第 2 页。

书前文所述及，此时的金山卫却恰恰处在萎缩的状态，朱泾胜过金山卫成为自然而然的事情。

金山卫自成为卫所以来，盐场外迁，失去了最主要的经济功能，军事功能一方独大，显然已成为发展障碍，虽因有完备城墙而被立为县治，也未带来多大改善。反观朱泾不仅处在重要商路之上，而且棉、盐、稻等商品俱全，[1]利于商贸。暗弱的经济功能是金山卫的短板，不足以支撑它的持续发展，处于水运末端的偏僻位置，也是它在县域内市镇竞争失败的原因。

青村所面临相同的尴尬境地。乾隆《奉贤县志》中所记市镇已多不可数，更为致命的是相传宋时已成聚落的南桥镇，"长亘三里"，[2]与六里方城的青村所城四街规模相当。不仅如此，历来方志都奉该镇为"奉邑首镇"，以至于奉贤立县之初，县署公衙未及建造之时，县治是寄居于"三女冈前寺"[3]中。也就是在清初，青村所的市面繁荣程度已落后于南桥镇。辛亥革命时，起兵响应的陈端甫在控制奉贤全县局面之后，"以奉城僻处东隅，交通不便"[4]为由迁县治于南桥。自此奉城进一步衰落，不再成为县域中心。

青村所的位置偏僻与金山卫类似，靠近海塘，由于为防海患而堵塞水系，最终造成整个航运体系不通畅。海塘之外的新生土地不多，导致青村所一直处于奉贤县内偏东的位置，中心度不够。南桥

---

〔1〕 见安涛《中心与边缘：明清以来江南市镇经济社会转型研究—以金山县市镇为中心的考察》中有关朱泾镇成为区域中心市镇的形成条件的章节，上海人民出版社，2010年，第85页。

〔2〕 （清）李治灏：乾隆《奉贤县志》卷二《市镇》，《上海府县旧志丛书·奉贤县卷》，上海古籍出版社，2009年，第35页。

〔3〕 见黄之隽《过南桥》一诗，乾隆《奉贤县志》卷二《市镇》，第35页。

〔4〕 民国《奉贤县志稿》，《上海府县旧志丛书·奉贤县卷》，上海古籍出版社，2009年，第504页。

的水系则四通八达，且距上级政区松江府城近，各方条件都胜于青村所。

南汇嘴所是三城中发展较好，一直保持县治所在的城市。南汇嘴所与青村所性质类似，四街长度大致也为三里左右，以雍正《分建南汇县志》所言，分县之时仅在四条主街周边分布有民居，而至晚清则是东西、南北各二里，东、南门外都已被扩展成街区。

据雍正《分建南汇县志》，下砂镇有街二里半，居民二三百家；新场镇五六百家；一团镇四里，四五百家；六灶镇四里，三四百家；周浦千余家。以上是雍正时居民超过二百家的市镇，共周浦、新场、一团、六灶和下砂五镇。显见南汇嘴所的三里长街在市镇规模上并不具备优势，尤其是新场镇，曾在嘉靖倭乱平定之后就有设县之议，在这一区域内当属首邑。民国《南汇县续志》未载周浦市街长度，但记有五条大街，两条支巷，规模不比雍正之时缩小。新场则有街4里半，商店三百家，主街支巷十三条；大团镇（即一团）主街支巷共十二条。六灶渐趋衰落，仅一二百家，街巷七条；下砂镇则更不见记录。由此可见，南汇嘴所历经清代一朝的发展，在县内的首位度急速提高，若论街巷数量，则远超下属各镇，稳占县内首邑之位。

南汇嘴所的成功与地形变化莫不相关，三县之中仅南汇在清代有大量长江泥沙淤积出来的土地，县域向海塘之外延展数十里，使得南汇嘴所从地处海隅转为县域中心地带，区位中心得到改善。民国《南汇县续志》有言："《光绪志》祥于保、图，而不载团、甲，今补列之。"[1]说明塘外的土地不仅是增长，而且得到开发，处于海塘内外节点的南汇嘴所城自然成为地理枢纽和区域经济中心，从而保

---

〔1〕 严伟：民国《南汇县续志》卷一《团甲》，《上海府县旧志丛书·南汇县卷》，上海古籍出版社，2009年，第1068页。

持了作为县治的政治地位。

第四节　卫所城在上海市域内城市体系中的地位

上海县级政区的划分，除去崇明，可分为两类，一类是沿海沿江由卫所城演变而来的县城，另一类则是地处内陆（浦西）开发较早的县城。除去早期几个建置并不稳定的县，唐天宝十年（751）华亭县设立，是上海地区第一个完整的县级单位。紧接着在吴淞江以北，宋嘉定十年（1217）设立了嘉定县，后世上海地区隔吴淞江相望的两套政区体系正式出现。而后元至元二十九年（1292）在东部设立上海县。明代又在西部两度废立青浦县，并在第二次设县后，彻底放弃原先为通海巨镇的青龙镇，转而将县治放在了以竹木贸易著称的唐行，即今青浦主城。明万历元年（1573）青浦复县标志着上海内陆地区行政建制的设立已濒完成，之后则是不断的完善，如清顺治十三年（1656）分华亭置娄县，同城而治。直到雍正初年，江南分县，其他县级单位才得以建立。

纵观设县的脉络，西部内陆是依次设立，而东部则是一次性设立完毕。究其原因是开发进程的影响，相关论述可见谢湜《高乡与低乡：11—16世纪江南区域历史地理研究》一书。以书中所讲，两类各不相同的县城体系其实是受到太湖地形差异的影响而有区分，西部大体位于太湖平原碟形洼地中，而东部沿海几个县则处于碟形洼地的外缘高地，也即低乡与高乡之分。高乡进入相对快速的开发时段是13—16世纪，因而外缘的高乡在明清之际有了较雄厚的实力，可设县而管。

江南分县，肇始于查弼纳。他在上交朝廷的题本中称"苏松所属

大县额征地丁漕项杂税银米多者至四余万"，[1]赋税繁剧，政事难理，
因此调整这一片全国最富饶的区域，提高行政效率被提上日程。

查弼纳最初的计划是："嘉定所分之县应驻吴淞，上海所分之县
应驻川沙，华亭所分之县应驻青村，娄县所分之县应驻金山卫，皆
现有城垣，毋庸兴筑。"[2]这套计划的一大原则就是节省兴筑城墙的
经费，而如本文开头所说，此时的城墙已成为不可或缺的政治图腾，
所以原先为军事城池，有现成城墙的几座卫所城便成为了理想的新
县治之地。按事后的发展，除了川沙之外，其他也皆如查弼纳规划
而实现。

这些骤然成为县城的军事城池，本身有地处偏僻、经济功能不
发达等劣势，通过强制的行政手段将其设置为县治，使其先天不足
的毛病暴露无遗，为之后的县治调整埋下伏笔。

上海分县迟迟未定，是由于所分之地有川沙、南汇两座城池，
且都不具有绝对的优势，不仅两城之间，两城之于其他市镇也不具
有优势。如在晚明已有立县之议的新场便是很好的例子，该镇的人
口和街巷数量都已超过两者的规模。据雍正《分建南汇县志》八团镇
（川沙）当时仅有四五百家，街长四里，人口不如新场的多，更比不
上千余家的周浦。查弼纳的后任者张楷直截了当地提出："居民以浦
面横截，输粮往来不便，且地近海滨，匪类潜藏。若非地方官就近
弹压，难以肃清，应就浦东适中之地。华亭仍分设金山，娄县仍分
设金山，上海则分设南汇。"[3]川沙被淘汰，最终替补而上的是城池
规模更大的南汇嘴所，目的在于均衡各县之间的空间距离，以便于

---

〔1〕 乾隆《元和县志》卷一《建置》。
〔2〕 乾隆《元和县志》卷一《建置》。
〔3〕 （清）赵酉：乾隆《宝山县志》卷首《分城题疏》，《上海府县旧志丛书·宝山县
卷》，上海古籍出版社，2012年，第19页。

管理。到此就可以了然一个道理，雍正分县的目的是为了行政管理的便捷，而非遵循客观的经济规律。

无论如何，设立新县对于区域发展是有益处的。仅在分县时减免浮粮一事上，南汇县就减免了两万余两。占据南汇县半壁的盐户也得到了与以往不同的重视，首任知县钦琏立即上书寻求减轻他们的负担，其议略提到：

> 上海全县盐场皆在沿海护塘一带，南汇旧系营城，今为新分县治，地属场团，民皆丁竈，而新县之十七、十九、二十保及旧县之二十二、二十四五保民田，悉与下砂一场至三场毗连，故有民居场地，竈住民村，联络错处，皆近产盐。数年来，官商绝迹，市无盐铺，民皆就近买食，此地形使然也。……查从前定价一分二厘，较场已三四倍，乡民就本村买食，既贱且便，安能向商店贵买，此民情不能尽防也。况竈户以煎盐为业，别无生计，场课二万有奇，及各丁仰事俯育，惟盐是赖，故煎愈多，则课完而衣食足。[1]

钦琏详细解释了盐户所面临的生活困难，并提出解决之道，提出容许盐户零售私盐，放松食盐专卖，以缓解盐户生活之困。

这类变化说明沿海卫所城转变为民政城市后，其关注点由单纯军事防御转为牧民，民生进入政府行政的视野。如在《清史稿·地理志》松江府下各县管理标准，金山、奉贤都是疲、难，南汇是繁、疲、难三字，与府内先期所设之县无异，管理程度明显加强，利于区域开发。民国《南汇县续志》引光绪元年（1875）《赋役全书》全县

---

〔1〕　雍正《分建南汇县志》卷十四《恤灶》，第239页。

男丁 34 万多人，宣统元年（1909）人口为 40 万以上，与周边它县规模相当。经过 200 年的培育发展，棉业种植和临海盐业成为有效的经济手段，支撑区域内中心城市的发育，使得青村、南汇嘴所在有清一代可以成长为县域中心。

卫所城的转变，是应对上海地区沿海区域开发的措施，这一应对基于行政考量，先期缺乏对经济环境的认识。在各城所领区域的不同条件下，最终它们对区域开发的作用也不相同，金山卫最早失于这个进程，青村所勉强而行，最终青村与南汇嘴所两城成功促使原本的沿海滩地稳固成完整的县域单位，形成稳定的行政区域。

第七章 江南军城：江南沿海卫所城市的 形制与共性特征

上海卫所城市是明代江南沿海卫所体系的一部分。这些城市是基于明代卫所制度而生发出来的军事围郭城市体系。它们产生于国家制度的需要，具有强烈的人为"规划"色彩，与自然生发的一般城市有着明显差异性，研究其城市功能、平面形态、地理交通、演化脉络等因素，都对区域城市体系的整体研究有着有益且不可忽略的助力。

本章选取上海金山卫等在内的长江口南岸至三门湾之间 21 座沿海卫所城市为研究对象，通过初次筑城时间、城市类型、城墙平面形态和周长、城门数量，以及主街道结构等指标性元素，分析其平面形态的静与动，寻求其共性与个性，从而总结出这组城市群的谱系模式。卫所城市是人为规划，且同一化效应明显的军事城市。然而在微观表征中仍富有自身个性，就江南沿海卫所为例，即可以甬江为界分出南北两个群组模式。

第一节 基础地图资料与考察对象城市

一、基础地图资料的简介

有关卫所城市的资料多散见于各地方志中，但由于其并非一般意义中的普通行政区，[1]甚少如普通府县一样流传下专属方志，今所能见的专属卫所志已不多，[2]所以在各地方志中所见的材料也是详略不一，且多文字描述，缺少地图数据，或是地图数据精度欠缺。幸而日本东京科学书院曾于 20 世纪八九十年代出版过《中国大陆二万五千分の一地図集成》和《中国大陆五万分の一地図集成》（以下简称《地图集成》）两套大型地图册，对江南沿海地区地理情形绘制得较为清晰。

这两套地图册是 20 世纪初至中叶日本陆地测量部[3]所绘制的大型地形图，五万分之一的部分在侵华战争前既已完成，更高精度的二万五千分之一地图测绘工作终止于 1945 年，目前分藏于日本国立国会图书馆、东洋文库、美国国会图书馆、威斯康辛大学密尔沃基分校果尔达·梅厄图书馆美洲地理协会文库等机构。二万五千分之一地图共分 4 册 1689 幅，五万分之一地图分 8 册 4088 幅，涵盖了今天北京、天津、河北、内蒙古、辽宁、吉林、上海、江苏、浙江、安徽、江西、福建、山东、河南、湖北、湖南、广东、广西、海南、香港、重庆、贵州、云南、陕西等省市，尤以日本人活动多的地区和重要的军事要地最为详密，如北京、上海、大连和锦州等地及周边地带。这些地图以实地测量为主要手段制作而成，比例尺高，且内容丰富，标注了地形、水系、聚落、城墙、交通等信息，详实地反映了当时这些地区的地理情况。

---

〔1〕 周振鹤将卫所定义为"军管型政区"，见《中国地方行政制度史》第 12 章，上海人民出版社，2005 年。

〔2〕 郭红：《别具特色的地理单元的体现：明清卫所方志》，《中国地方志》，2003 年第 2 期。

〔3〕 日本国土交通省国土地理院前身之一，是当时日本军方专责地理情报和地图测绘等事务的部门。最初是设置于明治四年（1871）的兵部省陆军参谋局间谍队，十七年改组为参谋本部测量局，五年后又升级为参谋本部陆地测量部。日本国内的二万五千分之一和五万分之一地形图也是由这个机构负责绘制，分别于 1908 年和 1924 年完成。见日本国土地理院官网 http://www.gsi.go.jp/common/000102612.pdf。

江南沿海的卫所多处于海防前沿，位置偏僻，卫所制消亡之后其中不少逐渐衰落，少人往来，因而不为人关注，精细数据匮乏。这两套地图的精度恰能反映城市规模、城墙走向、街道布局等具体信息，正好弥补了这一缺憾。

二、考察对象城市的筛选

根据上述资料，本文选定江南沿海地区的卫所为考察对象，利用正史、方志、私家文集等文字材料，结合日本大比例尺实测地形图推导城市平面形态，通过比较归纳等手段分析这一区域内卫所城市的共性与个性，提取它们的特性，总结特定区域卫所城市的范式。

具体而言，本文将研究范围限定在长江口南岸至三门湾的滨海地带，即明代苏州府、松江府、嘉兴府、杭州府、绍兴府和宁波府的沿江沿海区，选择这一区域内独立筑城的卫所城进行研究。就日本所绘制的两套地图来说，杭州湾北部至长江口南岸有二万五千分之一的图，杭州湾以南以五万分之一的地形图为主，个别有缺失的地区将以其他大比例尺地图作为补充。

《明史·地理志》在每条州县条目之下，只记录单独有城的卫所，而对州县同城的卫所略而不录，方便了本文对考察对象城市的统计。从《明史·地理志》中共择录出吴淞江所、宝山所、太仓卫、镇海卫、金山卫、青村所、南汇嘴所、乍浦所、澉浦所、三江所、沥海所、临山卫、三山所、龙山所、观海卫、定海卫、穿山所、霩䃟所、大嵩所、舟山二所、昌国卫、石浦二所、钱仓所和爵溪所等7卫19所。又，《明史·兵志》多出海宁卫、海宁所、定海后所、定海二所和刘河堡所1卫5所，无穿山所和舟山二所。《筹海图编》有协守吴淞中千户所、海宁卫和海宁所。《读史方舆纪要》有海宁卫、海宁所。几部文献中的卫所异同情况，具体可见下表。

表 7-1　各文献卫所名录表

	《明史·地理志》	《明史·兵志》	《筹海图编》	《读史方舆纪要》
苏州府	吴淞江所	吴淞江所	吴淞所	吴淞江所
	宝山所	宝山所	协守吴淞中千户所	宝山所
	太仓卫	太仓卫	太仓卫	太仓卫
	镇海卫	镇海卫	镇海卫	镇海卫
		刘河堡所		
松江府	金山卫	金山卫	金山卫	金山卫
	青村所	青村所	青村所	青村所
	南汇嘴所	南汇嘴所	南汇嘴所	南汇嘴所
嘉兴府	乍浦所	乍浦所	乍浦所	乍浦所
	澉浦所	澉浦所	澉浦所	澉浦所
		海宁卫	海宁卫	海宁卫
杭州府		海宁所	海宁所	海宁所
绍兴府	三江所	三江所	三江所	三江所
	沥海所	沥海所	沥海所	沥海所
	临山卫	临山卫	临山卫	临山卫
	三山所	三山所	三山所	三山所
宁波府	龙山所	龙山所	龙山所	龙山所
	观海卫	观海卫	观海卫	观海卫
	定海卫	定海卫	定海卫	定海卫
	穿山所	定海后所	穿山所	穿山所
	霩𩗗所	霩𩗗所	霩𩗗所	霩𩗗所
	大嵩所	大嵩所	大嵩所	大嵩所
	舟山中中、中左所	定海中中、中左所	舟山中中、中左所	舟山中中、中左所
	昌国卫	昌国卫	昌国卫	昌国卫
	石浦前、后所	石浦前、后所	石浦前、后所	石浦前、后所
	钱仓所	钱仓所	钱仓所	钱仓所
	爵溪所	爵溪所	爵溪所	爵溪所

这其中太仓卫即今江苏太仓，《明史·地理志》"太仓州"条载："本太仓卫，太祖吴元年四月置。弘治十年正月置州于卫城……"〔1〕太仓先有卫的军事建制，后才有管民事的州行政建制，但该城建造却在更早。民国《太仓州志》卷四《营建》载："太仓旧无城……元至正十七年张士诚据苏州，遣高智广移常熟支塘城改筑。"〔2〕所以太仓城早于太仓卫，不是因卫所而建的城，故不是本文讨论的对象。

镇海卫，在今太仓，同上节《明史·地理志》记载该卫置于洪武十二年（1379），初在海口，后移入太仓城内。以《中国行政区划通史》考证，镇海卫原在刘家港口天妃宫，未建城，设置同年即迁入太仓城。〔3〕

刘河堡所，在今太仓浏河东北长江河道。《明史·地理志》不载此所，《明史·兵志》明成祖之后添设卫所中有，《筹海图编》中也未条录。《筹海图编》初刻是嘉靖四十一年（1562），〔4〕该所设立应在此后。《中国行政区划通史》引《江南经略》，说是嘉靖四十五年（1566）分镇海卫中千户所设立，驻地在今太仓浏河，〔5〕此说不确。《古代刘家港资料集》引崇祯《太仓州志》卷十《兵防》，成化十八年（1482）都指挥郭鈜在此地筑城，嘉靖二十二年（1543）镇海卫指挥一员率一队百户驻守，四十五年扩编为千人，隶属镇海卫中千户；又引光绪《太仓州镇洋县志》卷十三《古迹》，指出郭鈜所筑城池周长三里，城门

〔1〕（清）张廷玉：《明史》卷四十《地理志一》，北京：中华书局，1974年，第920页。

〔2〕王祖畲：民国《太仓州志》卷四《营建》，《中国方志丛书》，台北：成文出版社，1975年，第133页。

〔3〕郭红：《中国行政区划通史·明代卷》，上海：复旦大学出版社，2007年，第548页。

〔4〕见李致忠《点校说明》，《筹海图编》，北京：中华书局，2007年。

〔5〕《中国行政区划通史·明代卷》，第558页。

有东西南三处，都有水关，城西北略偏狭，入清后逐渐坍没入海。[1]《中国历史地图集》也作坍没入海处理。[2]

宝山所，在今上海浦东高桥东北长江河道。万历《嘉定县志》卷十六《兵防考下》记载，洪武三十年（1397）建城堡，周一百八十步；嘉靖三十六年（1557）更名协守宝山中千户所；万历五年（1577）增筑新城，并改宝山千户所，周二里九分，有东西南三门。[3]但据康熙《嘉定县志》卷二记载，不几年之后，此城就由于海岸坍塌而"城颓濠淤"。[4]今天在浦东外高桥港区的宝山城遗址并非是明代宝山所城，而是康熙三十三年（1694）后择地另建的。[5]

海宁卫，在今浙江海盐。万历《嘉兴府志》卷二《城池》记海盐城，"旧本砖城，岁久摧圮。洪武十七年（1384），太祖高皇帝面谕信国公汤和视城要害，筑城增兵，以备倭奴。和遂开设海宁卫，仍行浙江都指挥使司，委宁波卫指挥许能率军增筑四门，月城皆以砖石为之。"[6]海宁卫与海盐县同城，虽然此城是汤和为海宁卫所筑，但其实是沿用了旧城地基。天启《海盐县图经》卷七《戍海篇》也记载为"卫城即元海盐州城，因其旧加葺之。"[7]所以该城不在本文的讨论范围内。

〔1〕 太仓县纪念郑和下西洋筹备委员会：《古代刘家港资料集》，南京大学出版社，1985年，第179—180页。

〔2〕 谭其骧：《中国历史地图集》第7册，北京：中国地图出版社，1982年，第49页。

〔3〕 （明）韩浚：万历《嘉定县志》卷十六《兵防考下》，《上海府县旧志丛书·嘉定县卷》，上海古籍出版社，2012年，第326页。

〔4〕 （清）赵昕：康熙《嘉定县志》卷二《戎镇》，《上海府县旧志丛书·嘉定县卷》，上海古籍出版社，2012年，第473页。

〔5〕 奚柳芳：《宝山与宝山城之兴废》，《史学月刊》1994年第4期，第32页。

〔6〕 （明）刘应钶：万历《嘉兴府志》卷二《城池》，上海古籍出版社，2013年，第12页。

〔7〕 （明）樊维城：天启《海盐县图经》卷七《戍海篇》，《中国方志丛书》，台北：成文出版社，1983年，第602页。

海宁所，今浙江海宁盐官。康熙《海宁县志》卷三《建置志》，[1]海宁所与海宁县同城，海宁县城是元至正十九年（1359）张士诚遣人所建，周长九里三十步，城门除东南西北之外，东北还有一座城门；水门三座，两座在城北，一座在城西。洪武二十年（1387），汤和增高5尺，是为修城，永乐十五年（1417）再修。

以上6座卫所城，或早已有城，或沿用旧城，或未建城，或坍没入海，都不是特意为卫所所建并且留存至今的城市，所以不作为本文的讨论对象。此外，《明史·兵志》所载的定海后所即《明史·地理志》中的穿山所。[2]舟山二所、石浦二所具体分别是指舟山中中、中左千户所（也称定海中中、中左所），[3]石浦守御前、后千户所，这两处4所实际都是两所同城。综上，本文所要查考的对象总共是21座卫所城市。

第二节　中国地方文献与旧日军地图中的江南沿海卫所

1.吴淞江所，在今上海宝山。万历《嘉定县志》卷十六《兵防考下》，洪武十九年（1386）荥阳侯郑遇春、镇海卫指挥朱永筑土城，周一千一百六十步；永乐十六年（1418）增筑，开辟四门。嘉靖十九年（1540），因海水侵蚀，城东北渐倾，遂在城西南一里造新城，周七百九十丈，大于旧城，共四门，西北水门一座，三十一年改砖城，

〔1〕（清）许三礼：康熙《海宁县志》卷三《建置志》，《中国方志丛书》，台北：成文出版社，1983年。

〔2〕《中国行政区划通史·明代卷》，第671页。

〔3〕宋烜：《明代浙江海防研究》，北京：社会科学文献出版社，2013年，第41页。

万历四年（1576）移水门至城东南，二十八年又以风水之说移至城西南。另康熙《嘉定县志》卷二，顺治七年（1650）又将水门移至城东南，今日尚有遗址存在。新城也常遭台风海潮侵蚀，如万历四年（1576）门楼就因灾"尽圮"，万历九年（1581）城西北的总镇府毁于海潮，但之后都是在原址修筑，城址未有迁移。清雍正时期宝山建县后，此处一直为宝山县城。

从万历《嘉定县志》卷十六的《吴淞所城图》看，城内以十字街为街巷骨干，通向四座城门，城内有水系数条桥梁数座，城外有护城河。同卷《官廨》篇载，城中央是鼓楼，钟楼建在东南城墙上，城西北有总镇府，东南有陆营把总司、察院行台，西南有水营把总司，东北有按察司行台。城南有游兵把总司，曾改千户所，后改回，在东侧建千户所；城隍庙也在城南，原为另一千户所。城北有军器局，西侧是军储仓。

康熙《嘉定县志》对嘉靖十九年（1540）建城过程有详细记述，"又分据营地，以一丈二尺阔、十五步深为一户，千户五户，百户三户总小旗半之军、舍三之一。（笔者按，此处断点有误，应是'百户三户，总、小旗半之，军、舍三之一'）……中建钟鼓楼一、总镇府一、千户所二、演武场一、游兵都司一、吴淞把总厅一、察院兵备道各一、营房八百余、仓廒五，又建城隍庙一、义塾一。"[1]此处将城内地幅划分说得很详细，可以从军制中大体推测出城内居住用地量。考万历《嘉定县志》卷十六《兵防考下》中所载吴淞所军制，有千户2员，副千户5员，百户10员；又《筹海图编》卷六《直隶兵制》载吴淞所有军兵1000员，[2]则又约有总旗20员，小旗100员。由此

〔1〕 康熙《嘉定县志》卷二《戎镇》，第463页。
〔2〕 （明）郑若曾：《筹海图编》卷六，北京：中华书局，2007年，第391页。

推算，仅所编制内军人即占有营屋用地共 1245 户地，按两步一丈，[1]一丈 3.33 米算，一户地约 100 平方米，总共约是 124500 平方米，约占全城土地的 29%。若以"户阔"计算，即每户地正面宽度一丈二尺，则 1245 户地总长 1494 丈。吴淞江所为方形城池，城周长为 790 丈，在理想模型下计算，四条十字主街各长 98 丈 7 尺 5 寸，双街临面有 197 丈 5 尺。城内户地总长 1494 丈，除以 4，为 373 丈 5 尺；以街两侧空间计算，再除以 2，得 186 丈 7 尺 5 寸，是街长 2 倍。说明不考虑其他建筑设施的情况下，仅居住用地分布模式就可占据主街两侧并分为两排，向主街后延伸两个"十五步"距离，约 50 米。此处数字未包含吴淞把总下的水、陆、游兵三营 8500 多士兵，这些人应该住在"营房八百余"内。卫所城的营房布局以行列齐整为原则，[2]可知城内军人驻地和营房的规模布局及内部小街巷应以棋盘状模式分布。考虑到城内诸如总镇府、把总司等大量机构的存在，也必然会产生相应的小街巷，从而能有一定把握推定出城内主干道以外的街巷规模。

《地图集成》（下文地图，若非特别指出，都是引自《地图集成》）中《宝山所图》，该城平面为正方形城市，有四座城门，城内十字街道路体系骨架明显，其他街巷密布，西南最为繁密。建成区城南高过城北，由城中心向四周扩展，尤以城西方向为重点，西北、东北、城南处尚有空地。再根据日本《中国城郭都市社会史研究》一书引支那派遣军总司令部 1940 年编制的《支那城郭ノ概要》中的《宝山城图》，[3]可见城内还有环城水系，东南水系较为发达，与万历《嘉定县志》中的图基本一致。这两幅日本地图基于近代测绘技术，对地物的

---

〔1〕　陈梦家：《亩制与里制》，《考古》，1966 年第 1 期，第 38 页。
〔2〕　张金奎：《明代卫所军户研究》，北京：线装书局，2007 年，第 323 页。
〔3〕　〔日〕川胜守：《中国城郭都市社会史研究》，东京：汲古书院，2004 年。

绘制更为精确，弥补了中国旧方志图写意性的缺憾。此外，它们记录了清末民初的吴淞江所的城市格局，并且能与明清之际的两部方志中的文字资料参照对应，反映出这座城市自明代至民国的形态演进的脉络和趋势。

2. 南汇嘴所，今上海浦东惠南。据正德《金山卫志》，[1]该所与青村所同属金山卫，三城建造时间与过程基本一致。洪武十九年（1386）安庆侯仇成始建城，初为土城，永乐十六年（1418）加砖。周五里一百四十九步，四陆门四水门，城外有护城河。城内十字街，街心有谯楼横跨，四城门内各有小巷二到四条不等。所治在东半城，文庙在城西南，关王庙、天妃庙、东岳庙等祠庙多集中在城南。共有营屋 1248 间，占地 1497 丈 6 尺（此处数字为"户阔"长度总数），面积约是 124800 平方米，约是城内面积的 26%。但需注意这仅是总旗以下人员所使用的营房，而非他们的居屋，明代卫所军属是跟随军人一起生活的，在城内有自己的居屋。

地图显示南汇嘴所呈方形，外有护城河，城内十字街格局，一条水系从西北至东南贯穿全城，另两处水门已淤积不见踪影。建筑多集中在十字街两侧，南北街比东西街密集，外围主要是空地，并有多条细小水道。

3. 青村所，今上海奉贤奉城。据正德《金山卫志》，与南汇嘴所同时建造，同时改砖城，规模也相当，周五里八十九步，陆门四座，有护城河。城内十字街，街心有楼，四门内各有小巷三四条，西城外有高桥市约长三里。所治在西半城，文庙在城西北，城南有关王庙、天妃庙等祠庙。共有营屋 1349 间，占地 1708 丈 2 尺，约

---

〔1〕（明）张奎：正德《金山卫志》，《上海府县旧志丛书·金山县卷》，上海古籍出版社，2014 年。

134900 平方米，约是城内面积的 31%。（另，此处"户阔"长度与屋数不符一丈二尺之比例，是由于原文军户屋数与"户阔"数两者误记，相差一个十位，孰正孰误，因误差不大，文繁不考。）

此地日本《地图集成》缺图，现用民国奉贤城地图代替，该图内容丰富，参考价值高，但出处尚待考证。从图中看，青村所为四方形城池，外有护城河，内为十字街格局，建筑稀少，多在十字街两侧，城内水系发达。

4. 金山卫，今上海金山。据正德《金山卫志》，洪武十九年（1386）建城，永乐十六年（1418）改砖城，周十二里三百步，四座陆门，一座水门，有护城河。道路体系以南安、北泰、东平、西靖四街组成的十字街和筱馆街五条大街为骨干，十字街心有镇海楼，后迁废。小巷主要集中在城内前后左右四千户所的区域内，每个区域有六至八条小巷，应该是棋盘状的结构。卫治在城正中，附近另有总督府、察院等机构。文庙、谯楼、关王庙等都在筱馆街，此街较为繁华。城内共有营屋 5679 间，占地 6814 丈 8 尺，约 567900 平方米，约是城内面积的 22%。

清雍正金山建县以后，卫城本是县治所在地，乾隆中期迁治朱泾之后，兼之此地长期为金山、华亭两县分界处，遂逐渐荒芜。据日图该城为正方形，有护城河，城内虽已荒败，但十字街格局仍然保存完好。西北城墙有缺口，且有水系贯穿，疑为水门，正对应了乾隆《金山县志》卷二中所记金山卫水门在城北之说。[1]该图虽然因城荒废而信息极简，却仍然能反映旧时城市形状、主要干道和城门位置等。

---

[1]（清）常琬：乾隆《金山县志》卷二《城池》，《上海府县旧志丛书·金山县卷》，上海古籍出版社，2014 年，第 124 页。

5. 乍浦所，今浙江平湖乍浦。万历《嘉兴府志》，洪武十九年（1386）信国公汤和筑城，永乐十六年（1418）用砖石包砌，周长八里三百三十二步，有陆门四座水门一座，外有护城河。乾隆《乍浦志》卷一《城市》："城形正方，中建镇边楼，登高一望诸岛在目，今惟石址存焉。通衢四达，市廛栉比，自南门直抵海口为尤盛。街各有巷，由巷度小街又有子巷。"[1]这段文字表明，乍浦所城还是方形城市，也仍然以十字街为主干道，而且街心有楼，旁生小巷，城南到海是城市核心地带。

地图显示乍浦城南紧贴海岸，是海路交通的节点，所以比较繁荣。城呈方形，四城门，十字街格局，街区集中于城南并外延出城到海边，都印证了明清时期文献材料的的记载，该城的格局和规模自明清至民国几乎没有什么变化。

6. 澉浦所，今浙江海盐澉浦。万历《嘉兴府志》，洪武十九年（1386）筑土城，永乐间包砖，周长八里一十七步，四座陆门，西水门一座，外有护城河。宋代《海盐澉水志》卷四《坊巷门》中罗列了坊巷弄等共八条，[2]明代筑城后更有发展，天启《海盐县图经》卷七记所治在东门衢，东门衢明显是筑城以后所建的通向城门的道路。据同卷中的《澉浦所图》，虽然比较写意，但仍能辨别出十字街等路网规模，城西比城东密集；建筑方面，所治在城东北，城西南多祠庙。

日本图与天启图所表示的城市形态变化不大，数百年来未有过多变化，不过更为精准。城呈四边形，西北—东南倾斜，水陆门清晰，有护城河，十字街格局，城西建筑比城东密集。两图比较，证

---

〔1〕（清）宋景关：乾隆《乍浦志》卷一《城市》,《中国地方志集成·乡镇志专辑》，上海书店出版社，1992年，第9页。

〔2〕（宋）常棠：《海盐澉水志》卷四《坊巷门》,《中国方志丛书》，台北：成文出版社，1983年，第37—38页。

明了自明至近代以来，澉浦的城镇规模处于一个静止状态。

7.三江所，今浙江绍兴斗门东北。万历《绍兴府志》[1]，洪武二十年（1387）汤和筑城，周长三里二十步，四陆门一水门，水门在城西南。清咸光时期的《三江所志》[2]记载，三江所城狭小，据书前光绪何希文《序》至清末城内以无隙地。兵营似乎也不足或规模偏小，易于毁弃，在清康熙间已然不剩，当时驻兵需租借民居暂住。不过同书所记载城内也有不少祠庙。

三江所因城东北紧邻海塘而呈梯形，北城墙由西北向东南倾斜，这个特殊的形态在《地图集成》中得到验证。整个城市平面为南北狭长。城内除北城墙沿线还有少量空地外，几乎已被建筑填满，空间较为拥挤。

8.沥海所，今浙江上虞沥海。嘉靖《临山卫志》[3]，洪武二十四年（1391）汤和筑城，周长三里三十步，四座陆门。清末民初《沥海所志稿》，"街道广阔，设市于城中。东南西三门店肆百余家，尚称热闹，惟市场较他处昂贵。"[4]城内除人行道外，沿城墙单辟骑马道，另还有水系桥梁若干，临山卫与三山所也是如此。

从图中看，沥海所为四方形城市，外有护城河，南城河略往外扩，未贴城墙角。城内四街通向四门，在城中心交叉成十字街，旁有其他街巷，城东建筑略少。

9.临山卫，今浙江余姚临山。嘉靖《临山卫志》，汤和迁上虞故

〔1〕（明）萧良干：万历《绍兴府志》，《中国方志丛书》，台北：成文出版社，1983年。

〔2〕（清）陈宗洛：光绪《三江所志》，《中国方志丛书·绍兴县志资料第一辑》，台北：成文出版社，1983年。

〔3〕（明）耿宗道：嘉靖《临山卫志》，《中国方志丛书》，台北：成文出版社，1983年。

〔4〕（清）杨肇春：《沥海所志稿》卷一《市镇》，《中国方志丛书·绍兴县志资料第一辑》，台北：成文出版社，1983年，第1199页。

嵩城而建，周长五里三十步，永乐十六年（1418）增修，四陆门一水门。该城筑于两山之间，南城墙在龟山之上，北城墙在凤山之上，中间为平陆。两座山并不高大，护城河将它们环绕在内。卫治在大街北凤山下，疑大街为城内东西向干道，另还提到南北门都有内街通城内。

地图显示，临山卫南北两侧城墙在山上，北宽南窄，城建区集中在中部平地，主要街道呈井字形排布，通往四城门，东西门之间有干道相连。护城河环城东南西三边，北城河已淤积。

10. 三山所，城北一里有浒山，故又名浒山所，今浙江慈溪。嘉靖《临山卫志》，洪武二十年（1387）汤和命千户刘巧筑，周长三里三分二十八步，四陆门一水门。道光《浒山志》[1]，北城内有数尺高山包，称虎屿山，又称中军山，上建文昌阁。自东门至西门为街市，百货丛集，并向南门方向延伸。各级军官私宅散布城内，未按区域聚居；营房六百间，入清后改为民居。

从图看，该城呈四边形，外环护城河，城内建筑繁密，街巷密集如棋盘状。

11. 观海卫，今浙江慈溪观海卫。嘉靖《观海卫志》[2]，洪武二十年（1387）汤和筑城，永乐十六年（1418）增修，周长四里三十步，四陆门二水门。各门都有大街延伸至城内，小巷多以营房分隔，成棋盘状，桥梁众多。与临山卫等城不同，观海卫的骑马道是通向城外各地的，不在城内。

图中观海卫城为四方形，外有护城河。城内南北街清晰，城西街巷棋盘状分布，城东较为无序，东门街为斜线状，城北略有空地。

---

〔1〕（清）高杲：道光《浒山志》，《慈溪文献集成（第一辑）》，杭州出版社，2004年。

〔2〕（明）周粟：嘉靖《观海卫志》，《慈溪文献集成（第一辑）》，杭州出版社，2004年。

12. 龙山所，今浙江慈溪龙山东南。嘉靖《观海卫志》，洪武二十年（1387）汤和筑城，周长三里十五步，东西南三陆门，一水门。城内十字街，小巷同观海卫，呈棋盘状。又，雍正《宁波府志》，"永乐间增筑加子城于外。"[1]民国《镇海县志》[2]卷七《营建》，记有龙山西门市，城西应当是人口聚集处，或疑子城是处。

图中龙山所，处于南北两山之间的平地，东滨海，城外有护城河。城内东北多空地，城外西侧和北侧多有村庄，且面积大于龙山所城，印证了文献中城西门有市场一说。从图中看，龙山所的规制较为狭小。

13. 定海卫，今浙江镇海，与明定海县同城。嘉靖《定海县志》[3]，原城池是洪武元年（1368）王及贤所建，当时只是围以木栅，七年改垒石。洪武二十年（1387），汤和在此设立卫，并展拓城基，周围长九里多，六座城门，西、南两侧各两座城门；水门两座，一在小西门，一在小南门。永乐十三年（1415），塞北门，并将水门改到西南侧。成化《宁波郡志》卷一《城池考》[4]又记，永乐十六年（1418），又塞小南门。同书卷四《闾里考》载，定海县城内有县前街、仓西街、城东街、河后街、卫后街等街道，坊与桥众多。

日图中定海卫分在两张图中，图中定海城为不规则状，北城墙平直，东西南呈半圆状，三侧护城河清晰可辨。城北靠海，空地较多，其他区域街巷众多，南城外也是密集街区，城内没有明显的十

〔1〕（清）曹秉仁：雍正《宁波府志》卷八《城隍》，《中国地方志集成·浙江府县志辑》，上海书店出版社，1993年，第438页。

〔2〕洪锡范：民国《镇海县志》，《中国地方志集成·浙江府县志辑》，上海书店出版社，1993年。

〔3〕（明）张时彻：嘉靖《定海县志》，《中国方志丛书》，台北：成文出版社，1983年。

〔4〕（明）杨寔：成化《宁波郡志》，《中国方志丛书》，台北：成文出版社，1983年。

字街格局。

14. 穿山所，又名定海后所，今浙江北仑柴桥东。嘉靖《定海县志》，洪武二十七年（1394），迁定海卫后所于穿山戍守，遂名。次年修城，永乐十六年（1418）增修。东北跨山，城周四里多，四城门，后塞北门，南水门一座。

日图中穿山所城西北临山，纠正嘉靖《定海县志》所说的东北跨山。护城河包围城东南平地，城内建筑依山脚向外展开，地势越平坦，建筑越稀少。

15. 舟山二所，今浙江舟山。嘉靖《定海县志》，洪武十二年（1379）明州卫千户慕成修城未遂，次年将城墙延展于城西北镇鳌山上，遂成就明清时期舟山城的规模。十七年升为昌国卫，二十年信国公迁昌国卫至象山，此处仅留两千所，世称舟山中中、中左千户所，亦称定海中中、中左千户所。城周七里多，四陆门，东南有水门一座。又，天启《舟山志》[1]，城内有坊二十多座，桥梁三十八座。

日图原缺定海城，现采用民国《定海县志》[2]中的实测地图补正。定海所为不规则状，东城墙较为平直，西南城墙为圆弧状。城内建筑依城北山脚向外延展，城东平地空疏。主干道以四城门向内延伸，有十字街格局，但不明显。东西南三城门较为靠南侧，三条主街形成的丁字街格局比十字街明显。城南建筑繁密，多是以主街向两侧辐射而成。

16. 霩䨓所，今浙江宁波郭巨。嘉靖《定海县志》，洪武二十年（1387）汤和筑城，永乐十五年（1417）增修。城周长三里多，有南北

---

〔1〕（明）何汝宾：天启《舟山志》，《中国方志丛书》，台北：成文出版社，1983年。

〔2〕陈训正：民国《定海县志》，《中国地方志集成·浙江府县志辑》，上海书店出版社，1993年。

西三座城门；东为水门，永乐十五年（1417）增修时填塞。城内主干道应是十字街，民国《镇海县志》卷七《营建》，记有霩𩃠乡十字街市。

日图中霩𩃠所城被山环绕，仅东侧面向平地。西南侧山是低山，正西有通向外界道路。城内建筑繁密，没有空地，十字街格局勉强可辨。

17. 大嵩所，今浙江鄞州咸祥北。嘉靖《定海县志》，洪武二十年（1387）汤和筑城，永乐十五年（1417）加修。城西北跨山，周长四里多，四陆门，有西水门一座。又，康熙《鄞县志》[1]，大嵩所西北跨山而建。

日图中大嵩所城近似四边形，东北跨大嵩山入城，纠正了康熙《鄞县志》中"西北跨山"一说。平地部分的城墙有护城河环绕，城内建筑密集，西城外有村落。

18. 钱仓所，今浙江象山涂茨东北。成化《宁波郡志》，洪武二十年（1387）千户王普筑城，永乐十四年（1416）增修。城周三里三十步，四陆门，西水门一座。

日图中钱仓所城，东北跨山而建，北门一段城墙在山谷内，有道路连接城内。城内一半面积为山地，平地占比小，这类情况不多见。十字街格局，因地势原因偏在城西南。

19. 爵溪所，今浙江象山爵溪。成化《宁波郡志》，洪武三十一年（1398）筑城，永乐十五年（1417）增修。城周三里一十八步，东西南三门，水门有东、西二座。又，雍正《宁波府志》，该城西北城墙依山而建。民国《象山县志》卷二《图说下》，记爵溪所"居民寥落，

---

〔1〕（清）汪源泽：康熙《鄞县志》，《中国地方志集成·浙江府县志辑》，上海书店出版社，1993年。

惟四月渔汛较为繁盛，外来渔户均于城下结茅而居。"[1]可见至民国时，此处因偏僻已近废弃状态，只有渔民偶尔来结居。沿海不少偏僻卫所都有类似境遇，脱离文献记载的视野，需藉助大比例地图开展研究。

日图中此城为不规则状，西北—东南倾斜，城形狭长，西北依山，东临海。城内狭小，屋宇已充斥城墙之内的空地，但街巷不多，仅五六条左右。

20. 昌国卫，今浙江象山石浦北。成化《宁波郡志》，洪武十二年（1379）置千户所，驻今舟山，十七年升卫；洪武二十年迁至象山东门，二十七年又迁后门，即今址。城周长七里十步，四陆门，有西、南二水门，永乐十五年（1417）加修。又，雍正《宁波府志》，昌国卫城西、北两侧跨山，平地城墙外有护城河。民国《象山县志》卷二《图说下》，记昌国卫城内半属荒地，只有城北稍有房屋，城南教场尚存留。

日图中昌国卫城呈不规则状，东西城墙皆依山而建，城墙圈进的范围相当广。城在两山之间，扼据山谷，相较于城墙所圈进的地块，平地面积并不大。城市街区以西北—东南向延展，城南空地多，符合民国《象山县志》之说。四座城门，西门偏北，东门偏南。

21. 石浦二所，今浙江象山石浦。成化《宁波郡志》，洪武二十年（1387），昌国卫前、后二千户所调防至此，遂名。此地原为巡检司驻地，二所来后筑城，永乐十五年（1417）筑城。城周六百零七丈，有南西北三陆门，西、南二水门。又，雍正《宁波府志》，石浦所城，西北依山而建。民国《象山县志》卷二《图说下》，记石浦所城依山而

---

〔1〕罗士筠：民国《象山县志》卷二《图说下》，《中国地方志集成·浙江府县志辑》，上海书店出版社，1993年，第97页。

建，市容繁盛，几无隙地。

据日图，石浦所城东临海，其他三侧依山，形状不规则，北城墙在山上围成锐角状。城内北为山地，南为平地，城西北为山谷。建筑街市集中在城南平地，相当密集。

本文尽可能选用明代中后期至清代中前期时段内成书的方志，摘择出有关城墙、街巷和水系等有关城市平面形态的文字材料。在这个时间段内，随着卫所制度渐趋完善稳定，卫所城市的地址形态等也日趋固化，少有变化。兼之朝代交替引起的大变动也因长时间沉淀，逐渐归于平静。所以这一时段内的城市形态，是城市开建及时代大变动等"突发"因素影响渐趋消磨的成型平稳阶段，这个阶段所表现出的是城市形态长时段平稳演化，而非"突发"骤变，更利于揭示城市发展的内生力原因。

其次，选用近代旧日本军方所绘制的大比例尺地图同以上文献材料互相印证、检讨，更趋直观地表现出城市形态的外在样式，并且补正文献材料中的缺失。如以上诸城考证，文献大多只记录城建时代和城墙周长等信息，除个别方志中有街巷位置等叙述外，大部付之阙如。甚至部分地方，不仅缺乏专属卫所志，而且连其所在地方的县一级方志中都甚少记载，只能求助于更高一级的府志，其简约程度可想而知。日本所测的这套地图正好弥补这些缺憾，虽然个别卫所因为城市体量过小，地图比例尺不足或时久纸旧等原因，依旧难以描摹出细致纹理。但这套图胜在覆盖面广，绘制标准统一，制作时间一致，以及是为军事用途而测绘，从而极为精确，仍是上佳材料。

至于文字文献与地图文献中的时间断档，鉴于学界历来研究所取得的成果，我们可知城市历史形态演进的过程中，细部变化并不十分剧烈，区块性质也长期稳定，这类"历史的韧性"确保了城市平面结构处于一个长期相对静止的状态。[1]因此，本文使用近代地图与明清文献相互参照的方法具有可行性。即使遇到不符合此理论的案例，也能通过两种文献间的差异检验出案例发生变量的成因。

第三节　江南沿海卫所城平面形态的比较辨析与分类

上节通过文字与地图两种文献材料互相参证，大体勾勒出江南沿海卫所城市的平面形态结构；本节将从中提取一些指标性元素，进行比较归纳的分析研究，从而论证这些城市之间是否存在模式联系及模式的具体特征。

本文基于江南沿海卫所城市的特性，选择以第一次筑城时间、城市类型、城墙平面形态和周长、城门数量，及主街道结构等指标性元素，分析其平面形态，并将之分类描述。各元素的具体内容见下表。另需指出，表中各项内容以该卫所最后所在城池为选取标准。

表 7-2　江南沿海卫所指标性元素表

卫所名	现今级别	是否同县	始筑年代	类型	平面形态	城墙长度	城门	主街结构
吴淞江所	县级	否	1540	平地城	正四边形	790 丈	4 座	十字街
南汇嘴所	县级	否	1386	平地城	正四边形	5 里 149 步	4 座	十字街
青村所	县级	否	1386	平地城	正四边形	5 里 89 步	4 座	十字街
金山卫	县级	否	1386	平地城	正四边形	12 里 300 步	4 座	十字街
乍浦所	镇级	否	1386	平地城	正四边形	8 里 332 步	4 座	十字街
澉浦所	镇级	否	1386	平地城	四边形	8 里 17 步	4 座	十字街

---

[1] 这类理论成果可参见［英］康泽恩《城镇平面格局分析：诺森伯兰郡安尼克案例研究》(北京：中国建筑工业出版社，2011 年)和钟翀《上海老城厢平面格局的中尺度长期变迁探析》(《中国历史地理论丛》，2015 年第 3 辑)、《温州城的早期筑城史及其原初形态初探》(《都市文化研究》，2015 年第 12 辑)等著作。

续表

卫所名	现今级别	是否同县	始筑年代	类型	平面形态	城墙长度	城门	主街结构
三江所	村级	否	1387	平地城	四边形	3里20步	4座	
沥海所	镇级	否	1391	平地城	正四边形	3里30步	4座	十字街
临山卫	镇级	否	1387	山城	不规则形	5里30步	4座	井字街
三山所	县级	否	1387	平地城	四边形	3里3分38步	4座	
观海卫	镇级	否	1387	平地城	正四边形	4里30步	4座	
龙山所	村级	否	1387	平地城	四边形形	3里15步	3座	十字街
定海卫	县级	是	1368	平地城	不规则形	9里多	6座	
穿山所	村级	否	1394	山城	不规则形	4里多	4座	
舟山二所	县级	否	1380	山城	不规则形	7里多	4座	十字街
霩䃳所	镇级	否	1387	山城	不规则形	3里多	3座	十字街
大嵩所	村级	否	1387	山城	不规则形	4里多	4座	
钱仓所	村级	否	1387	山城	不规则形	3里30步	4座	十字街
爵溪所	镇级	否	1398	山城	不规则形	3里18步	3座	
昌国卫	村级	否	1394	山城	不规则形	7里10步	4座	
石浦二所	镇级	否	1387	山城	不规则形	607丈	3座	
附：								
浏河堡所		否	1482	平地城	不规则形	3里	3座	
宝山所		否	1577	平地城	正四边形	2里9分	3座	

一、修筑时间

江南沿海卫所最重要的筑城活动是明初洪武年间汤和在浙东西修建、改建59城一事，具体时间文献记载不一，在洪武十六年（1383）至二十四年之间。据刘景纯考证实为洪武十九年（1386）起，至次年完成。[1]本文所讨论的21座城中，有15座是明确记录为汤和修建。此外，昌国卫和吴淞江所的旧城也是汤和所筑，今定海卫

---

[1] 刘景纯、何乃恩：《汤和"沿海筑城"问题考补》，《中国历史地理论丛》，2015年第2辑，第142页。

城是汤和改建而来。不在讨论之列的海宁卫与海宁所，也属汤和修筑、改筑卫所城之列。综上 21 城中仅穿山所、舟山二所和爵溪所三城与汤和无关。舟山二所原是昌国县，后废县设所，早在洪武十三年（1380）便修城。穿山、爵溪二所则在汤和之后造城，穿山所是由于布防调整所以晚建，爵溪所则是最晚建筑的城池，洪武三十一年（1398）始筑。由此看来，江南沿海卫所城市体系的成立，主要原因是明洪武年间汤和在沿海布防的直接结果，这个体系在洪武十九年（1386）至二十年形成；之前有个别城市业已存在如太仓卫、舟山二所等，之后偶有微调，迟至洪武年间已彻底完成。只有不做讨论的浏河堡所是成化十八年（1482）建筑，这对整个城市体系的构成已不具有多大影响了。这些卫所城在洪武初建只是土城，大多是在永乐年间的整修活动中包砖，形成今日规模。各方志中的"永乐增修"是指包砖，扩大城墙基址，增高高度等，并非扩大城市规模，扩展城墙长度。

从中可看出，作为军事制度和国防需求所产生的江南沿海卫所城市，其在建立和修缮的时间上具有高度的统一，是国家意志的集中体现。具体而言，汤和统一筑城开创了这一城市体系，但限于财力和时间，除直接筑城外，还利用了既有城池进行改扩建；汤和筑城大多是土城，到永乐年间，才又统一改造为砖城并修缮。这些城市的开造与改造（包砖）都是国家统一行为，极具效率。这一因素不仅仅只是对筑城修城活动产生影响，几乎是对卫所城市的各个方面都有影响。

二、区位选择

在城市选址方面，大体可分为三类情况。一是早期设立的卫所，利用即有城池，这类情形多发生于是明立之初，卫所制尚未完全成型的情况，如太仓卫。二是改造即有城市，如海宁卫；这种情况时常会伴有扩展城市规模和面积，如舟山二所。三是选地新造，这是发生最多的情况。江南沿海卫所城市体系构成的最重要事件——汤和筑城就多采用后两种方式。

汤和筑城活动明显有限时限刻之嫌，在一年左右时间内完成统共 59 座各级城市，势必多有疏漏，因而使得部分城市因地址不佳而重又选址。这其中地理因素变化导致危险是一大原因，如吴淞江所、宝山所，加上后来所建的刘河堡所，都是因为海坍而另择地重建，或直接废弃。其次，主动调整布防，是又一则原因，如穿山所、昌国卫和石浦二所等。其中，昌国卫的迁移尤为明显，迁徙次数之多与跨度之大，穿越了今舟山和象山两地，从海岛转至大陆，显然是为使区域内整体布防更加完善而为之。值得一提的是，第一种情况多是就地迁徙，距离短；后一种迁徙距离则远大于前者，且两者以甬江为界，以北是第一种情况，以南是第二种。

三、类型模式

城市类型中，不同于普通城市，卫所城市似乎表现出一种"向山性"的特质，尽力选择包山入城，便于临高制敌，这是其军事背景的又一个表现。限于地势并不是所有卫所城都能包山入城，所以本文将之分为"平地城"（12 座）与"山城"（9 座）两种类型。从分布上看，两种类型仍然是以甬江为界，以北除临山卫外，全是平地城，以南则都是山城，无一例外。显而易见，这是由于江北为平原区，江南多山地的原因，然而即使是在甬江之北的平地，卫所城即使不能跨山为城，也要极力靠近山，如乍浦所、龙山所、定海卫等，几乎都是贴近山脚。

平地城与山城的区分，也划分了城市的平面形态。

平地城基本都是四边形，其中又以正四边形居多，完全是符合中国传统"教科书范式"的城市形态，尽管这种"范式"实际并不是天然条例，尤其是在江南，几乎很难找到自然生发出来的正方形城市。这也体现了，卫所城的筑城之初是有过统一规划，且规划者的思维存在有国家正统意识这一点。山城则无可奈何地呈不规则状，然而还是需指出卫所城代表的国家正统体现，即四边形城的顽强体现。穿山所、大嵩所、爵溪所和石浦二所等山城，虽然跨山部分的城墙不得不沿山势布局，但在平地部分仍然倾向于显示出三边两直角所构成的半矩形形态，这也是一种因势利导的四边形变体。平地城定海卫也存有类似情况，城南与甬江保持相同弧度，城北则仍是上述的半矩形形态，形成的原因应是该城是缘于旧城扩展而成。

山城包山入城，主要是单侧包山，或是跨山一脚，或是大半在山上，但基本原则是山体只存在于城的一侧，此类城被称为"偃月型"[1]。然而，处于平地城区域内的临山卫再次成为特例，该城是南北两侧同时跨山，夹于两山之间，不过两山都不高。此外，昌国卫也是两侧跨山。

四、城市规模和平面结构

若以城墙周长和城门数量作为城市规模的衡量，在 21 座城中，城周四里以下的有 7 座，全部为所城，另加上刘河堡所和宝山所两座共 9 座；四—六里，有 8 座；六里以上，有 6 座，共分为三档。金山卫城周十二里多，远超排名第二的乍浦所八里多，其他城之间差异，在各自档次中差距并不大。

---

[1] （明）茅元仪：《武备志》卷一百十《城制》,《中国兵书集成》, 北京：解放军出版社, 1987 年。

　　这就发现一个问题——卫所之间的等级差异并没有直接反映在城市规模上，如第一档中有乍浦所、澉浦所和舟山二所，第二档中有临山卫和观海卫。但卫所城是事先规划的城市，城内人口应是规划城市规模时的重要考虑因素。一般住于城内的人员是以兵士及其家属的军户为主，所一般驻扎一千户所，卫一般驻扎五千户所，也就是说总体而言卫所城的大小是事先就已框定好的，卫和所之间存在规模差异，但这差异并不是以等级确定，也不是一定就有的。从数据看也符合以上推断，一、二两档绝大部分都是所城，其中仅临山卫和观海卫例外。临山卫夹于两座小山之间，限于地势，所以规模偏小。

　　从表7-2（见180页）中看，山城总共有9座，普遍规模较小，在城周排名靠后的10座城中，山城占了6座。其他3座，临山卫刚过五里，舟山二所和昌国卫也仅刚七里。舟山二所早期筑城时与昌国县同城，因故考虑民事需求，才有这般规模。昌国卫因是卫城且修筑时间晚，所以修的较为广大，但比起定海卫和金山卫仍逊一等。总体而言山城要小于平地城的规模（见附册图15）。

　　城门除直观反映城墙的长度外，更反映城市的聚集效应。例如，吴淞江所西门外、乍浦所南门外，及其他卫所城都有延伸于城门之外的街区，这些因城市聚集而来的普通民众，并不是卫所城市规划之初所纳含的群体。然而因他们所产生的城外街区也组成了卫所城的一部分，其反映的是封闭的卫所制度并不能独善其身，在大环境的影响下必然与城外街区发生联系，甚至是融于更大区域城市体系内，这点在后卫所制时代尤为明显。

　　其次，城门向城内必然会延伸出主干道，已而决定城内街巷的格局。明文可考的有11座城市是"十字街"格局，其他未言明的三城门、四城门的城市，也多可能是十字街或丁字街格局，这两类格局产生的最大原因是城市形状和城门分布位置，而且也是最便利的一种划分城内区域的方式。

营房是卫所城内独有的景观，讲求整齐划一。参考上文对南汇嘴所、青村所和金山卫等城的考证，可以想见，一般情况下卫所城，尤其是平地城的街巷格局都是井然有序，且按区域分布。按标准尺寸划分城内区域，并授予卫所兵士造房，多部方志中都有一致数据标示这项政策，单幅土地的面积是一丈二尺乘十五步。从这点也可推测，城内的街巷应当整齐如棋盘状。从有数据的吴淞江所、南汇嘴所、青村所和金山卫等城来看，营房用地多不占城内总面积的大部，而普通住房则要远高于营房用地，符合军户之间的人口结构。观察地图，实际凡是稍具规模又不与县同城的卫所城市，其城内城建多不发达，可见卫所制度下的人口规模对用地需求较低。这个制度只是催生了城市，而不促进城市发展。

五、余论：江南沿海卫所城的两种模式

江南沿海卫所城这一特定区域的特定城市群，其最重要的特征是军事性质，由此衍伸出统一规划和建造，城内街巷齐整等特征。另外，城外或有普通民众聚集的街区用以商业活动。

以甬江为界，江南沿海卫所可分为南北两种模式。甬北模式以平地城为主，多保持四边形、正四边形的平面形态，城内多是十字街格局。甬南模式以山城为主，包山入城，不能保证四边形结构，然而在平地部分则尽量向四边形靠拢，城市规模略小于平地城。

造成两者差异的主要原因是地形限制，甬江之北多平原，甬江之南多山地。而沿海卫所，又因军事需要须尽可能靠近海岸和占据高地势，因此在甬江之南多岩壁海岸的地势造就了两种模式的差别。

由此也带来了卫所城更新换代的问题，甬江之北多平原，且河

口地带多沙，易淤积成陆，海岸线向外拓展，卫所城渐离海岸线，适宜人口聚集。在卫所制消亡后，容易转型成为民政城市，如南汇嘴所、青村所、金山卫和三山所等都成为一县之城。山城则因交通不便，地域狭小，多遭废弃，或是衰落。

第四节　"厌水性"：江南城市的另类

水系是江南水乡在地理"外物化"的根本表现，作为交通管道，水系是江南市镇的联络命脉，直接促进了它们之间的经济发展和融合。

本书所考察的明清金山卫、青村所、南汇嘴所和吴淞江所等诸沿海卫所城市，大多是带有典型军事色彩的城市，其基本形态又以矩形（乃至正方形）城墙为主。作为军事性格强烈的军事卫所城市，城墙对于它们来说意义非凡，城墙与城市本体保持着与生俱来的亲密性，两者同时出现，已然在城市诞生的时刻就向外界宣布了它们与江南当地城市的不同。

城墙矗立之后，城内外原本相连的水道被截断，对外固有的联络模式被破坏，从而使区域联系减弱。人为规划的方型城市，以最经济的四门形式构筑出十字街的主街格局，又打破了江南城市以水为骨干沿水生发的街巷格局。

以金山卫为例，筑城之前，此地的小官浦是附近水系入海的主通道，原生的盐业市镇也沿河分布。但在筑城之后，三条汇流河道被截断两条，更有甚者作为该地区河港的河口被填埋，水流方向改变，由北入黄浦江，此地再无出水口。自宋以来为地区水系核心主干的小官浦，在筑城之后反而成为整个水网的末端，周边区域的水环境完全被改变。

与外联水系的割断，表明了本地对外联络需求最大的盐运业急遽衰落，外联水系地位下降成为自然，这也表明该地原有的小官镇的经济功能（制盐业为主）逐步让位于新筑的金山卫城的军事功能。军事功能更具有封闭性，对外联需求自然减弱。

城内水系不再主导城区格局，围绕十字主街环流的水系与主街区保持若即若离的关系，部分河道则直接成为街区边缘的标志。这与普通的江南城市中，市镇河、街并行的结构大相径庭。

青村所的情况更甚，《乡土地理》记载的城内水系不多，不广，且不与外界相通，更直观地表达了卫所城市对水系的不重视。青村所城水系微小到何种程度，今日已难知晓。笔者在浙江临海对同一时期所建的桃渚所城进行田野调查的见闻，或可作为参证。桃渚所城内水系，形同排水沟，一步可越。城墙系统并无水门，向外界排水是通过城墙底下的暗涵，已完全无航运功能，饮水功能也不强。例如金山卫城的饮水即靠的是统一开凿的 40 口义井。

南汇嘴所情况相同，筑城之后，原先聚落水系北一灶港东端被城墙截断，城内水系不主导街区格局，并在大多数地区与主街保持距离。有所不同的是，在军事功能退出及南汇立县之后，经过长期发展，南汇城内水系逐渐回归到江南聚落的模式，即发育出沿河街道，如同河沿路、鞠家浜路、县桥浜河沿等。城外发育的新街区也是按河道（运盐河）排布，这种情况说明在江南水乡地理环境之下，经济功能复苏与水系联系紧密。

吴淞江所不仅一样表现出了水系的不重要性，更为突出的是在转为民政城市后，于康熙年间在西门外沿河发育出西关市。这更加证明了作为军事城市的卫所城与江南普通城市对水系需求的不同关系。

不仅上述卫所城市如此，江南地区其他卫所城也多有此现象，如浙江绍兴的三江所，城内一条横贯南北的市河，在十字主街的西侧保持一个街口距离，而且河道狭窄淤浅。试看反例，一样是十字主街格局的嘉定城、上海老城厢主街之一的方浜、松江市河、以及与金山卫争夺县治所在的朱泾镇，无一不是沿河发展的城市街区。从中清晰可见两者的区别，卫所城市不是江南自然生发出来城市，不是以经济功能为目的对外联系紧密的城市。

以上显然都在提示，主导江南卫所城市形态的力量并非来自江南城市之中普遍存在的水系因素，而是肇于筑城之初人为规划的城墙和街巷系统，水系对城市格局影响甚微。这些城市呈现的是一种"向陆性"、而非与周边自然环境相适应的亲水性性格。本文将这个现象归纳为明清卫所城市的"厌水性"。

对于"厌水性"的定义，基于两点。第一点是城内水系与街区关系的疏离，不主导街区形态发展。城内水系同主街道不亲密，甚至是城内成熟街区的边界标志。第二点是对外联络水系的阻隔，外联水系与城市联系不密切，处于萎缩状态，换句话说对外联系的首选不是水路通道，而是陆路通道。

"厌水性"现象表明：人为规划建造的卫所城市与周边自然环境下原生的江南水乡城市迥然不同，江南城市是由江南的市镇自然生发演变而来的，而这些卫所城市则是国家规划营造而来。它们所表现出的封闭式的军事性格同周边环境产生隔阂，其独立于世的存在模式，不利于城市经济发展，限制城市规模生长。

外　编

第八章 文献大邦：
南宋常熟城市风貌复原研究

宋代是中国城市的一大发展期，宋代的开放式街区、"厢坊"等城市基层管理制度，及其城市经济的繁荣、市民文化生活的丰富，为之前时代的城市所难企及。因而这时期也堪称是中国城市发展的"变革"期。[1] 包伟民之《宋代城市研究》、[2]李孝聪之《中国城市历史地理》、斯波义信之《宋代江南经济史研究》[3]等书都对宋代城市做过广泛而深入的研究。

伴随着江南开发程度的深化，宋代，尤其是南宋时期，江南地区迅速城市化。据《宋史·地理志》记载，在今沪、苏、锡、常、杭、嘉、湖等传统江南核心区域内，府州军县等各级行政城市已多达 34 座，成为当时中国城市集中分布区之一。对于这一区域内的宋代城市，其城市空间形态和基层管理组织的研究，历来是学界关注重点，已积累了不少成果。[4]

作为宋代城市文化高度发达的一个侧影，上述 34 座行政城市

---

〔1〕 李孝聪所著《历史城市地理》一书中，讲述宋、辽、金、元时期城市的第四章标题为《中国王朝变革时代的城市》，济南：山东教育出版社，2007 年。

〔2〕 包伟民：《宋代城市研究》，北京：中华书局，2014 年。

〔3〕 [日]斯波义信：《宋代江南经济史研究》，南京：江苏人民出版社，2012 年。

〔4〕 宋代江南城市个案研究目前已有钟翀：《上海老城厢平面格局的中尺度长期变迁探析》，《中国历史地理论丛》2015 年第 3 期；钟翀：《宋代以来常州城中的"厢"：城市厢坊制的平面格局及演变研究之一叶》，《杭州师范大学学报（社会科学版）》2016 年第 1 期；胡晶晶：《宋元以来镇江城内坊厢变迁初探》，《都市文化研究》2016 年第 2 期；来亚文：《宋代湖州城的"界"与"坊"》，《杭州师范大学学报（社会科学版）》2016 年第 1 期；赵界：《宋元以来严州府城形态研究》，上海师范大学硕士学位论文，2018 年。

中的常熟城保留有大量宋代城市史料，可供研究之用。常熟古称琴川、海虞，位于长江南岸，历属苏州，南距苏州城约 40 公里，作为常熟县治有近 1400 年的历史。[1]本文尝试通过考辩宋代常熟史料文本，参证唐宋以下常熟和苏州等地方志，以及早期方舆地图、近代实测地图等资料，比照地物，重建当时常熟的城市空间形态，探讨其基层管理组织架构，进而对南宋常熟城市风貌展开复原研究。

第一节　文本：《重修琴川志》考辩

一、今本《重修琴川志》溯源

在常熟悠久的历史之中，编撰过多部以"琴川志"为名的方志，现留存最早的一部就题名为《重修琴川志》。这部志书是今存不多的几部宋代县志之一，[2]史料价值弥足珍贵，也是目前所能见到的常熟第一部系统而又详实的文献资料。

然而，因时隔久远，图书流转颠离，今存十五卷本《重修琴川志》在撰修者、成书时间等细节方面皆存争议。《铁琴铜剑楼藏书目录》所收影钞元本《重修琴川志》十五卷，题"宋·鲍廉撰，元·卢镇修"[3]。

〔1〕 据《元和郡县图志》："梁大同六年置常熟县，武德七年移理海盐虞城，今县是也。"按，大同六年为 540 年，武德七年为 624 年。由此计算，常熟行政建制史达 1500 年左右，今常熟城作为常熟县治有近 1400 年历史，其聚落历史则更为悠久。见《元和郡县图志》卷二十五《江南道一》，北京：中华书局，1983 年，第 601—602 页。

〔2〕 其他存留至今的宋代县志有《绍熙云间志》《淳祐玉峰志》《咸淳玉峰续志》《剡录》《仙溪志》等。

〔3〕 （清）瞿镛：《铁琴铜剑楼藏书目录》卷十一《地理类》，清光绪常熟瞿氏家塾刻本。

《皕宋楼藏书志》卷数、撰修者所记相同。[1]《爱日精庐藏书志》同为十五卷，撰修者只题"元·卢镇撰"[2]。《中国地方志联合目录》则将书名题为"《宝祐重修琴川志》，十五卷，图一卷，（宋）孙应时原纂，鲍廉增补，（元）卢镇续修。"[3]金恩辉《中国地方志总目提要》所记相同[4]。朱士嘉《中国地方志综录增订本》记《重修琴川志》有十五卷，纂修人为鲍廉、钟秀实，庆元二年（1196）修，并备注"宋孙应时原本"[5]。民国《重修常昭合志》分列四本《琴川志》，分别是宋庆元孙应时、嘉定叶凯、淳祐鲍廉和元至正卢镇所修，其中鲍廉、卢镇两书卷数为十五卷[6]。顾宏义在《宋朝方志考》《金元方志考》两书中认为今存十五卷本是元代卢镇所撰的《至正重修琴川志》，南宋另分别有孙应时撰《庆元琴川志》、叶凯撰《嘉定琴川志》、鲍廉撰《宝祐琴川志》等三部《琴川志》，并皆已佚失[7]。

出现如上诸说纷纭的情况，主要是因为今本《重修琴川志》早期版本存佚无常，多已不见于世；其他各本"琴川志"又早已佚失，难知详情，与今存本之间源流关系迷离不清。考较上述诸书目所记，正文皆为十五卷，可知所录当为同一种书，即今日所见的十五卷本《重修琴川志》。而撰修者之所以出现孙应时、叶凯、鲍廉、卢镇等

〔1〕（清）陆心源：《皕宋楼藏书志》卷三十二《地理类四》，清光绪万卷楼藏本。

〔2〕（清）张金吾：《爱日精庐藏书志》卷十六《地理类》，清光绪十三年（1887）吴县灵芬阁集字版校印本。

〔3〕中国科学院北京天文台：《中国地方志联合目录》，北京：中华书局，1986年，第326页。

〔4〕金恩辉：《中国地方志总目提要》，台北：汉美图书有限公司，1996年，第10—59页。

〔5〕朱士嘉：《中国地方志综录增订本》，上海：商务印书馆，1958年，第106页。

〔6〕张镜寰：民国《重修常昭合志》卷十八《艺文志》，民国三十八年（1949）铅印本。

〔7〕顾宏义：《宋朝方志考》，上海古籍出版社，2010年，第57—60页；《金元方志考》，上海古籍出版社，2012年，第75—77页。

多种说法，说明各目所见版本不尽一致，其根本原因是对成书时间的争议。这一争议的产生与今本《重修琴川志》前多篇序言的叙述方式有直接关联。

今存十五卷本《重修琴川志》卷前有四篇序文，分别是褚中、丘岳、卢镇与戴良四人所作。除褚序外，其他三序皆注时间，丘序为宋宝祐二年（1254），卢序为元至正二十三年（1363），戴序为元至正二十五年（1365）。褚中生卒年无考，其在序言中说："琴川旧志荒落，丙辰庆元孙应时修饰之，更八政；庚午嘉定叶凯始取而广其传。时久人殊，事多阙且轶，览者病焉。"[1]可知该序文作于宋嘉定年间之后。褚序主要内容是对全书分目作题解，序中将全书分为"叙县""叙官""叙山""叙水""叙田""叙兵""叙人""叙物""叙祠""叙文"十部分。查验今十五卷本目录，亦分为十部分，除"叙赋""叙产"两目与褚序中"叙田""叙物"文字略有不同外，其他实为一致。所以，褚序是为今十五卷本所作之序言。另外，明确是为鲍廉所撰《宝祐重修琴川志》而作的丘序中同有"列为十门，条分类析，固不敢谓尽无遗阙，然视旧志则粗备也"之句[2]，说明《宝祐重修琴川志》也分为 10 部分，与褚序相合。如此，褚序亦或是《宝祐重修琴川志》的序文，则今十五卷本《重修琴川志》很可能是《宝祐重修琴川志》。

又，卢序所言：

> 按《琴川志》自宋南渡，版籍不存。其后庆元丙辰县令孙应时尝粗修集，迨嘉定庚午县令叶凯始广其传，至淳祐辛丑县令鲍廉又加饰之，然后是书乃为详悉。自是迄今且百余年，顾编

---

〔1〕（宋）褚中：《总叙》，见《重修琴川志》卷前，哈佛藏明末毛氏汲古阁刻本。
〔2〕（宋）丘岳：《重修琴川志》，见《重修琴川志》卷前。

续者未有其人，而旧梓则已残毁无遗矣。……爰属耆老顾德昭等，徧求旧本；公暇集诸士，参考异同，重锓诸梓。其成书后，凡所未载，各附卷末，总十有五卷，仍曰《重修琴川志》，其续志则始于有元焉。[1]

按序中所说，宋室南渡之前有《琴川志》，但已佚失。南宋常熟志书从庆元年间孙应时开始修撰，该志粗略，这点丘序也提到过，而后嘉定年间叶凯"始广其传"，淳祐年间鲍廉又增修过。此处有两点问题，一是叶凯没有修过《琴川志》；二是鲍廉修书时间之误。叶凯"始广其传"源自于褚序中"始取而广其传"，当是推广流传之意，不是增广内容。宣德《琴川新志序》中转写为"自宋庆元丙辰县令孙应时创修之，嘉定庚午县令叶凯增益之"，[2]始有叶凯增修之误。今本《重修琴川志》卷三《县令》"叶凯小传"之下明确记为"刊《琴川志》"，而非修撰。另，"淳祐辛丑"是淳祐元年（1241），时任县令为赵师简，不是鲍廉。鲍廉于淳祐壬子十二年（1252）上任，次年即宝祐癸丑元年（1253），再次年是丘序所作年份，即宝祐甲寅二年（1254）。所以，卢序中"淳祐辛丑"当为"宝祐癸丑"之误。

据卢序所言，元至正时，庆元孙应时志和宝祐鲍廉志都不常见，卢镇命人访求之后又略加整理重刻出版，并在每卷末附补记之文。这一版书有十五卷，与今本相合；题名"仍曰《重修琴川志》"说明至少上一版，即宝祐鲍廉志也用此书名。这也是一条今本《重修琴川志》为《宝祐重修琴川志》的证据。关于元代史事，卢镇另出"续志"

---

[1]（元）卢镇：《序》，见《重修琴川志》目录后。
[2]（明）张洪：宣德《琴川新志序》，见康熙《常熟县志》卷末《旧序》，南京：江苏古籍出版社，1991年，第659—660页。

以记，是另外一部新志书。戴序是为卢镇重刻的《重修琴川志》而作，文中只说卢镇以孙应时之志整理重刻，未提及鲍廉之书，显见此说不及卢镇自序可信。

从上述诸序中可知，到元卢镇之时已至少出现过五部常熟县志，第一部是宋室南渡前的《琴川志》，第二部是孙应时《庆元志》，之后是鲍廉《宝祐重修琴川志》、卢镇《至正重修琴川志》和卢镇《至正续志》。除第一部和最后一部外，另三部都可能与今十五卷本《重修琴川志》有所关联。若论题名，今十五卷本《重修琴川志》与鲍廉、卢镇之书相合，卷数与卢镇之书相合。鲍廉志的卷数未知，按卢镇志于旧志每卷后附有补记，则鲍廉志当与卢镇志卷数相合，亦是十五卷本。今十五卷本《重修琴川志》各卷后皆不见有附记，钱大昕据此认为此书非卢镇志而是鲍廉志，他在《十驾斋养新录》卷十四"《琴川志》"条中记："今世所传者，仅汲古毛氏重刊本，考各卷末别无附见之文，则亦非镇之旧矣。镇又有续志，纪元时事，今并湮没无存。独鲍氏书尚完好可读。"[1]

综合以上判断，今十五卷本《重修琴川志》即为鲍廉《宝祐重修琴川志》。那么该书与其他已佚诸"琴川志"承流关系如何，是在旧志上增辑，还是独立编撰？若要探究这些问题，就需要从今本内容分析。

按今本《重修琴川志》中，卷三《叙官》存有县令、县丞、主簿、县尉四种官职表，县令记至宝祐六年（1258），县丞记至宝祐元年（1253），主簿记至宝祐三年（1255），县尉记至嘉定七年（1214）；卷八《叙人》中"进士题名"记至嘉熙二年（1238）。这五种年表截止时间均在鲍廉修书前后。

---

〔1〕（清）钱大昕：《十驾斋养新录》卷十四，清嘉庆刻本。

再则，统计全书，宝祐之前的南宋年号都有出现，且分布书内各卷，数量也不在少数，但宝祐年号本身则只在卷三《叙官》的年表中出现过几次，宝祐之后的年号则只在卷十《叙祠》中出现 3 次"咸淳"，其他年号都不见，元代年号更未出现。详细统计可见下表：

表 8-1 今本《重修琴川志》中各南宋年号出现次数统计表

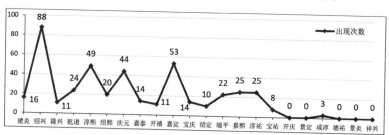

注：数据来源于中国基本古籍库

根据上述两点，今本《重修琴川志》绝大部分内容当在宝祐之前，而距孙应时修书时间较远，并与之后出现的元代卢镇《至正重修琴川志》关系不大，但有些许补缀。

第三，今本《重修琴川志》中常有"庆元志"之说，约出现十多次。

如，卷一《庙学》：

> 而学官之制未详，《庆元志》略不及之。

卷一《镇》：

> 梅李镇，在县东三十六里。《庆元志》云："吴越钱氏时，遣二将梅世忠、李开山戍此，以防江北南唐之兵，……"

卷八《进士题名》夹注中有：

> 按《吴郡志》列'进士题名'一卷，以端拱初元龚识为首，然未尝彪分邑进士之目。《庆元志》虽析而列之，年序错杂无考焉，今纪其次。

从这点来说，今本《重修琴川志》并非是在孙应时《庆元志》的基础上增修，而是另起炉灶重修的一部方志，这点是明确的。尤其是卷八《进士题名》的夹注，清晰地点出了《庆元志》和《重修琴川志》之间的内容区别。而且其中所提到的《吴郡志》虽成书于绍熙三年（1192），但初刻于绍定二年（1229），孙应时应难见到《吴郡志》。同样，书中不见"嘉定志"字样，亦证明嘉定年间叶凯并未有修志之举。

综而述之，今十五卷《重修琴川志》是南宋鲍廉编修，成书时间约在宝祐二年（1254）。鲍廉《宝祐重修琴川志》成书之前，有孙应时《庆元琴川志》，该志成于庆元年间，在嘉定年间刻版。鲍廉编修《宝祐重修琴川志》时，多处引用孙应时《庆元志》，但并非在其基础上增修。元末至正年间鲍廉《宝祐重修琴川志》已难见，又由卢镇整理重刻，今本书中夹杂少量宝祐之后史事，及多处称"宋"，即可能是此时混入。今本《宝祐重修琴川志》在各卷之后并没有卢镇所言的补记之文，说明卢镇在整理重刻的过程中并没有大量修改添补该志，今日所见鲍廉《宝祐重修琴川志》的绝大部分内容仍是编修时原文内容。

二、今存主要版本与书中舆图流传的关系

今本《重修琴川志》早期版本有宋宝祐初刻本，元至正再刻本，

这两个本子都已不存。不过，据查《中国地方志联合目录》，今本《重修琴川志》现存版本颇多，以抄本为主，较重要的本子有明末毛氏汲古阁刻本、清张海鹏传望楼刻本、清嘉庆间《宛委别藏》抄本、清道光三年（1823）瞿氏恬裕斋影元抄本等。其中汲古阁本为现存最早刻本，传望楼本、《宛委别藏》本和恬裕斋本等版都收有舆图五幅。

今哈佛藏汲古阁本，四册，有红色批注，乃乾隆五十七年（1792）王氏抄写的陆贻典批校，卷前舆图五幅是陆氏命人摹绘。[1]这个本子在卷一前有崇祯二年（1629）龚立本和康熙六年（1667）陆贻典书跋。

陆贻典是汲古阁主人毛晋之子毛扆的岳父，其文说当时卢镇元刻本已不易见，毛扆觅得后交予他批校汲古阁本。该元本有图五幅，颇有些漫灭不清，现在哈佛本所附五图是事后摹绘。另外，上海图书馆藏汲古阁本中有从传望楼本中补入五幅舆图。因此，作为《重修琴川志》现存最早本子的汲古阁本原是没有舆图的。

崇祯《常熟县志》撰修者龚立本的题跋言该书初在邵麟武手中，缺一卷，邵氏死后书传至许羧美手中，许在南京购得缺卷，补齐全书。龚说得不确切，今本内容仍有缺文。目今所见各本卷三《叙官》"监务"以下皆缺，卷十五《拾遗》也仅有两条，疑有缺文。按陆贻典批校，卷三《叙官》"监务"部分"以下元本残毁无录"[2]，仅比今本多一行文字。哈佛藏汲古阁本"监务"之文为：

> 监务，二员。庆历以来，竝以茶盐酒税署，今但酒税。近年求权职者，因缘本府，差为提督。

---

〔1〕 见哈佛藏本卷一《叙县》前页红笔批注。
〔2〕 见哈佛藏本卷三《监务》末页红笔批注，以下两条引文皆引自该页。

监官，二员。

而陆贻典所用元本为：

监务，二员。庆历以来，竝以茶盐酒税署□今但酒税。近年求权职者，因缘本府，差为提督。
□□□□侵□而监官二员反为攵□

龚跋在恬裕斋影元抄本等本子中亦可见到，因而其所说的本子应是指元刻本，并且文内还提及"邑中好事者间为传写"。[1]从中可知当时原已不易见的元本，在明末又有一次流行，并且延宕至清中后期仍然可见，如道光三年（1823）有恬裕斋影元抄本问世。虽然今日元刻本的原本已断绝不能见，但借观陆贻典的批校仍能窥测出大概，上引"监务"之文即是判断今各本是否直接源自元本的线索。如恬裕斋本此处为残页，有"而监官二员反为"一句，而嘉庆《宛委别藏》本则与陆贻典批校的汲古阁本相同，为"□□□□侵□而监官二员反为攵□"。台湾成文影印不题时间的抄本亦是如此，可见这两个本子是宗于汲古阁本。

当然，需要指出的是，以该书流传过程来看，汲古阁本应也是以明末的元本为底本重新刻印。不过就今存诸本的版本分类，时间最早的汲古阁本已蔚为大观，众多版本皆是翻抄或翻印于它，与各抄元本分庭抗礼，成为今存诸本的两大系统。

---

〔1〕 见哈佛藏本卷一《叙县》前页龚立本书跋。

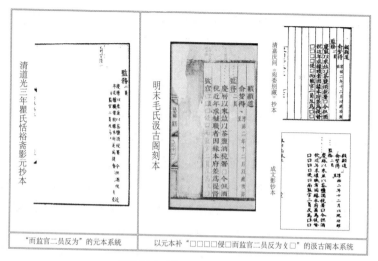

两个版本系统的"监务"页书影

恬裕斋本前有常熟人言朝楫嘉庆十年（1805）书跋，称其家藏有元本，"余家所藏龚跋本，各图皆全，后余因书中有缺页缺字，借汲古本补全之。忽为当事借观，索还日而图少几页。"[1]言氏之语确定元本有舆图，但在嘉庆十年（1805）之前既已散佚，以其为底本的道光三年（1823）恬裕斋影元抄本中却有五幅舆图，来源未知。

五幅舆图分别是《县境之图》《县治之图》《虞山南境》《虞山北境》和《乡村之图》，其中《县境之图》是常熟城市舆图，对本文探索南宋常熟城市风貌最为重要。除恬裕斋本外，其他诸本也多有收图，且多是摹绘而来。按陆贻典批校汲古阁本"图五叶从新志得二，复命童子摹其三，列于序后"。[2]"新志"是指《重修琴川志》之后所编方志。查弘治《常熟县志》以下多部常熟县志都用"旧图"之名，收录全部

---

〔1〕　见清道光三年（1823）瞿氏恬裕斋影元抄本前言朝楫《跋》。
〔2〕　见哈佛藏本卷一《叙县》前页红笔批注。

五幅舆图。所以，今本《重修琴川志》中的舆图从未完全断绝，即使今存各本都非元刻本，或图失不见，但历代摹补之图仍留存原图之真。

《县境之图》方位上北下南，以县治为中心勾勒了当时常熟城市的风貌，范围东至东塔寺，南至琴川桥，西至虞山，北至县尉司。图中街道、桥梁、水系、重要官府机构和祠庙一一绘出，桥名、坊名等地名标绘完整，惟有巷名省略，仅标注"言公东巷""言公西巷"两条。

根据图中所用地名，可判断该图绘制的时间。如图中"琴川驿"是"嘉熙初元，令王爚增辟一新，榜今名。""赏心亭"原名弦歌馆，是在叶凯改为百花堂之后，再次改的名字。[1]另在展现县治内部空间的《县治之图》中也有这种情况出现，如位于县治东侧的"学爱堂"被"王爚因学爱堂之旧，重行改创，易曰道爱"。又，"读书堂"是"淳祐辛亥，令别桷治西圃，移读书堂于其中"。[2]这四座建筑的改易都在嘉定年间叶凯刊刻《庆元志》之后。再者，图中未见有元代地物痕迹。由此判断，《重修琴川志》中《县境之图》等图的时间断代是南宋嘉定之后，元至正之前，也就是随宝祐年间编撰志书时一同编绘。

几个本子中的《县境之图》内容几乎一致，差别不大，也说明图在流传过程中未有佚失。统计全图中所出现地名共有 73 个，绝大部分都被《宝祐重修琴川志》明文记载。如图中桥名 12 个，坊名 11 个，全都在志中相关篇章有所记录。《县境之图》与志书内容高度契合，可以图史互证。各本中的图，又以恬裕斋影元抄本最为精致。[3]

---

〔1〕 这两处建筑改易的记述皆可见哈佛藏本卷一《馆驿》。

〔2〕 这两处建筑改易的记述皆可见哈佛藏本卷一《公廨》。

〔3〕 因今本舆图都是摹绘而来，相互之间存在细微区别，如恬裕斋影元抄本之图较其他版本少"燕喜楼"左侧一座名为"宣诏"的建筑（按规制，应是宣诏亭）。然此本《县境之图》笔触绝似刻本，而不类其他版本摹绘之图，很可能是依照元刻本之图而来。

表 8-2 《县境之图》地名（左）与《宝祐重修琴川志》（右）核校表

城门		桥		官署		亭楼	
宣化门	卷一《门》	沈家桥	卷一《桥梁》	教场	卷一《寨》	极目亭	卷一《亭楼》
秋报门	卷一《门》	八字桥	卷一《桥梁》	县尉司	卷一《公廨》	景言阁	卷一《务》
承流门	卷一《门》	望仙桥	卷一《桥梁》	常熟县	卷一《公廨》	旨清楼	卷一《亭楼》
介福门	卷一《门》	县桥	卷一《桥梁》	簿厅	卷一《公廨》	顺春	
东门	卷一《门》	镇桥	卷一《桥梁》	（县）西		宣风楼	卷一《亭楼》
		琴川桥	卷一《桥梁》	顺民仓	卷一《仓库》	赏心亭	卷一《亭楼》
坊		顺民桥	卷一《桥梁》	（县）东		会仙楼	
聚恩坊	卷一《坊》"聚星坊"	通江桥	卷一《桥梁》	丞厅	卷一《公廨》	燕喜楼	卷一《亭楼》
紫微坊	卷一《坊》	瞿桥	卷一《桥梁》	县学	卷一《庙学》	宣诏	
虞山坊	卷一《坊》	文学桥	卷一《桥梁》	大成殿	卷一《庙学》	放生亭	
衍庆坊	卷一《坊》	迎恩桥	卷一《桥梁》	酒税务	卷一《务》	春风楼	卷一《亭楼》
袞绣坊	卷一《坊》	显星桥	卷一《桥梁》				
丛桂坊	卷一《坊》			馆驿		宗教场所	
寿安坊	卷一《坊》	水		琴川驿	卷一《馆驿》	乾元宫	卷十《宫观》
制锦坊	卷一《坊》	运河	卷一《叙县》卷五《塘》	北门驿		张王庙	疑即卷十《庙》"东平忠靖王祠"
飞乌坊	卷一《坊》	昆承湖口	卷五《湖》"昆承湖"	东门驿	卷一《馆驿》"县东驿"	岳庙	卷十《庙》"东岳行祠"
富民坊	卷一《坊》	吴泾		和旨堂	卷一《馆驿》	致道观	卷十《宫观》
春风坊	卷一《坊》					东灵寺	卷十《寺》
				其他		齐乐寺	卷十《寺》
巷				虞山	卷四《山》	天宁寺	卷十《寺》
言公西巷	卷一《巷》			虞山门	卷四《山》	慧日寺	卷十《寺》
言公东巷	卷一《巷》					社坛	卷一《社坛》
						城隍庙	卷十《庙》
						东殿圣王	卷十《庙》
						东塔寺	卷二《县界》

205

如上可知，今本《重修琴川志》初刻于宋宝祐年间，因元至正时已稀见，所以又有再刻。元至正再刻本至明时日渐稀少，不易轻见，但在明末又再出世，并多有传抄，至清道光年间仍有存世，后世也多有影抄本流传。现存最早版本是明末毛氏汲古阁刻本，影响也最广。今存版本众多，以抄本为主，各宗两源，一为汲古阁本，一为元至正本，两本都有阙文。书中舆图可证不晚于元至正再刻本既已出现，从地物看应是南宋宝祐年间随书编绘，虽在明清两代各本中存阙不定，但如弘治《常熟县志》等几部距今本《重修琴川志》时间相对较近的明代方志中也有所收录，故即使今所见舆图最早出现于清代传本之中，仍然有较高可靠性。

第二节　形态：南宋常熟城市内外空间

按《宝祐重修琴川志》(下文称《重修琴川志》)卷一《叙县》所述，常熟县前身为晋咸康七年(341)所设南沙县，南北朝时改常熟县，县治在"今县北三十里，有南沙乡"，[1]故址即今海虞镇西北的南沙村。今常熟城区原是东吴虞农都尉所在，晋太康四年(283)设海虞县，隋代海虞县废入常熟县，唐武德七年(624)常熟县治由南沙城迁至此处。《太平寰宇记》卷九十一"常熟县"引《南徐州记》云："……后汉至吴亦县焉，为司盐都尉署。吴平，隶饶阳。晋武帝分吴县置海虞县，属吴郡。成帝又置南沙县，属晋陵郡。梁大同六年置常熟县。"[2]所记与

〔1〕(宋)鲍廉：《宝祐重修琴川志》卷一《叙县》，哈佛藏明末毛氏汲古阁刻本。下文所引本书内容，如无需特别注明之处，不再出注。
〔2〕(宋)乐史：《太平寰宇记》卷九十一《江南东道三》，北京：中华书局，2007年，第1828页。

《重修琴川志》略同。说明今常熟城区所在地于三国时就已形成聚落，至武德七年（624）县治迁入，已经历了约 400 年的发展。

唐代常熟县治从南沙城迁入海虞县城的原因大约有如下几条。一是南沙城临近长江，位置偏僻。隋平陈后，省并郡县，这一带原有数县都废入常熟县，"海隅、前京、信义、海虞、兴国、南沙入焉，治南沙城。"[1]原海虞县城位于新县域中部，南沙城反而僻处新县域北部，地理位置不佳。而且，海虞县城地处内陆，土地开发程度更成熟，自然环境相对更好。其次，城旁的虞山是周边数十公里内最大的山体，便于军事守备，历来也被视作名胜之地，"下瞰万家，平挹两湖，南望姑苏诸山，北见大江，最为绝胜。"[2]第三，水系发达，交通便利，城内水系可北达长江入海，南至苏州，"耆老犹记海舶常至邑郭。"[3]

时至今日，常熟城市发展已蔚为大观，城区纵横各约 8 公里，远超历史时期的城市街区。限于虞山、尚湖和昆承湖困束，新城区主要是向东和北两个方向扩展，明清形成的围郭都市嵌在城区西部，只占今日街区的一小部分，南宋时的城市街区即在明清围郭都市原址。根据国家图书馆藏 1925 年《常熟县城厢图》，民国街区也仅是覆盖城墙之内，而略微溢出南城墙，可见南宋以来城市规模也在这一范围之内，绝少变动（见附册图 34）。

《常熟县城厢图》是迄今所见最早的常熟城市实测详绘地图，比例尺 1/2500，街巷水网绘制细密，地名信息详实，是研究常熟城市历史形态不可多得的资料。城市形态复原以线性地物、块状

〔1〕《宝祐重修琴川志》卷一《叙县》。

〔2〕《宝祐重修琴川志》卷四《叙山》。

〔3〕《宝祐重修琴川志》卷一《桥梁》。

街区和点状建筑为主，线性地物划分并串联城市结构，块状街区建构城市规模，点状建筑揭示城市功能。实测的民国《常熟县城厢图》作为南宋《县境之图》与今日城市地貌的中介，联系起两者间的定位关系。将南宋舆图和方志资料比对民国实测地图，得出南宋地物的精确位置，再落实到今日地貌位置，是本文城市形态复原的主要方法。

一、城门：城市外部的界限

线性地物包括城墙、街道、桥梁与水系等。城墙作为固结线，一般视作围郭都市的外部界限，然而正如市区并不等同于城市建成区，围郭都市的街区并不完全与城墙相一致。如，民国常熟南城外仍有街区，明清苏州城内南北两部有大量农田。

南宋常熟城并无城墙，但作为一个生聚达千年的聚落，其规模早已到达城市标准，时人也以城视之。如《重修琴川志》卷二《乡都》"积善乡，负郭并县南。"《吴江水考增辑》卷二"宝祐四年开福山塘。知常熟县王文雍兼浚城河。"[1]王文雍所浚城河不是环城墙的护城河，而是横贯常熟的琴川，南宋时称运河。两条史料有"郭""城"二字，表明当时已将没有城墙的常熟视为城市。

在南宋之前，常熟曾筑过一城，"前志云：县城周回二百四十步，高一丈，厚四尺，今不存。"[2]换算里数，此城周长不过数百米，规模狭小，不是聚落围郭，而是宋代之前屏卫官府机构的子城。《县境之图》与《常熟县城厢图》中县治位置没有变动，在今方塔街与县南街交叉路口一带。

〔1〕（清）黄象曦：《吴江水考增辑》卷二《水治考上》，沈氏家藏本。
〔2〕《宝祐重修琴川志》卷一《县城》。

　　之后再次出现城墙，需待至元末时期。宋代虽无城墙，但建炎年间县令李闇之建有五座城门，用以区分城内外，形成了实体的城市界线。五座城门分别为东门行春、西门秋报、南门承流、北门宣化、东北门介福。按《重修琴川志》，东西南三门各称栅，北栅则指东北门介福。《县境之图》中，承流门位于县治西南，运河南岸最西端；行春门位于运河东侧，东塔寺东北，东塔寺即今方塔；介福门位于运河东岸最北端；宣化门位于虞山东北侧；秋报门位于虞山东南，致道观与岳庙一带。

　　按弘治《常熟县志》卷一《城郭》所言，元末所筑城墙在弘治时"城渐颓圮，南北东三门尚存。成化间改承流门为阜民，宣化门为望海，俗又呼为北旱门，介福门为通江，俗又呼为北水门"。[1]承流、宣化、介福三门皆为南宋城门，所以元末城墙东南北三面是沿南宋城市界线所筑。

　　据明代姚宗仪的万历《常熟县私志稿》，嘉靖三十二年（1553）重筑城墙，仅三个月就完工，这道城墙位置即在今护城河内侧，是今所称的明清常熟老城厢。比万历《常熟县私志稿》稍早的嘉靖《常熟县志》卷一《城池》中，虽提及元末城墙基址已作为普通土地分派民众并课税，但城墙两侧护城河仍在，"城之内外皆有渠，外渠之广倍于内，即有事变，未可以易涉也。"[2]万历距嘉靖并不久远，既然是作为收税土地，就会有详细的地契文件存档，而且内外城河明确限定了城墙走向。所以即使明中后期城墙已无，但基址仍然清晰可辨。嘉靖筑城费时如此短，必然是因为利用了元末城墙基址。

〔1〕（明）杨子器：弘治《常熟县志》卷一《城郭》，明弘治十六年（1503）刻本。下文所引本书内容，如无需特别注明之处，不再出注。

〔2〕（明）冯汝弼：嘉靖《常熟县志》卷一《城池》，明嘉靖十八年（1539）刻本。下文所引本书内容，如无需特别注明之处，不再出注。

因此，明清常熟城墙东南北三面走向与元末城墙一致，并能上溯至南宋城市界线，南宋城门即在明清城墙线上。比对《常熟县城厢图》，承流门为翼京门，行春门为宾汤门，介福门为镇海门，宣化门为镇江门，图上位置和周边地物皆与《县境之图》相合。四座城门从南宋至近代拆城前地理位置未发生变化，分别位于今南门大街环城南路口、东门大街环城东路口、河东街环城北路口、北门大街环城北路口。

《重修琴川志》的《虞山南境》图将西门秋报绘于东岳庙东侧，明清老城厢西门在东岳庙西侧。《重修琴川志》卷四《叙山》："南道出秋报门循山而西，致道观、岳祠皆瞰山之麓"，南宋秋报门比明清西门更靠东。按《县境之图》秋报门绘在致道观一带，致道观东为东灵寺，则秋报门当在致道观与东灵寺之间。民国《重修常昭合志》记常熟城隍庙"明洪武三年，知县田义即东灵寺基改建，即今庙也。"[1] 弘治《常熟县志》卷二《社学》："邑城旧有社学，在县治西秋报门内城隍东数十步"，秋报门在东灵寺西无误。《常熟县城厢图》有"致道观旧址""常熟城隍庙"，即今西门大街石梅小学与石梅广场之间，距明清西门约 400 米。

常熟西门向西外移的主要原因是要将虞山包入城内，并非是因为城市街区的扩张。有关元末筑城是否已将虞山包入城内历来有所争议，但从洪武《苏州府志》卷首《常熟县界图》来看，元末西城墙明确已包山入城。至于元末西城墙与明清西城墙是否在同一条线上，可参阅雍正《昭文县志》卷一《城垣》中的"附辨"、黄廷鑑《琴川三志补记》卷二《元州城考》等文。

---

[1] 民国《重修常昭合志》卷十一《坛庙》。下文所引本书内容，如无需特别注明之处，不再出注。

综上，南宋五座城门框定了城市界限，形成一条稳定的固结线，构筑了当代以前常熟城市的基本范围。这条固结线形成甚早，南宋城门是建在成熟街区的基础上，其街区范围至晚在北宋既已形成。自南宋以来的城市范围，除向西侧拓展外，这条固结线几乎没有发生变化，而这种扩张本身并不是因于城市街区本身的生长，展现了城市范围一旦形成就会在相当长时段内保持稳定的固结特性。

二、坊、巷、桥、水：城市内部空间的通道与分界

街道、桥梁和水系等城市内部空间的线性地物作为城市内部交通设施而存在，串联起城市各个角落。同时，由于便利的交通条件，线性地物的两侧，即所谓的"沿街（水）面"首先产生建筑，进而形成街区，这些线性地物犹如人体骨骼，成为城市形态的主构。它们本身开阔而绵长的地理特征，又天然地易成为城市内部分区的界线。这三大功能是城市内部空间线性地物的基本特征。

《重修琴川志》中保留了大量城市内部线性地物的资料，共记录十三坊、十五巷、三十四座桥梁。《县境之图》绘出了几乎全部的坊和近半的桥梁，以及主要街道与水系。根据这些资料可复原南宋常熟城市基本的内部形态。

（一）坊

南宋常熟城里的坊是街道。《重修琴川志》卷前《县境之图》各坊名皆绘于道路上，并且卷一《坊》"衍庆坊"条："在县西北，通慧日寺。""虞山坊"条："在县西北，以登虞山，故名。"及"衮绣坊"条："西出秋报。"这些材料明确说明此处的坊具有交通功能，所以南宋常熟城里的坊是实体的街道（见附册图37）。

《重修琴川志》所记录十三坊分别是制锦坊、飞鸟坊、富民坊、春风坊、兴福坊、寿安坊、丛桂坊、衍庆坊、聚星坊、衮绣坊、紫

微坊、虞山坊和兴贤坊。《县境之图》除兴福、兴贤两坊未标，其他十一坊皆绘出。根据书中文字和地图可复原出这些坊今日所处具体位置，以下如数说明。

1. 制锦坊、飞凫坊

> 制锦坊，在县治之右，与飞凫坊相对，旧名太平坊。飞凫坊，在县治之左，与制锦坊相对，旧名仁寿坊。

查《县境之图》，两坊东西向，俱在常熟县治前，飞凫坊在东，制锦坊在西。即《常熟县城厢图》中的县东街、县西街。今县东街仍存，县西街已无，为文化广场南侧通道，东接县东街，西接中巷。

2. 富民坊

《县境之图》中为运河（今琴川）西岸的南北向街道，即今焦桐街、通江路一线。

3. 春风坊

> 在县东，以春风楼相对，故名。

《县境之图》绘于运河（今琴川）东岸，东西向道路，与飞凫坊隔迎恩桥相连。按《常熟县城厢图》此处有春风巷，即是。今不存，在县东街过琴川东延伸线上，东止兴福街南延伸线。

4. 兴福坊

以崇教兴福寺得名。民国《重修常昭合志》卷十一《寺观》："崇教兴福方塔寺，亦称东塔寺。"《县境之图》未绘兴福坊，但有"东塔寺"，在春风坊北一条街道上，该街道东有一南北向街道与春风坊相连。按《常熟县城厢图》方塔寺在塔衖（今塔弄），寺前有南北向道路连接春风巷，名兴福街，当即南宋兴福坊。今存兴福街，但方塔街以南段已不存。

5. 寿安坊、聚星坊

> 寿安坊，在县西何家桥。聚星坊，在县西北，以钱丘富诸寓公皆居此，以故名。

《县境之图》中，聚星坊错记为聚恩坊，与寿安坊为同一条南北向街道，寿安坊为南段，聚星坊为北段。图中寿安坊南起制锦坊西端无名桥梁，按《常熟县城厢图》该桥即何家桥，则寿安坊为寺心街，寺心街北的紫金街即为聚星坊。即今和平街为寿安坊，紫金街为聚星坊。今紫金街北至辛峰巷止，《县境之图》中则继续向北与西侧一条街道相接，《常熟县城厢图》也止于辛峰巷，巷北为炳灵公殿。弘治《常熟县志》卷二《庙》记："至圣炳灵公庙，在县治西北，洪武十八年建。"因此，南宋聚星坊北段比今紫金街更长，当北延至今虞山中路东延伸线。

6. 衍庆坊、衮绣坊

《县境之图》中两坊为同一街道，东西向，东段为衍庆坊，西段为衮绣坊，东起寿安坊，西至秋报门。即今西门大街，从和平街至石梅广场与石梅小学之间的一段。

7. 虞山坊

> 在县西北，以登虞山故名。

《县境之图》，虞山坊南起衍庆坊，北通宣化门。故即今书院街与北门大街。

8. 丛桂坊

在县西北，以冷副端兄弟连登科，故名。

副端，殿中侍御史的别称。《通典》卷二十四《职官六》中称殿中侍御史"号为副端"。[1]冷副端，即冷世光，与兄弟冷世修一榜中举，《绍兴十八年同年小录》中有两人姓名。[2]又，《宋史》卷三百八十九有"殿中侍御史冷世光"一句。[3]

《县境之图》中，丛桂坊为东西向街道，在衍庆坊与制锦坊西侧街道之间，东起寿安坊，西抵慧日寺前南北向街道。即今方塔街和草荡之间，东起和平街，向西延伸约50米，街已不存。

9. 紫微坊

《县境之图》中为东西向街道，在天宁寺南，言公西巷北，东起聚星坊，西至虞山坊。图中紫微坊过聚星坊连接的一条东西向街道东端为通江桥。按，此处图有误，图中运河（今琴川）这段有通江桥、瞿桥和文学桥三座桥梁，三桥西端各有街道相连，瞿桥所连接的是图上唯一注名的言公巷。按《常熟县城厢图》言子巷所连桥梁为醋库桥，北为瞿桥，再北为通江桥。弘治《常熟县志》卷一《桥梁》"文学桥"条："在县治东北一百五十步，子游巷口，旧名言偃桥，又名醋库桥。"常熟传为言偃故里，城内有以言偃为名的街道，以作纪念，言公巷、言子巷、子游巷实为同一条街巷。所以《县境之图》此处三座跨琴川的桥梁应各移动至上方一条街道，文学桥连接的街道

〔1〕（唐）杜佑：《通典》卷二十四《职官略》，清武英殿刻本。
〔2〕（宋）佚名：《绍兴十八年同年小录》，清文渊阁四库全书本。
〔3〕（元）脱脱：《宋史》卷三百八十九《袁枢传》，北京：中华书局，1977年，第11936页。

为言公巷，瞿桥连接的街道为紫微坊东侧街道。又，天宁寺西侧有一条南起紫微坊的南北向街道，与今天宁寺巷位置相近。查按万历《常熟县私志稿》已记录该巷，民国《常熟县城厢图》亦有此巷，位置也与今相近，故该巷即为今天宁寺巷。综合瞿桥所连街道与天宁寺巷的位置，紫微坊是今引线街。

10.兴贤坊

> 在县南，以县学居其左，故名。本名学道坊。

《县境之图》未标兴贤坊位置，但绘出县学，在运河（今祝家河）北岸街道北侧，即今学前街。

（二）巷

《重修琴川志》卷一所记十五巷，并非实数。如《县境之图》所绘天宁寺巷，书中便未见记载。还有同卷《务》"市易务"条："在尉廨西南，后废为民居，今犹有市易务巷。"又，所记数巷又与坊相重叠，实为一条街道，如市心巷与寿安坊、聚星坊，青果巷与富民坊。《县境之图》虽只标注"言公西巷""言公东巷"两条支巷，但通过相关地物位置关系推测，仍能得出大部分支巷今日位置（见附册图37）。

按《重修琴川志》所记十五条巷按方位分别是县西北：吴国言公东巷、吴国言公西巷、朱师巷、邵巷；县西：市心巷、镇桥北巷、何家巷；县西南：曾家巷；县东南：金驼巷、庙巷、白家巷；县东：青果巷、新街巷；县东北：冷家巷、捕盗巷。

其中，吴国言公东、西两巷，邵巷，青果巷四条支巷于《常熟县城厢图》仍有明确标示，比对到今日地貌中，吴国言公东、西巷即今东言子巷、西言子巷；邵巷为今虞山中路东段北门大街与文华街段；青果巷即今琴川西岸县东街至县后街段，与南宋时富民坊相重合。

朱师巷、市心巷、金驼巷、捕盗巷四条巷子被《常熟县城厢图》以近音字标示，朱师巷为洙泗巷，市心巷为寺心巷，金驼巷为金童子巷，捕盗巷为大步道巷。

《重修琴川志》卷一《巷》记"朱师巷，在县西北，邵巷南。"《常熟县城厢图》中邵巷南一支巷即洙泗巷，故图中洙泗巷即南宋朱师巷。今已不存，在北门大街与文华街之间，辛峰巷西延伸线北侧。

明清方志中"市心巷"为城中主街之一，皆作"市心街"，走向记载明确，惟《常熟县城厢图》作"南寺心街""北寺心街"，今和平街。

金驼巷，民国《重修常昭合志》指《重修琴川志》中"金驼巷"为金童子巷，今存。

捕盗巷，万历《常熟县私志稿》记："捕盗巷，宋设捕道院其中。"[1]民国《重修常昭合志》卷三《坊巷》记："张文麟自建宁府告归，为三子起大第居之，题巷门易今名。"改名为大步道巷。《县境之图》运河东岸，最北面东西向街道，未注名，当是捕盗巷。大步道巷今存。

其余七巷考证如下。

镇桥北巷，按名称应在镇桥北侧。弘治《常熟县志》卷一《道路》"县前街"条："内有周孝子庙巷、太平巷、镇桥北巷、金驼巷、沈家巷、新巷、何家巷。"比对《常熟县城厢图》，这里记载的支巷是按先由南向北，再从东向西排列。周孝子庙巷即周神庙衖，在最南；太平巷为东太平巷，巷西为西太平巷；金驼巷即金童子巷，巷西处于一线的是沈家巷。因此，镇桥北巷即是图中西太平巷。《重修琴川志》记镇桥北巷在县西，亦与此合，巷在县前街西侧。今太平巷的和平街至县南街段。

---

〔1〕（明）姚宗仪：万历《常熟县私志稿》卷一《坊巷》，哈佛藏抄本。下文所引本书内容，如无需特别注明之处，不再出注。

　　何家巷，《重修琴川志》卷一《巷》记"在县西，以何家桥，故名。"按《常熟县城厢图》，何家桥故址在今中巷与和平街口，民国《重修常昭合志》认为桥南粉皮街即南宋何家巷，今存。

　　曾家巷，《重修琴川志》卷一《巷》记"在县西南，养济院南。"《常熟县城厢图》城西南有"常熟养济院旧址"，在草桥偁东。弘治《常熟县志》卷一《道路》"南市街"条记"在草桥南，内有陈家巷、曾家巷。"曾家巷位置大致范围就在这一带。又，万历《常熟县私志稿》"南墅街"条下支巷同时记有"曾家巷"与"养济院前"。按此，养济院门前街道当不是曾家巷，曾家巷或是正对养济院门的南北向街道。今街道已不存，位置在南士里东侧，报本街与南泾堂之间。

　　庙巷，即今周神庙弄，西起周神庙弄西延长线与县南街南延长线交点，东为今弄。

　　新街巷，民国《重修常昭合志》认为是"迁新巷"，《常熟县城厢图》作"前辛巷"。在今县南街东侧，县东街与方塔街之间。

　　冷家巷，冷世光所居，民国《重修常昭合志》指靠近小步道巷。确切位置已难考，《县境之图》大步道巷南有南北向未注名街道一条，当是冷家巷。今小步道巷西自河东街出，向东后又南折至东门大街止，南折后一段或是冷家巷旧址。

　　白家巷，民国《重修常昭合志》指靠近广济桥街。《常熟县城厢图》中，广济桥在小东门街上。小东门街今仍存，白家巷位置难考，当在附近。

　　这十五条支巷，除朱师巷、曾家巷、庙巷、白家巷四条外，《县境之图》皆都绘出，但即使加上十三坊，也只占到图中街巷半数左右。另外半数街巷的名称与精确位置，将通过《县境之图》与今地貌的对比，并利用图中地物参照作出考证。

　　图中县治正前与琴川桥之间的南北向街道，即为今县南街的县东街以南段。按今存距《重修琴川志》最近的弘治《常熟县志》，这条街时称县前街。

图中县治正南，共有五条东西向街道。第一条街道是制锦坊与飞鸟坊，西边过寿安坊后，为今中巷，南宋旧名不知。

第二条街道在县前街东段是金驼巷，县前街西段接沈家桥，弘治《常熟县志》作"沈家巷"，民国《常熟县城厢图》亦作"沈家巷"。今已不存，位置为今金童子巷向西延伸至和平街。

第三条西段接八字桥为镇桥北巷，东段《常熟县城厢图》作"东太平巷"，即弘治《常熟县志》"太平巷"，今存。西过八字桥段，万历《常熟县私志稿》卷一《坊巷》作"山塘街，东八字桥，西庙西街。"今山塘泾及其西延伸线。

第四条在运河北岸，即兴贤坊，今学前街。西过望仙桥段为陈家桥，弘治《常熟县志》卷一《道路》："学前街，西通陈家桥。"今不存。

第五条在运河南岸，东起显星桥，西至承流门，即弘治《常熟县志》卷一《道路》中"南街"，今南门大街。

县治正北同样有五条东西向大街。第一条位于县治后景言阁北，万历《常熟县私志稿》卷一《坊巷》作"景言巷，即县后巷。"今县后街。街南有一条东起富民坊，南折至飞鸟坊的支巷。南折部分即新街巷，东街富民坊一段在《常熟县城厢图》中为"后辛巷"，民国《重修常昭合志》作"后新巷"，南宋旧名不知。今不存，位置在今县后街与方塔街之间。

第二条是言公东巷，今东言子巷。

第三条位于紫微坊东侧，图中东接通江桥，按前文"紫微坊"中考证，当接瞿桥。《常熟县城厢图》中瞿桥西侧街道为章家角，弘治《常熟县志》卷一《道路》："北街，在市心街北，因章氏三兄弟同时显贵居此，故今名金紫街。"今为紫金街。又，同书卷二《居室》：
"三进士宅，在县治北，御史章孟端子表、格、律皆中科甲，故名。"
按同书卷四《名臣》记，章孟端，本命珪，字孟端，正统年间人。因
此，这条与聚星坊（今紫金街）交叉的道路，在南宋时并不称章家
角，其名已失，今为引线街的紫金街至通江路一段。

第四条街道当东接通江桥，南宋旧名不知，今辛峰巷。街西端，
位于天宁寺西侧的南北向道路为天宁寺巷，今存。天宁寺北东西向
街道，即邵巷。

第五条街道北有顺民仓，《重修琴川志》卷一《仓库》："常平义
仓，在顺民仓之北廊。"民国《重修常昭合志》卷三《仓库》："常熟常
平积谷仓二，一在白粮仓前"。《常熟县城厢图》中有"白粮仓旧址"，
址前街道为"白粮仓前"。上述材料说明，南宋顺民仓与常平仓同在
一处，近代常平仓别称白粮仓。因此第五条街道即白粮仓前，南宋
旧名不知，今虞山中路东延伸线。

图中虞山坊西侧有"虞山门"，过门有一街道上虞山，通极目亭。
《重修琴川志》卷四《山》"虞山"条："入虞山门，即登山半里，至半
山亭。蹑山脊而上至乾元宫，前有极目亭。"虞山门非城门，而是山
门，在半山之上，距山脚约250米。这条上山路最后通往极目亭，
即今辛峰亭。民国《重修常昭合志》卷十二《古迹》"极目亭"条："又
废，万历间萧应宫建阁二层，以形家言更名辛峰。"按图，这条路在
辛峰亭南侧，直往东下山。

《县境之图》运河东侧有大小七条街道。沿河东岸街道，弘治
《常熟县志》即称河东街，今存。由北向南第一条东西向街道为捕盗
巷，第二条南北向街道疑为冷家巷。第三条街道，东西向，通东门，
今东门大街。

第四条街道，东西向，北有东殿圣王庙。按《常熟县城厢图》即

东殿巷，弘治《常熟县志》亦作此名，南宋当亦是此名。巷在方塔寺北，即今塔后街。哈佛藏汲古阁本、嘉庆《宛委别藏》本《县境之图》中第四条街道北有一条南北向支巷，恬裕斋影元抄本、弘治《常熟县志》、嘉靖《常熟县志》等所收之图中皆无。

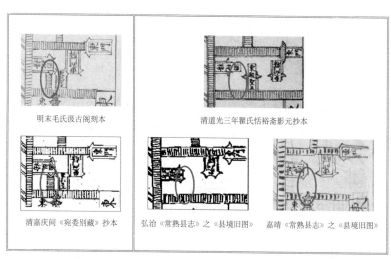

明末毛氏汲古阁刻本　　　　　　　清道光三年瞿氏恬裕斋影元抄本

清嘉庆间《宛委别藏》抄本　　弘治《常熟县志》之《县境旧图》　　嘉靖《常熟县志》之《县境旧图》

各本图中东殿巷北支巷绘法

第五条街道，东西向，北有东塔寺，即今塔弄。第六条街道即兴福坊，第七条即迎春坊。

《县境之图》西南部分，慧日寺前南北向道路，即《常熟县城厢图》中"寺南街"，今不存，约在和平街西侧50米处，方塔街至草荡之间。虞山坊南侧南北向街道，今已不存，位置约在西门大街至山塘泾间的书院街一线。东灵寺前南北向街道，即今庙弄，南宋旧名不知，约是东灵寺改常熟县城隍庙后改名。

（三）桥

《县境之图》有桥十三座，除寿安坊南端何家桥未注其名外，其他皆标注名称。分别为县桥、镇桥、琴川桥、望仙桥、八字桥、沈

家桥、显星桥、迎恩桥、文学桥、瞿桥、通江桥和顺民桥。十三座
桥中除顺民桥外，皆能通过对《常熟县城厢图》和相邻街道名称的比
对，找到桥梁今日所在的确切位置。顺民桥，《县境之图》绘其跨运
河，弘治《常熟县志》卷一《桥梁》记"在顺民仓北"，《常熟县城厢图》
白粮仓旧址东北，第六弦河口东南，跨运河有一桥梁，即是，今通
江路东侧。

　　《重修琴川志》卷一《桥梁》共记录三十四座桥，《县境之图》十三
桥都在其内，另二十一座桥分别为市曹桥、通济桥、庆仙桥、善利
桥、昇仙桥、孩儿桥、东何家桥、太平桥、焦家桥、范公桥、草桥、
龚家桥、王家桥、中和桥、鱼行桥、天心桥、金家桥、小虹桥、黄
栢桥、包家桥、俞家桥。

　　《常熟县城厢图》中绘出的有四座：通济桥、庆仙桥、范公桥和
草桥。其中，通济桥图中作"坊桥"，是《重修琴川志》中所记的该桥
俗称。

　　另外，昇仙桥与八字桥实为同一座桥。弘治《常熟县志》卷一
《桥梁》："昇仙桥，与庆仙桥对峙，故俗名八字桥。"

　　剩余十六座桥梁中，位置精确可考的有孩儿桥、太平桥、焦家
桥、中和桥、小虹桥和黄栢桥六座。

　　孩儿桥，民国《重修常昭合志》认为即寺桥。寺桥，嘉靖《常熟
县志》卷二《道路》："在衍庆坊下，桥门仅通山水，宋绍熙间建。"万
历《常熟县私志稿》卷一《桥》补记为"衍庆桥，衍庆坊下，寺之东。"
则该桥位于今西门大街和平街口西侧。

　　太平桥，弘治《常熟县志》称该桥以太平巷得名，民国《重修常
昭合志》卷三《坊巷》称该巷"东抵太平桥北堍"，因此太平桥是南北
向，不在太平巷上，而在巷东端南侧，即今焦桐街太平巷口南侧。

　　焦家桥、小虹桥，万历《常熟县私志稿》卷一《桥》记焦家桥：

"旧名通利，周孝子庙东。"今人所编《常熟市地名志》："原址在焦桐街。"[1]同书"焦桐街"条："因街南端原有跨琴川第一弦的桐桥，北端原有焦家桥（位于周神庙弄东端），故名。"[2]又，《重修琴川志》卷一《桥梁》记小虹桥："在县东南，俗呼洞桥。"万历《常熟县私志稿》卷一《桥》作"桐桥"，《常熟县城厢图》周神庙衔东南侧有"桐桥"。另，《常熟市地名志》记洞桥："原址在焦桐街、周神庙弄口"，[3]与同书"焦桐街"条中"桐桥"位置矛盾，此处应是。所以，两桥位置相近，焦家桥为东西向桥梁，在今周神庙弄焦桐街口东侧，跨琴川；小虹桥为南北向桥梁，在今焦桐街周神庙弄口南侧（见附册图35）。

中和桥，民国《重修常昭合志》认为即兴隆桥，《常熟县城厢图》有兴隆桥，今山塘泾岸与读书里南延伸线交叉处西侧。

黄栢桥，弘治《常熟县志》卷一《桥梁》："在市心街北。"万历《常熟县私志稿》卷一《桥》作"黄柏桥，章家角。"即今和平街引线街口。

位置大体可考的有市曹桥、东何家桥和龚家桥3座。

市曹桥，弘治《常熟县志》卷一《桥梁》："在沈家桥西，旧有市司设此，故名。"推测位置在今金童子巷西延伸线过和平街继续向西一线上。

东何家桥，民国《重修常昭合志》："又西过青禾稼桥，龚《志》：清和桥、东何家桥，并跨城濠。"[4]龚《志》为崇祯《常熟县志》。《常熟

---

〔1〕 常熟市地名志编纂委员会办公室：《常熟市地名志》，上海交通大学出版社，2006年，第66页。

〔2〕《常熟市地名志》，第24页。

〔3〕《常熟市地名志》，第66页。

〔4〕 民国《重修常昭合志》卷三《坊巷》。崇祯《常熟县志》卷二《桥梁》中关于东何家桥原文为："城濠自北而南，出鱼家桥趋至小东门，其上有清和桥、东何家桥、广济桥，皆古昔所建。"明抄本。

县城厢图》有青禾稼桥，东西向，在今东门大街环城东路口西南，东何家桥或在此附近。

龚家桥，《重修琴川志》指"在县西南。"崇祯《常熟县志》卷二《桥梁》："回龙桥、广义桥、龚家桥俱跨焦尾溪上。"[1]焦尾溪位于城西，具体位置待下节考证。然而，指称龚家桥跨焦尾溪上的仅有崇祯《常熟县志》，之前各志皆无此言，因此龚家桥位置仅作参考。

位置不可考的七座桥梁中，善利桥和鱼行桥皆位于县治西南，王家桥、天心桥、金家桥、包家桥和俞家桥位于县治西北。这几座桥在明代既已经"大抵湮为平陆"，[2]民国《重修常昭合志》认为城西北的几座可能位于北门大街一线。

（四）水

常熟地处江南，水网密布，水道对其城市形态结构的形成起着主导作用，而且它的别称"琴川"也同水系有着密不可分的关系。传闻，"琴川"之名源于城内七港或城外五浦。《重修琴川志》卷一《叙县》：

> 又别名曰琴川，此其颠末也。县治前后横港凡七，皆西受山水，东注运河，如琴弦然。今仅有一二通流，余皆湮塞。或云五浦注江，亦若琴弦。

南宋时，七港多已湮塞不存，仅有一二条尚在，但几座紧贴运河西岸的南北向桥梁指出了部分横港的位置。如太平桥、小虹桥，

---

[1]（明）龚立本：崇祯《常熟县志》卷二《桥梁》。下文所引本书内容，如无需特别注明之处，不再出注。

[2]崇祯《常熟县志》卷二《桥梁》。

所跨河道必属七条横港之一。

五浦是太湖泄洪河道，《重修琴川志》卷五《水利》记："盖此邑有五浦，皆注于江。东则白茆浦、东北则许浦、正北则福山浦、西北则黄泗浦及奚浦。"白茆浦，今称白茆塘，《县境之图》右下角"吴泾"河即是。许浦，今常浒河。福山浦，今福山塘。黄泗浦、奚浦，皆在今张家港境内，奚浦今仍存，黄泗浦今有遗址，为第七批全国重点文物保护单位。

《重修琴川志》卷五《叙水》中专记的水系不多，其中与城区相关的只有小娘子泾、山塘泾、常熟塘、福山塘等几条。实际上，城内水网细密，以前文所述桥梁计算，城内水系就已不止这几条河道。

《县境之图》中也不限于上述河道。图中水系以运河最为醒目，自介福门南下到显星桥，又折向西面到承流门，呈"反 L 形"；显星桥处向东南汉出支流，题名"昆承湖口"，然后又分为两支，一支向东，名为"吴泾"，一支向南，未题名；折向西的运河在望仙桥处向北汉出一支流，直至寿安坊，未题名。另在飞鸟坊与金驼巷之间也有两条交叉水系。以上为《县境之图》所绘水系。

运河，《元丰九域志》"常熟县"条下已记录此河，[1]一直是常熟城区最重要的水系，对街区形态有重大影响。介福门至显星桥段，即今琴川，向北出介福门接福山塘，直抵长江；向南过显星桥，继续往南，元末筑城后，在显星桥南被城墙截为内外两段。城外段又分为两支，一支仍向南入昆承湖，一支向东南为白茆塘。查《常熟县城厢图》，城内外河道仅一墙之隔，两段相连接，河道自介福门直到昆承湖走向平直，所以这条河道当是运河本流。

显星桥至承流门段，今称祝家河，出承流门接元和塘至苏州齐

〔1〕（宋）王存：《元丰九域志》卷五《两浙路》，北京：中华书局，1984年，第210页。

门，元和塘即《重修琴川志》中常熟塘。朱长文《吴郡图经续记》卷下《治水》："至唐元和中，开常熟塘"。[1]又，宋代陈思《宝刻丛编》卷十四编目有《唐新开常熟塘记》一文，称是"唐刘允文撰、刘苑正书，元和四年二月立。"[2]这段河道是常熟塘东段，自建城门后才内外有别，并入运河。从地形来看，该河在显星桥北与运河相交处几乎为90度，平原环境下出现如此笔直角度的交叉河口，可以断定是人工开凿的痕迹。因此，显星桥南段河流才是运河本流，这段东西向河道是常熟塘东段。常熟塘开凿于唐元和年间，那么河两岸学前街、南门大街街区必定形成于此之后（见附册图36）。

许浦，今常浒河，西至护城河止。按《常熟县城厢图》，该河沿东门大街南侧一直延伸至城内，与运河相汇。南宋河道走向也如此，运河东岸有通济桥可证明。

北达长江的福山塘、许浦与南连苏州的常熟塘，构成了南宋常熟对外交通网络的核心基底。东北、东、南三座城门分别落于三河之上，显示这一水道交通网络对决定城市外部界限起到的作用。串联起这三条河道的运河，因此成为常熟城内水系的主干，围绕其形成的水系进而又影响了城市内部空间的形态。

城市内部的河流多是虞山东流而下的山涧小溪，流向山前平原后，全部汇入运河。自北宋政和年间开通山西南的山塘泾与山西北的小山港"以杀山水之暴"后，[3]城内所谓七弦横港来水受限，逐渐湮塞，南宋时既已不知全部。后世虽多有假说，但观点各一，附会琴

---

〔1〕（宋）朱长文：《吴郡图经续记》卷下《治水》，南京：江苏古籍出版社，1999年，第51页。

〔2〕（宋）陈思：《宝刻丛编》卷十四，清文渊阁四库全书本。

〔3〕《宝祐重修琴川志》卷五《泾》。

川之名义的动机大于水系考证的成绩。[1]

现知南宋有太平桥、小虹桥下两条横港外，还有小娘子泾。

《重修琴川志》卷五《泾》"小娘子泾"条：

> 在县治之前，循县治而西，折而北，又西过慧日寺，又北沿虞山之趾。贯络邑中，古以疏泄山水之暴。……自其东过县，而属于运塘，亦皆为浮棚，不复通舟故。

万历《常熟县私志稿》卷二《泾》补记小娘子泾（书中称"小洋子泾"）源头：

> 北旱门内有小洋子桥，想发源于此。

小娘子泾走向是自运河西出，贴着飞鸟坊（今县东街）南侧过县桥，转北沿着县治西侧，即过何家桥向北，又在慧日寺前（即今西门大街）转向西，一直到虞山，沿山脚上溯至北门。民国《重修常昭合志》认为几座在北门大街一线的桥梁，应即是跨小娘子泾。

小娘子泾在南宋既已淤塞，嘉定年间叶凯疏通了县治以东段，县治以西段则仍旧淤塞。按《县境之图》小娘子泾东段会仙楼前还有一河与之交叉，并向南转西，在东太平巷北侧与街并行。

小娘子泾自何家桥开始淤塞，桥南与小娘子泾相接的河道直南入常熟塘东段，跨沈家、八字、望仙三桥。这条河道民国时仍存，在今粉皮街东侧。

山塘泾，是政和年间开凿的河道。《县境之图》虽未绘出，但其

---

〔1〕 参见民国《重修常昭合志》卷三《坊巷》。

从城外一路到庆仙、八字两桥处，汇入何家桥之南的河道中，并东过镇桥，与太平桥下横港相连，即今"山塘泾街 - 太平巷"南一线。河上有中和桥、范公桥、草桥、庆仙桥等数座桥梁。

　　焦尾溪，溪名显然是为与"琴川"呼应而取"焦尾琴"的典故，《重修琴川志》中未载该溪。明初已淤塞不存，弘治《常熟县志》卷一《溪》记其"南通山塘泾，北接石梅涧，遗迹尚存。"崇祯《常熟县志》卷二《山川》指陶家巷即其遗址。河道走向大致为今健康巷山塘泾岸以北段，向北延伸至常熟博物馆。

　　上述是今可考的南宋常熟城市水系（见附册图 38）。按照桥梁分布，当还有更多未考证出的水系，说明常熟街区内水系密度相当高。不仅是密度高，数量多，而且水系走向还决定了城市空间的基本形态，五座城门中有三座皆通水系，体现了江南城市与水系之间的密切关系，这也是江南水乡城市的地理特性。

三、建筑：城市地块的开发进程

　　《重修琴川志》只记载了 40 座左右的建筑，多为官署、馆驿、亭楼、宗教场所四类，其他诸如居民住宅、商业铺面等记载绝少。虽然所记录的建筑数量和种类都不多，但上述四种建筑都是属于官府视野之中的必要设施，前三种皆由官府建造、管理、使用，而书中所记载的宗教场所同样都是经过认可的官方祠庙，并非民间信仰。这两大类建筑可谓是南宋常熟县日常行政和精神世界的上层建筑，在其城市风貌中有显著地位。通过对这些城市政治和宗教景观地理位置的分析，可以了解当时常熟城市上层对地块功能性质的认知。本文将常熟县城分为四块区域，统计各区域内建筑分布情况，具体可见附册图 39。

　　建筑本身的身份定位决定了所在地块的功能性质，分布的疏密度又能体现城市区块的开发程度。限于《重修琴川志》对建筑记载的不完整性，无法揭示南宋常熟城市整体的功能性质及开发程度，但书中对于城市上层建筑的记录，则清晰地表现了城市主要区块开发的先后顺序和重点地块的规模。

从图中可看出，县治及其正南区域是南宋常熟县城的黄金地段，集中了重要的官府机构，建筑分布最为密集；运河东岸，也同样集中了不少机构，官府衙署以税务机构为主，主要分布在东门的东门大街和塔衕之间。县治西北有不少宗教祠庙，这与地近虞山息息相关，这些祠庙主要分布在衍庆坊沿线，并向虞山延伸，其中不少已出西门。县治西北与西南地块，面积较大，因此相对来说建筑分布稀疏，西南地块尤其如此，几乎不见上述官府层面的建筑。这一地块主干交通是衍庆坊与山塘泾，山塘泾开凿于北宋政和年间，至南宋宝祐已有一定发育时间，官府层面建筑却如此之少，说明在政和之前常熟县街区发展已趋完善，县治西南作为城市新街区，以民间私人建筑为主。

四、小结：常熟城市形态的演变历程

常熟作为常熟县城有近 1400 年历史，作为县城则有 1800 年历史，南宋时的常熟城已是一个发育成熟的城市，颇具规模。

回溯唐五代城市史，当时的常熟城是一座坐落在虞山东侧溪流冲积扇顶端，城墙仅有二百四十步长的小城，位于今方塔街县南街口一带。城南因有"常熟镇""县市"，[1] 街区已延伸至镇桥一带，即今县南街和平街口。东侧琴川也是城市早期发育街区之一，《吴地记》

---

〔1〕 常熟镇，晚唐设立，在镇桥，今太平巷县南街一带。《重修琴川志》卷一《镇》记"县犹有镇桥在焉。"《吴郡志》卷十一《唐成及传》："乾宁中，杨行密攻之，常熟镇将陆郢等以城应贼。"南京：江苏古籍出版社，1986 年，第 137 页。

中所记五座桥梁，有三座横跨于河上。[1]元和塘浚通之后，与琴川构成的反"L"水系，将县治以南地块紧紧包住，圈定了城市核心区的范围。元和塘使常熟与苏州之间的联系更趋便利，带动了城市发展。县治以北还没有融为城市部分，以所出土唐代墓志来看，当地属隐仙乡，仍是乡村风貌。《唐姚真墓志铭》《唐羊氏夫人墓志铭》和《唐东海君墓砖》等金石中记录城北有"官路""官河"，说明后来作为城市北部街区主构的北门大街和琴川北段在唐代已经形成，为日后城市向这里拓展埋下伏线。[2]

南宋《重修琴川志》的《县境之图》以县治为中心勾勒了城市形态，全图大部分幅面被今南门大街以北，琴川以西，虞山中路东延伸线以南，紫金街–和平街–粉皮街以东区域占据，其他区域被压缩至边缘，显示了这一地块的重要性。实际上，《县境之图》所欲展现的只是这区域内被元和塘与琴川"反L形"河道格局圈定的县治以南地块，县治以北仅仅是为了寻求图幅对称而画上了相同数量的五条街道。这一地块作为城市核心基底与琴川共同塑造了常熟城市形态的基本架构。

若将《县境之图》比对至实际地形上，就会发现图中重点表现的县治以南地块只占了城市一小部分，但却路网密集，并且排布整齐，形态发育成熟。此处在唐代就属城市核心，是常熟城市街区中较早形成的地块，如县治前的宣风楼"至赏心亭皆榷酤之所。"[3]东侧紧邻的琴川，南北横贯全城，既是城内各水系的主干，又是对外交通的枢纽，"耆老犹记海舶常至邑郭"就是通过琴川往来城内外。大量船

---

〔1〕（唐）陆广微：《吴地记》，清文渊阁四库全书本。

〔2〕参见王素：《新中国出土墓志.江苏.壹.常熟》，北京：文物出版社，2006年；周公太：《常熟博物馆藏南宋墓志研究举要》，《东南文化》2001年第7期。

〔3〕《宝祐重修琴川志》卷一《亭楼》。

舶流入带动区域发展，在琴川两岸形成以商业为主的功能区域。两岸具有众多商业管理设施，如醋库、酒税务等，临河的青果巷是"商贾交易之地"。[1]

宋代以来，县治以北地块也得到发展，尉厅、顺民仓等建筑的完工，促进了这一区域以北门大街和琴川北段为主干逐步城市化的过程。县治西北的虞山因是附近唯一的山脉，历来为人重视，不少建筑可追溯至南北朝时期，早于常熟县治迁来的时间。然而这些建筑多为精神信仰而设，不在日常视野范围内，并不被视作城市一部分，所以南宋西门、北门设在山脚下，将山南、山北的宗教建筑隔在了城外。

县治西南地块自山塘泾开通，与城市中心连接日趋紧密，逐步发展，如弘治《常熟县志》卷一《桥梁》中记"善利桥"："在县治西，旧地多货易，因以为名。"表明此地商业逐渐兴盛，南宋时这一地块处于成长状态中。

综上所述，南宋常熟城是一座发育成熟的城市，外部界限早已形成并且稳定。内部空间以琴川为主干，早期城市街区是紧贴琴川西岸的县治以南地块。元和塘开通后，与琴川构成"反L形"水系所圈定的城市南部街区得到进一步巩固，继续保持城市核心的优势。城西南地块因水系交通的改善，成为城市新街区，南宋时仍处于成长状态。值得注意的是，早期常熟城的街区基本是沿主街和水系生长。最初以县治地块为城市源头，向南沿县南街发展出"常熟镇""县市"，而后沿琴川与元和塘，形成城市核心区域。宋代城北以北门大街和琴川北段为主构的街区发育，南宋城西南沿山塘泾拓展街区（见附册图40）。

---

[1]《宝祐重修琴川志》卷一《巷》。

第三节　组织：城市基层管理

宋代城市管理形式灵活，陈振提出南宋依据城市规模大小分别实施隅坊（巷）制、厢界坊（巷）制和厢坊（巷）制等制度。[1]包伟民认为："总体而言，宋代从京师到州县城市，城区基本上都实行厢坊两级管理体制。部分城市在坊区这一级，虽偶见界、隅等不同名称，但并不影响它们基本性质的一致性……"[2]以常熟而言，《重修琴川志》卷二中并列书写了"县界"与"乡都"两套体系的县下基层管理组织，用于区别城乡，城内为"界"，城外为"乡"。不过，书中并未明确记载城内"厢"一级组织，只有"积善乡，负郭并县南"等表示县郭处于"乡"下的材料。据琴川桥下出土的绍兴十五年（1145）《千手千眼观世音菩萨广大圆满无碍大悲心陀罗尼呪幢》所刻："大宋国平江府常熟县积善乡县郭"，[3]可见县城区域与乡仍有联系。鲁西奇也曾提到这点："惟并非所有州县城郭均置有'厢'，即便是州县本身，也可能被划归某乡范围，在这种情况下，以乡统坊与以乡统里，实并无二致。"[4]

按卷二《县界》，城内街区共分为六界，具体划分如下：

第一界，显星桥至南栅，过跨塘桥街东，北至县前，西入

〔1〕　陈振：《略论宋代城市行政制度的演变：从厢坊制到隅坊（巷）制、厢界坊（巷）制》，《漆侠先生纪念文集》，保定：河北大学出版社，2002年，第339—349页。

〔2〕　包伟民：《说"坊"：唐宋城市制度演变与地方志书的"书写"》，《文史哲》2018年第1期，第33—34页。

〔3〕　民国《重修常昭合志》卷十九《金石志》。

〔4〕　鲁西奇：《买地券所见宋元时期的城乡区划与组织》，《中国社会经济史研究》2013年第1期，第25页。

寿安坊阶东，直止东子游巷街南，转东南青果巷、迎恩桥西，止丞厅南，止县学西。

第二界，跨塘桥街西，直上西何家桥、丁家茶坊，入寿安坊街西，止西子游巷街南，直上善利桥，至钱通判宅，止西栅。

第三界，显星桥东直上文学桥东堍，入巷街南，止东塔寺后河南河北。

第四界，塔后西起坊前，东止东栅，北止北水栅。

第五界，东子游巷街北起，止瞿家桥，西南止丘监丞宅街东一带，西北过桥直下至广惠桥西堍街北，向西转北，止尉司街，西直上邵家巷东，止北旱栅东。

第六界，北旱栅西起一带，止东南包家桥，西一路上（止）葛庄基，西南止陈茶监（盐）街北，正（止）教院后门北沿街。[1]

这段文字看似齐整完备，细读之后却颇有疑问不通之处。如，全文最简短的"第四界"即被明末清初的陈三恪指称"旧志缺"，[2]但明清诸版《重修琴川志》皆录第四界之文，陆贻典批元本校注也未见说有缺文。相较于其他几界，第四界之文的确过于简略，且文字风格也略有不同，虽然不知陈三恪之说据何而来，但此处当存疑。又如，第一界"西入寿安坊阶东"之"阶"字义何谓；第三界"入巷街南"显然遗漏了巷名；第四界"塔后西起坊前"的"坊"未指明是哪座坊。这都是《县界》篇在流传过程中有所佚失的证据。

按第二界所记"入寿安坊街西"，可知第一界的"寿安坊阶"当是"寿安坊街"之讹。参照本文之前地物考证，第三界中遗漏名称的支

---

〔1〕 括号内为陆贻典批元本校注。"陈茶监（盐）"当是指陈姓茶盐司主官。

〔2〕 （明）陈三恪：《海虞别乘》，淑照堂丛书本。

巷应是位于"文学桥东堍"的东殿巷（今塔后街）。第四界中的"塔后西起坊前"的"坊"就应当在塔后街和文学桥周围。据弘治《常熟县志》卷一《四隅》所记"文学坊，在文学桥西"，则第四界的"坊"是指文学坊。清代陈揆《琴川志注草》注为"即酒税务右坊桥"，[1]此说不确。坊桥是通济桥，在文学桥北，距"塔后"有一定距离，所以此处"坊"是指文学桥前的文学坊。如此，第三、四两界正好接壤，两界中间不至于出现真空地带。但文学坊是建于宋，还是建于明，目前无材料可证。

虽然《县界》篇存在上述疑问，但它仍然是现今留存的关于南宋常熟城市基层管理组织的唯一整体性材料。使用这份材料的时候还需要注意一点，文中"跨塘桥街东""寿安坊街西"之类以"地名＋街＋方位"形式组成的语句，其"街"字之前所对应的地名并非是指具体街巷名称，而是指表示该界的边线及走向的街道或标志性地物所在的街道，否则就无法解释"东子游巷街南"等语句中"巷街"连用的文义。

通过对地名定位，可以复原出城内"界"的具体分布位置。卷二《县界》中共出现34处地名（引文中加着重号），其中有些为俗称，如"跨塘桥"，《宋志》卷一《桥梁》"琴川桥"条下"俗呼跨塘桥"；还有一些则需通过地物比定，如第五界"止瞿家桥"和"西北过桥"当为同一座桥，即卷一《桥梁》中"瞿桥"，通过以上方法分析获得了确切可考的26处地名。另有8处地名不知确切位置，分别为第二界中的丁家茶坊、善利桥、钱通判宅，第五界中的丘监丞宅，第六界中的包家桥、葛庄基、陈茶盐街、教院。

联系前后文，丁家茶坊应在寿安坊西，近何家桥处。钱通判、

---

〔1〕（清）陈揆：《琴川志注草》，清末抄本。

丘监丞、陈茶盐三人，据《重修琴川志》卷八《人物》分别有钱佃、邱砺、邱耒三人符合条件。钱佃曾"迁太宗正通判太平州"，邱砺曾做过国子监丞，他的孙子邱耒做过将作监丞。黄廷鑑《琴川三志补记》卷十《第宅》根据《县界》篇指出各宅位置，不具备参考性，但其中记陈茶盐名陈大年，可补史料。[1]《琴川志注草》记："《北涧集》有《邱监丞入新宅诗》，注云：慧日东住。"考虑第五界南限是"东子游巷街北"，可定出丘监丞宅的位置在慧日寺东北，今东言子巷北，和平街东。第六界中的教院是东灵寺，即在清代常熟城隍庙处，唐代陆徽之有《东灵寺天台教院庄田记》一文，[2]明确东灵寺为天台宗教院。

其他 5 处地名无法考证确定位置，但能知道他们所在的大致区域。如此，南宋常熟城内六"界"的位置基本理清，具体分布格局：运河（今琴川）东岸为第三、四界，两界以东殿巷（今塔后街）为界；西岸为第一、二、五、六界，以言公巷、寿安坊街的交叉路口为分界点，依次分布于该交接点的四个方位。

值得注意的是，《县界》篇中所描述的各界并非是闭合的块状区域。如第一界"显星桥至南栅，过跨塘桥街东"一句，显星桥至南栅的街巷和跨塘桥所在的街巷相交呈"丁字型"结构，如果从显星桥至南栅再回到跨塘桥，是无法圈出闭合区域的，因此南栅至跨塘桥的街巷显然是突出于第一界的主体范围。那么，第一界在这段街巷所覆盖的范围当是以街巷为架构向两侧延伸的线状区域，即城市建成区，这也为推导"界"的外侧边线提供了方向。南宋常熟城市的外缘被五座城门所框定，但城门之间还未形成如明清围郭线那样有形的地物，作为城市基层管理组织的"界"，其所覆盖的区域当即是城市

---

〔1〕（清）黄廷鑑：《琴川三志补记》，清光绪二十四年（1898）重刻本。
〔2〕见《宝祐重修琴川志》卷十三《碑记》。

建成区范围，换言之，建成区的外缘就是"界"的外侧边线。

另外，据《重修琴川志》卷二《乡都》记载，积善乡第四十五都下管乡村中有"兴福寺前塔下"村。按名称，该村位于兴福寺前，已深入明清围郭线内。如果"界"是闭合块状区域，那么这个村落的地块当属于第三界，但《重修琴川志》所记明确为属于乡都管辖，不属城内"界"的区域。由此反证了第三界的外侧边线并没有扩展到明清围郭线位置，这里应当还属城郊。同时也说明，南宋常熟街区尚未达到晚清填满围郭内大部分地块的规模，在城市核心区周边，还存在沿街巷两侧纵深分布，街背地块空疏的形态。

因此，《县界》篇中用来描述"县界"的街巷等线状地物并非是圈定各"界"的边线，而是起到串联区域作用的主干结构；各界也不是块状区域，而是系于主街并向街侧延伸的线状区域。这种系于主街并向街侧延伸的划分方式表明，南宋常熟城内"界"的划分对象并非是以土地为重心的大幅地块，而是针对城内"沿街（水）面"等已被建筑基底覆盖的小宗地块，即城市建成区。这也说明在"界"划分之时的常熟城市内部地块开发尚不完全，背街地块多不是城市街区（见附册图41）。

"界"作为常熟县下的城市基层管理组织，有关其性质的直接材料已难寻见，但根据学界既往研究，这类县下组织大体承担了催征赋役和防火缉盗等功能。[1]从常熟第一界"止丞厅南，止县学西"看，显然该界将无需承担赋役的县治和庙学排除在外，侧面说明了"界"可能是城内催征赋役的单位组织。

---

〔1〕《重修琴川志》卷三《县令》中有庆历间县令范琪"知县事兼兵马都监管县界塘岸公事"，大观间县令傅裔"知县兼管学事劝农公事兵马都监及管县界河塘沟洫事"等文字，但此中"县界"应是县境之意。

《重修琴川志》将"界"与"乡都"并列，表明两者之间必然有所区别。书中"乡都"之下都有详尽的田亩数，而"界"下并无，说明两者区别即在于"界"作为城市基层管理组织没有管田之权。明代城内基层组织称"隅"，"隅"下为"图"，与城外相同，城内外县下组织的称呼渐趋一致，县下基层管理组织的城乡区别似在消失。说明同宋代城内"界"相比，功能性质已发生变化。这种异变也证明宋代常熟以覆盖建筑基底为主的线状地块式的"界"，与明代不作城乡差别的区域地块式的"图"在地理形式中有所不同。即使按弘治《常熟县志》所说，常熟城内四"隅"继承自宋代六"界"，这也仅是空间方位的继承，性质早已变异。[1]因此，宋代常熟的"界"在明代之前已经消亡，不仅其组织功能未能流传下来，而且其名称也没有向实体地名转进，直接退出了常熟城的地理介质。[2]

第四节　余　论

宋代方志存世不多，《重修琴川志》记录下南宋常熟城市风貌并留存至今，实属可贵。然而在史料的流传过程中，书目易乱，文本易失，其他各部题名"琴川志"的史志使考订今存本《重修琴川志》

---

[1] 弘治《常熟县志》卷一《四隅》记常熟城内宋代六界改为四隅，分别是"东南隅，内分五图，在宋为第一界。西南隅，内分四图，在宋为第二、第三界。东北隅，内分三图，在宋为第四、第五界。西北隅，内分一图，在宋为第六界。"这套"图"分法虽偶有小变，但总体形式一直延续到近代，是明代之后常熟城内稳定的基层管理组织。略需指出的是，弘治《常熟县志》中记第三界在西南隅是错误的，同书同卷中将春风坊归于东南隅，说明第三界地块也当在东南隅中。
[2] 仅以本文所用《绍兴十八年同年小录》、唐宋金石墓碑等材料，都未见有以"界"作为地理方位或地名的现象。

陷于种种迷雾。经过厘清书序、内容辨析等方法，最终确定今本《重修琴川志》是南宋宝祐年间鲍廉所修。对其早期宋至明时的版本，书内舆图的传存，与其他诸本"琴川志"关系，及其他诸本"琴川志"之状况等问题也都能有明确回答。

《重修琴川志》作为保存完整的史料文本，尤其是书中《县境之图》向后世整体性展现了南宋常熟城，为精确复原城市形态提供有力支持（见附册图42）。研究表明，南宋常熟城内"坊巷桥水"等内部交通网格串联起街区，使之连贯成一座略显细瘦绵长的城市。城市始终沿着这套网格中最重要的几条主构街（水）生长，它们决定了这座城市的形态。从最初以县治及县南街构成的城市源头，扩展为被琴川与元和塘包裹的城市核，是常熟第一次出现城市风貌。而后城北两条主干街（水）成为城市发展的新方向，大大拓展了城市范围。城西南山塘泾的开通，将这一地块纳入城市范围，在文本所描述的时期内仍表现出发育状态。城内政治性上层建筑的分布区域清晰地展现了上述地块开发顺序，有序地表现了截至南宋时期常熟城市街区发生的过程。

城内数条主构街（水）一直是城市生长的骨骼，沿街（水）面是最早城市化的地块。当城市街区占据一定区域以后，停止扩展，转而开始填补城市内部沿街（水）面背后的地块。建炎年间建立城门所确立的城市外界，一直延续到近代，城市街区拓展开始关注内部填空，形态由"细瘦绵长"转为"丰满敦实"。城市基层管理组织的演变说明了这一趋势，南宋"界"的"沿街（水）面"分布模式和与乡都辖下"村"犬牙交错的区位形势，都说明了当时街区还没有能达到填满城内大片区域的形态规模。这是一个漫长的过程，至近代才算基本完成，但南宋常熟城市外界的确立，预示着这一过程的开始。

"界"作为宋代城市基层管理组织并不罕见，学界也多有讨论，本文较为清晰地揭示了南宋常熟城中"界"的空间分布和外部边线模式。遗憾的是《重修琴川志》中也未能提供相关的直接材料，使对"界"的细节认识仍处于摸索之中。《重修琴川志》中对"界"的叙述，其最重要的作用是揭示了街区处于沿街（水）生长的模式，对理解南宋常熟城市规模起到重大作用。

第九章　田野古城：
安丰故城实勘及筑城史考察

安丰故城，坐落于今安徽省中部寿县安丰塘（即芍陂）塘口，是一座明初废弃的围郭城市。该城位于淮河中游南岸，正处于淮西两大城市合肥与寿春之间，具有重要的战略枢纽地位；同时，该城还位于我国重要水利设施——芍陂的节点处，因此又是一座具有水利管理功能类型的城市，承担了对周边地区粮食供给的任务。本文借两次实地考察之机，探明安丰故城遗址的现存状况，收集整理遗址区域内的地情、地名等资料。通过爬梳文献，详细考证安丰的建制沿革和城址迁徙情况，并分析其原有的城市形态，力图还原该城废弃过程和城市结构，探究其区位选择本因。

第一节　遗址状况与区域地名

安丰故城，即旧安丰县城，遗址位于安丰塘（即芍陂）西北岸的塘口地带，今地属安徽寿县安丰塘镇安丰街道居委。该地原为板桥镇安丰村，与戈店乡政府驻地隔正阳分干渠相望，1986 年划入戈店乡，所以该地现也习称为"戈店"。现为安丰塘镇政府驻地，安丰塘镇是 1992 年戈店、苏王两乡合并而成，起初为乡，2001 年改为镇。

安丰故城的围郭存续时间较久，直到上世纪 70 年代中后期才被拆毁。据居民所说，当地公社于 1976 和 1977 年两个冬天组织人员拆除城墙，所得土地辟作农田。结合现场考察所见，以及对卫星图片的分析，可以发现该地仍存留有数段断续高垄，高垄外侧大多还有宽阔洼地。这些高垄一般呈长条状，分布于安丰塘镇北、西，以及略南边处，其中东北段现为镇卫生院基址，西北段有一约 90° 拐角，高垄之上大都栽有高大乔木和玉米、棉花、土豆等旱作农物。高垄外侧的洼地横向面非常宽阔，部分区段的两侧高出明显，类似河岸地貌；洼地内多种植水稻等作物，两侧高出部分则有芦竹等岸边水生植物。按当地居民所言，原城有东西南北四门，并有四座角楼，都位于城墙拐角处，现在所存留的高垄即是城墙遗迹；拆城之后，城门所在位置被称之为"豁子"，角楼所在位置则叫做"老炮台"。此外还说，高垄外侧洼地即原护城河，宽可行船，拆城之后逐渐填淤。

通过高垄和洼地遗迹的分布与走向，加之从当地居民中采集的信息，大致可勾勒出安丰故城城壕系统的布局。全城以正北偏东约 25° 方向，呈东北—西南分布，形态上为一个东南缺角的矩形，南北长约 940 米，东西长约 720 米，有东西南北四门，城墙拐角处各有角楼。但就实际而言，城壕遗迹中的高垄地形在城东部未有遗存，南部遗存不尽明显，所以对东部和南部城壕的走向仅是推测。至于居民口中的四角楼，今仅能确认西北角楼位置，即高垄西北段 90° 拐角处，上有一五保户坟；其他三处角楼遗迹并不明显，甚或根本不存。经当地居民指认，现在所能确定的城门位置有北、西、南三门，即当地俗称的"北豁子"、"西豁子"、"南豁子"。在城北的县拐村访问中，当地有人指出城墙原为砖砌这一线索，后在北段高垄两处各挖得一块有"吴统制"铭文的城砖，得以证实安丰城为砖城。这是通过实地考察所得出的安丰故城形态，实际是否如此，尚待结合文献考证，这部分将在本文第三部分详细论证。

据《寿县志》第 25 章《文化》记载：

> 安丰县城遗址在今安丰塘埂西北角处，北距县城 30 公里，西离淠河 15 公里，县城至迎河镇公路从遗址穿过。遗址平面呈正方形，四廓清晰，边长 1000 多米，墙基宽 6—10 米，墙基断面可见夯土层，层厚约 15 厘米，黄、褐、白三种土色相杂；护城河宽 20—25 米。[1]

又，《安丰塘志》第 6 章《艺文》记载：

> 故城位于安丰塘西侧北端，东门临塘，北城墙濒临塘北堤西侧。城墙为土质结构，周长 4000 米，城墙底宽 40 米，城西北拐角处楼垛尚存。北城墙和西城墙北端，尚有 40 米宽、0.5 米高的土埂。原来的护城河已淤成田，虽已种上农作物，但轮廓仍清晰可辨。故城内还保存城废后的三个居民村的名称，距今粮站东南 400 米处，有前县生产队，后改为县东生产队。粮站后偏西处有县中生产队，北城墙下有后县生产队，即城废后的佛保寺。[2]

以上两段文字对上世纪 90 年代的故城作了较为详细的描述，不过时转流移，今日故城遗址的状态与当时已有差别，如"县中"一

---

〔1〕寿县地方编纂委员会：《寿县志》，合肥：黄山书社，1996 年，第 663 页。
〔2〕安徽省水利志编纂委员会：《安丰塘志》，合肥：黄山书社，1995 年，第 98—99 页。

名,今已废而不用。现在的安丰故城内聚落与田地杂处,022县道（即十迎路）穿城而过,安丰塘的新华门支渠横贯城内,将故城分为南北两部。北部为沿022县道布局的安丰塘镇,南部为分处东西的前县和把庄两个自然村落。此外,城外北面有县拐,东北面有戈家店两个居民点。除这五个聚落地名之外,还留有一些与故城相关的区片地名,如:安丰、县街、后县、豁子、老炮台、大坟茔等。这些聚落和区片共同构成了安丰故城的范围。

现结合《安徽省寿县地名录》[1]等数种数据,以及现场采访所得,整理故城范围内的地名,并做释义如下:

1.安丰塘镇,今故城内北部,集镇。因安丰塘得名,1992年始命名,与故城无关。

2.安丰,今故城内西部,安丰塘镇西片。明初安丰县废后,降为乡(见嘉靖《寿州志》卷一《坊乡》[2]),地名仍留。

3.县中,今故城内中西部,安丰塘镇中西片。地名已废。当地有地名——县街,地点难考,疑为一处。

4.前县,今故城内东南部,自然村落。因位于故县南部得名。曾称县东。

5.后县,今故城内北部,安丰塘镇东片。因位于故县北部得名。

6.县拐,今故城外北部,自然村落。因近故县城墙西北拐角处得名。村分内外两部,近城处为"内县拐",远城处为"外县拐"。

7.戈家店,今故城外东部,自然村落。原为故城东关,明代设驿站,称安丰铺(见嘉靖《寿州志》卷三《铺舍》)。据《寿县志》第1

〔1〕 寿县地名办公室:《安徽省寿县地名录》,内部资料,1991年。

〔2〕(明)栗永禄:嘉靖《寿州志》卷一《舆地纪·坊乡》,《天一阁藏明代方志选刊》,上海古籍书店,1963年。

242

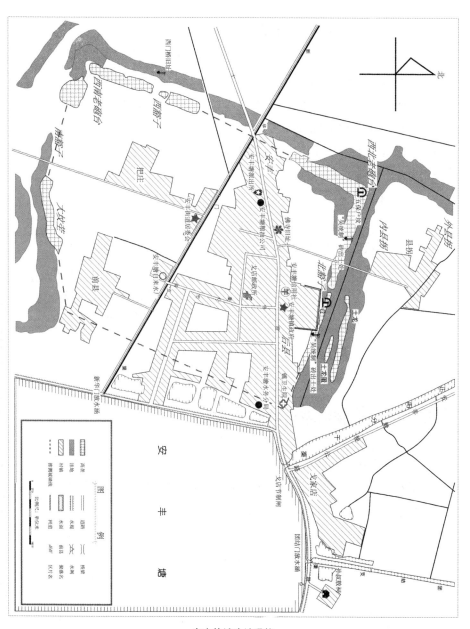

安丰故城遗址现状

章《建置》记载："郭家店，后谐音称戈店"。[1]

8. 把庄，今故城内西南部，自然村落。因把姓氏族聚居得名。

9. 豁子，旧城门位置。因拆城后留有豁口得名。今可确认北、西、南三豁子的位置。北豁子东有大坟一座。传西豁子外曾挖出古桥一座，但未查得有正式资料证实。

10. 老炮台，旧角楼位置。因拆城后留有基址得名。今可确认西北炮台的位置，上有五保户坟一座。

11. 土龙、土龙蛋，今故城外北部两处长条状高垄，大者为土龙，小者为土龙蛋，原为护城河心岛屿。

12. 大坟茔，南城墙中段位置。传为一大户人家女儿墓地，故名。

13. 新华门支渠，安丰塘水渠。在故城内中部，东西流向，横贯故城而过。旧作"新花"、"新化"（见道光《寿州志》卷七《塘堰》）[2]。

14. 正阳分干渠，安丰塘水渠。在故城外东北，南北流向。东为戈家店，西为故城。

第二节　建制沿革与城址迁徙情况

安丰因在明初既已废除建制，所以史料留存稀如星凤，淘捡颇为不易。历代正史地理志中，从《汉书》至《明史》出现"安丰"条目的共十二部。总志中，现存可查的以《太平寰宇记》最为丰富，材料详实可贵；最早的是《括地志》，但仅存辑校本，信息极少。其他则

---

〔1〕《寿县志》，第54页。

〔2〕（清）朱士达：道光《寿州志》卷七《水利志·塘堰》，《复旦大学图书馆藏稀见方志丛刊·第25册》，北京：国家图书馆出版社，2010年，第319页。

推《舆地广记》《方舆胜览》《大明一统志》《读史方舆纪要》等，不过多有因循抄旧的弊病。以《太平寰宇记》为首，宋之后材料略多，安丰沿革脉络较易梳理；可惜《元和郡县图志》缺《淮南道》一章，所以唐之前，尤其是南北朝的情况难以细究。方志方面，明清所修《寿州志》收辑了不少散见于各书的材料，现存明代 1 种，清代 4 种，加上 90 年代所修的《寿县志》，共 6 种。此外，清代夏尚忠所著《芍陂纪事》和当代编修的《安丰塘志》对推究安丰塘与安丰故城的关系也有所帮助。

一、建制沿革

就安丰的沿革历史来说，大致可分为三个时期，即：一、早期县制时期，秦—汉；二、郡制时期，曹魏—北周；三、后期县制时期，隋—明。以下具体说明其沿革变化。

1. 早期县制时期

安丰在春秋时属六国地，后被楚吞并。其作为县制的记述最早见于《汉书·地理志》，属于六安国，往前上溯则依次属衡山国、淮南国，及项羽所封吴芮的衡山国。[1]以上是《汉书·地理志》所载，若以出土文物记，则安丰早在秦代就已设县，[2]属九江郡。新莽时代，安丰县改称美丰县，六安国改安风郡。东汉建武十三年（37），省六安国入庐江郡，安丰县属之，终汉一代不变。

据《水经注》卷三十二《决水》经文："又北过安丰县东"，注文：

---

〔1〕（汉）班固：《汉书》卷二十八《地理志·六安国》，北京：中华书局，1962 年，第 1638 页。

〔2〕后晓荣：《秦代政区地理》，以"秦封泥有'安丰丞印'。"认定安丰于秦代已设县。北京：社会科学文献出版社，2009 年，第 408 页。

"决水自县西北流"，[1]从这两条可知，决水在安丰县东，流向为西北向。查决水即今史河，淮河支流，在河南固始东南境的河道为西北向，则早期安丰县址应是在固始东南。

此一时期，是安丰行政建制之始，除因秦末楚汉争霸、西汉前期封国等时代大背景造成的上级政区变更外，安丰本身作为一个县的建制一直保持不变，治所也不曾变动，远较后两个时期来得稳定。

2. 郡制时期

汉季之后，南北分裂，废置频繁，并且文献缺失，甚至互有矛盾，使推究此段时期沿革相当麻烦。自魏文帝曹丕分庐江郡置安丰郡，安丰行政建制升格，成为这个时期的一大特色。

安丰郡自曹魏时始置，见于《晋书·地理志》[2]，又《宋书·州郡志》载"魏文帝分庐江立。"[3]三国时期没有地理志留存，难以确知魏郡所辖；但据《晋书·地理志》"安丰郡"条，晋安丰郡下辖安风、雩娄、安丰、蓼、松滋五县，均是汉县，推知魏郡也当辖此五县，并治安风县。《读史方舆纪要》卷二十一《霍丘县》载："安风城，在县西南二十里。"[4]又《霍邱县志》第22章《文化》载："安风郡故城址，位于县城西南10公里许集。""据北京大学历史考古专家和安徽省考古队考察鉴定为汉代安风郡故城址。"[5]此处当即是汉魏以来安风县址。

〔1〕 陈桥驿：《水经注校证》卷三十二《决水》，中华书局 2007 年，第 746、747 页。

〔2〕 （唐）房玄龄：《晋书》卷十四《地理志·安丰郡》，北京：中华书局，1974 年，第 422 页。

〔3〕 （南朝梁）沈约：《宋书》卷三十六《州郡志·南豫州安丰郡》，北京：中华书局，1974 年，第 1076 页。

〔4〕 （清）顾祖禹：《读史方舆纪要》卷二十一《南直·凤阳府霍丘县》，北京：中华书局，2005 年，第 1029 页。

〔5〕 霍邱县地方志编纂委员会：《霍邱县志》，北京：中国广播电视出版社，1992 年，第 676 页。

南方孙吴此时也置安丰县，属蕲春郡。《宋书·州郡志》"寻阳太守"条：晋太康元年（280）"改蕲春之安丰为高陵及邾县。"[1]陈健梅取清人谢钟英之说，将治所定在今湖北罗田。[2]

安丰郡县并立，一直持续到"晋安帝省为县，属弋阳。"[3]晋室东渡之后，还在今江西九江东[4]侨立安丰郡，安帝时省，见《宋书·州郡志》"寻阳太守"条。

刘宋末年，安丰郡复立，治安丰县，辖安丰、松滋二县，见《宋书·州郡志》。《南齐书·州郡志》载，萧齐安丰郡，治雩娄，辖雩娄、新化、史水、扶阳、开化、边城、松滋、安丰八县。[5]萧齐郡的境域迥然扩大。据《太平寰宇记》卷一百二十九《霍丘县》载："废雩娄县，在县西南八十里。"[6]

入梁之后，安丰郡县升废转属日趋复杂。梁先有安丰郡县，后入北魏。梁大同元年（东魏天平二年，公元535），两魏分裂，地又入梁，郡改州。东魏武定七年（梁太清三年，公元549），侯景叛乱，安丰州入东魏。至北齐天保七年（556）废州为县，属楚州。北周又复置安丰郡县，年份不确。

以上梁至北齐的沿革史料，散见于《魏书·地形志》和《太平寰宇记》卷一百二十九等处。《魏书·地形志》所载安丰郡有两条：一属扬州，治安丰，辖安丰、松滋二县；一属霍州，治洛步城，辖安丰

〔1〕《宋书》卷三十六《州郡志·江州寻阳郡》，第 1086 页。

〔2〕陈健梅：《孙吴政区地理研究》，长沙：岳麓书社，2008 年，第 41 页。

〔3〕《宋书》卷三十六《州郡志·南豫州安丰郡》，第 1076 页。

〔4〕胡阿祥：《宋书州郡志汇释》，合肥：安徽教育出版社，2006 年，第 121 页。

〔5〕（南朝梁）萧子显：《南齐书》卷十四《州郡志·豫州安丰郡》，北京：中华书局，1972 年，第 252 页。

〔6〕（宋）乐史：《太平寰宇记》卷一百二十九《淮南道·寿州霍丘县》，北京：中华书局，2007 年，第 2551 页。

一县。[1]查考扬郡应是承自原郡，霍郡则是移地另置。《读史方舆纪要》卷二十一《寿州》引章怀太子语"宋、齐间安丰已杂入蛮境，故分析侨置，非止一城矣。"[2]应可证明南北朝时期安丰多地设置的情况。北周复置之说，参见王仲荦《北周地理志》，文中提到北周有以安丰郡封爵者。[3]

这个时期，安丰城址的迁徙也是辗转变化。除上节提及的安丰县址在固始东南外，另据《太平寰宇记》卷一百二十九《霍丘县》"古安丰州"条："在县西南十三里。""梁天监元年移此县于霍丘戍城东北置安丰。"[4]此条"州"是误文，据同卷"废安丰州"条记载，州设于梁大同元年（535），因而此处的天监元年（502）的安丰应当尚是县制。霍丘戍即今霍邱县治，见同卷《霍丘县》："今县本是梁所置霍丘戍。"[5]后一直未有迁址。由此推知，萧梁建国之前的安丰县治所在今安徽霍邱西南13里处。至于何时迁至此处，推测是刘宋末年复置安丰郡时。因为之前的安丰郡不与安丰县同治，刘宋复置之后才开始郡县同治，以此有理由相信可能是因城址变迁造成这一转变。又《南齐书·州郡志》中安丰郡下辖有"边城县"，在《水经注》卷三十二《决水》注文中："安丰县故城，今边城郡治也。"[6]该县已升郡，并治原安丰县址，即固始东南，那么说明宋齐时的安丰县址已从此地迁至了今霍邱西南13里处。

梁天监元年（502），县治自今安徽霍邱西南13里"移此县于霍

〔1〕（北齐）魏收：《魏书》卷一百六《地形志》，北京：中华书局，1974年，第2573、2583页。

〔2〕《读史方舆纪要》卷二十一《南直·凤阳府寿州》，第1020页。

〔3〕王仲荦：《北周地理志》，北京：中华书局，1980年，第540页。

〔4〕《太平寰宇记》卷一百二十九《淮南道·寿州霍丘县》，第2550—2551页。

〔5〕《太平寰宇记》卷一百二十九《淮南道·寿州霍丘县》，第2549页。

〔6〕《水经注校证》卷三十二《决水》，第747页。

丘戍城东北置安丰"，并设郡县，此地为郡县治所。大同元年（535），又徙至今霍邱南40里处，改郡为州，此地为州治，见《太平寰宇记》卷一百二十九《霍丘县》"废安丰州"条："在县南四十里射鹄村""大同元年徙旧安丰郡于此置州。"[1]北齐天保七年（556），迁至今霍邱东南38里处，废州为县，此地为县治。据《太平寰宇记》一百二十九《霍丘县》"废安丰州"和"废安丰县"[2]两条，此地本名无期村，大概是因为离原安丰州不远，所以原州治的射鹄村一并搬至此处。除去前文所述霍州安丰郡洛步城等择地另设的安丰郡县外，原安丰郡县的治所一直安定在此处，直到"隋开皇三年移就苟陂下"，[3]即今址。

总而言之，这段时期最大的特点就是安丰升为郡制，虽偶有降县改州的反复期，但总体大部分时段建制升格。另外还具有城址迁移频仍，重复设置，以及境域盈缩不定等特征。

3. 后期县制时期

隋立之后，合并郡县，安丰复降为县，属淮南郡，治今址；至唐末五代除上属政区更改名号外，建制治所承袭未改。此地原是晋安帝义熙十二年（416）所置的陈留郡浚仪县地，隋开皇三年（583）废置以后，[4]安丰县迁来于此，城外的苟陂也因此又被称之为安丰塘。南宋绍兴十二年（1142），因近边境，升县为军，辖六安、霍丘、寿春三县；三十二年，寿春升府，安丰军改隶其下。隆兴二年（1164），"军使兼知安丰县事"，[5]安丰复县，属寿春府安丰军。至此

---

〔1〕《太平寰宇记》卷一百二十九《淮南道·寿州霍丘县》，第2550页。

〔2〕《太平寰宇记》卷一百二十九《淮南道·寿州霍丘县》，第2551页。

〔3〕《太平寰宇记》卷一百二十九《淮南道·寿州霍丘县》，第2550页。

〔4〕《太平寰宇记》卷一百二十九《淮南道·寿州安丰县》，第2548—2549页。

〔5〕（元）脱脱：《宋史》卷八十八《地理志·淮南西路寿春府》，北京：中华书局，1977年，第2183页。

安丰县与上属政区泾渭分明，名称单一。但到了乾道三年(1167)，宋罢寿春府，安丰军改治寿春县后，"安丰"一名开始在今安徽寿县和安丰故城两地同用，难以区别。元代安丰军升路，此情况仍然被继承下来，直至朱元璋于1366年改称安丰路为寿春府，[1]此事才告终结。明洪武中，废安丰县为乡，从此不再作为县制，该城也逐渐荒废。

这个时期，安丰再次成为县制，并长期保持稳定，治所也未有迁徙。唯一特别之处是"安丰"一名被上级建制借用，造成寿县与安丰两地地名使用的混乱。

表 9-1　安丰沿革简表

朝代		纪年	建制		文献出处
秦			九江郡	安丰县	后晓荣《秦代政区地理》
汉	西汉	高帝元年(前206)	衡山国	安丰县	《汉书·地理志》
		高帝五年(前202)	淮南国	安丰县	《汉书·地理志》
		文帝十六年(前164)	衡山国	安丰县	《汉书·地理志》
		武帝元狩二年(前121)	六安国	安丰县	《汉书·地理志》
	新		安风郡	美丰县	《汉书·地理志》
	东汉	光武帝建武十三年(37)	庐江郡	安丰县	《后汉书·郡国志》
三国	魏	文帝(220—226)	安丰郡	安丰县	《晋书·地理志》《宋书·州郡志》
	吴	晋武帝太康元年(280)废	蕲春郡	安丰县	《宋书·州郡志》
晋	西晋		安丰郡	安丰县	《晋书·地理志》
	东晋	安帝(397—419)废	侨安丰郡		《宋书·州郡志》
		安帝(397—419)	弋阳郡	安丰县	《宋书·州郡志》

[1]（清）张廷玉：《明史》卷四十《地理志·南京凤阳府》"寿州"条："太祖丙午年曰寿春府，吴元年曰寿州。"考丙午年为元至正二十六年(1366)，吴元年为1363年。又《明史·太祖本纪》载，元至正二十六年"徐达克安丰"，吴元年改名说当误。

续表

朝代		纪年	建制		文献出处
南北朝	宋		弋阳郡	安丰县	《宋书·州郡志》
		宋末	安丰郡	安丰县	《宋书·州郡志》
	南齐		安丰郡	安丰县	《南齐书·州郡志》
	梁	武帝天监元年（502）	安丰郡	安丰县	《太平寰宇记》卷一百二十九
	北魏		安丰郡（扬州）	安丰县	《魏书·地形志》
	魏		安丰郡（霍州）	安丰县	《魏书·地形志》《太平寰宇记》卷一百二十九
	梁		安丰郡	安丰县	《隋书·地理志》《旧唐书·地理志》
		武帝大同元年（535）	安丰州		《太平寰宇记》卷一百二十九
	东魏	孝静帝武定七年（549）	安丰州		《太平寰宇记》卷一百二十九
	北齐	文宣帝天保七年（556）	楚州	安丰县	《太平寰宇记》卷一百二十九
	北周		安丰郡	安丰县	王仲荦《北周地理志》
隋		文帝开皇三年（583）	淮南郡	安丰县	《隋书·地理志》《太平寰宇记》卷一百二十九
唐			寿州	安丰县	《旧唐书·地理志》《新唐书·地理志》
五代	吴		寿州	安丰县	《十国春秋·地理表》
	南唐		寿州	安丰县	《十国春秋·地理表》
	后周		寿州	安丰县	
宋	北宋	徽宗政和六年（1116）	寿州府	安丰县	《宋史·地理志》
	南宋	高宗绍兴十二年（1142）	安丰军		《宋史·地理志》
		高宗绍兴三十二年（1162）	寿春府	安丰军	《宋史·地理志》
		孝宗隆兴二年（1164）	寿春府	安丰军安丰县	《宋史·地理志》
		孝宗乾道三年（1167）	安丰军	安丰县	《宋史·地理志》
元		世祖至元十四年（1277）	安丰路	安丰县	《元史·地理志》
明		太祖洪武（1368—1398）废	寿州	安丰乡	《明史·地理志》

注：斜体为异地另置或侨置

二、城址迁徙情况

如上文所述，安丰在早期和后期两个阶段城址固定，仅在南北朝时期迁徙不定，多有混乱。现将安丰城址迁徙情况整理如下：

1. 今河南固始东南，秦—刘宋末年；

2. 今安徽霍邱西南 13 里，刘宋末年—梁天监元年（502）；

3. 今安徽霍邱，梁天监元年（502）—梁大同元年（535）；

4. 今安徽霍邱南 40 里，梁大同元年（535）—北齐天保七年（556）；

5. 今安徽霍邱东南 38 里，北齐天保七年（556）—隋开皇三年（583）；

6. 今安徽寿县安丰塘镇，隋开皇三年（583）—明洪武中。

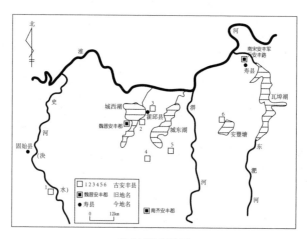

安丰城址迁徙图

这六地即是安丰历代城址的位置（见上图）。此外，各时期不与县同治的安丰郡军路等建制的治所，也整理如下：

1. 魏晋安丰郡，治安风县，今安徽霍邱邵岗乡许集；

2.南齐安丰郡，治雩娄县，今安徽霍邱西南80里；

3.元魏霍州安丰郡，治洺步城，今地不明；

3.南宋安丰军，治寿春县，今安徽寿县；

4.元安丰路，治寿春县，今安徽寿县。

另有侨置或择地另置郡县两则，整理如下：

1.孙吴安丰县，今湖北罗田；

2.东晋侨安丰郡，今江西九江东。

以上13地是目前所知以安丰为名各城址情况，从其位置和时间来看，推测历史上的安丰地区大体在今河南固始和安徽霍邱与寿县地区，尤其是霍邱东部和寿县南部一带是"安丰"的核心区域。

第三节　安丰故城的形态研究

一、故城废弃的过程

安丰迁至今址是隋开皇三年（583），此前该地为陈留郡浚仪县，应是已有城郭，非新建的城池。又，《寿县志》第25章《文化》记载：

城址周围分布许多唐宋时期墓葬，农田水利建设中出土许多遗物，县博物馆从此收有汉代半两铜钱、剪轮五铢钱、铁砟等，遗址西部地面瓦砾特多，可辨器形的有汉代圜底罐、灰陶绳纹井

吴统制砖（右为拓图）

253

圈，青瓷碗，尖底罐等。1984 年秋文物复查时在此征集城砖二块，灰色，其一长 34 厘米、宽 17 厘米、厚 6.5 厘米，侧铭阳文"建康都统许□□"七字；其二，长 38 厘米、宽 19 厘米、厚 7 厘米，侧铭阳文"嘉定十年安丰叶知县"。[1]出土如此多的汉代文物，说明此地不仅在晋时已有城池，而且早至汉代就已有大量人员活动，并且很可能在那时就建有城池。

至明洪武年间安丰废县，后城池逐渐荒废，1976—1977 年拆城。期间城郭修建情况不明，但若以所得城砖（见上页右图）来看，两宋之际因战事频仍，安丰又地近边境，该城至少有 3 次修筑的可能。[2]朱熹女婿黄幹在《申乞筑安丰城壁事》[3]一文中讨论过究竟是修安丰军城（今寿县）还是安丰县城（今故城）的问题，也从侧面证明了两宋之际安丰修城的频繁。

安丰的废弃自然是在明初废县之后，但其毁弃的过程并不是骤然崩塌式的，而是一个缓慢荒废的过程。明代在原城东关戈家店设有驿站，称安丰铺，使该地的中心逐渐移至此处。城内则逐渐废弃，

---

〔1〕《寿县志》，第 663 页。

〔2〕 实地考察过程中，在北城墙遗址两处各拾得一块有铭文残砖，两砖形制相同，为同批烧制。砖字为"吴统制□□"，后两字残缺形似"壬"、"为"。查光绪《寿州志》卷三十二《金石》有"统制任内砖"，为同一砖；该文还提及有"邢知军"、"许都统"砖，且"款识相类"，估计为同一时期城砖。邢知军，据嘉靖《寿州志》，应是淳祐中安丰军（今寿县）知军邢德。许都统，据《寿县志》第 25 章《文化·文物胜迹》：《凤台县志》引《宏简录》亦说：'嘉定十二年正月，建康都统许俊，却金兵于安丰军，城盖是时所筑'。"统制，查《历代职官表》，是宋代地方武官。因此断定这三类砖大都是两宋之际的产物。除邢砖在寿县外，吴砖、许砖都在安丰被发现过，加上前文《寿县志》中提的"叶知县"砖，可以确定两宋之际，安丰城墙至少修筑过三次。

〔3〕（宋）黄幹：《勉斋先生黄文肃公文集》卷二十八，元延祐二年刻本。

嘉靖、道光和光绪《寿州志》都将"安丰城"列于《古迹》篇中，且仅记录其沿革，未言及其状况。不过，成书于嘉庆间的《芍陂纪事》一书却提到"安丰旧县，在芍陂西北堤上，土城岿然，街道可辨，隍庙寺院犹奉香火。"[1]可知，至少在清嘉庆间，原城内位置还是有街道、城隍和寺院的，并不是全然废弃。

《芍陂纪事》卷下《祭田》一文，提到孙叔敖祠的祭田有一块"坐旧县集西头"，并在此句后有夹注"北至街心，南至沟崖。"由此说明城内当时尚留有集镇，从"旧县集"这个名称推测该集镇当是原县城的中心地带。城内能称为"沟崖"的地貌，只有新化门支渠，所以该集镇应在渠北。不过这个集镇并不是很大，在城内所占的范围也不是很广。因为光绪《寿州志》载段文元《改修芍陂滚水石坝记事》诗"安丰兴废自何时，瓦砾如丘接芍陂。市井不堪寻古迹，乡人约略指城基。"[2]又道光《寿州志》记载康熙初寿州同知颜伯珣的《孙叔敖庙》诗中有句"安丰县郭草离离"。[3]段文元确切生年不知，但光绪《寿州志》中将此诗排在颜诗之前，所以应该同为康熙时人或更早。两诗证明两点，一、城内主要景观并非是街巷城镇；二、城近芍陂的部分"瓦砾如丘"，所以嘉庆间尚存的旧县集不在城北和城东。考虑到"遗址西部地面瓦砾特多"和新华门支渠的走向位置，估测旧县集位置可能在今故城遗址的中西部。

至于寺院，道光《寿州志》卷六《营建志》载："复宝寺，在州南安丰铺，乾隆五年重修。"[4]该寺与上世纪90年代修的《安丰塘志》所

---

〔1〕（清）夏尚忠：《芍陂纪事》卷下《古迹》，清光绪三年刻本。

〔2〕（清）曾道唯：光绪《寿州志》卷三十四《艺文志》，合肥：黄山书社，2011年，第1579页。

〔3〕道光《寿州志》卷二十一《艺文志》，第346页。

〔4〕道光《寿州志》卷六《营建志·寺观》，第278页。

提到的"佛保寺"[1]音近，应是一寺，《安丰塘志》定佛保寺在后县的位置。后县因安丰塘镇的兴建，今已不存，在今镇中偏东一片，寺庙的具体位置略难辨认。城内除复宝寺外，应还有它寺。考察过程中，当地人有指认在镇中略西处曾有一小庙，1958年拆除，但不记得寺名，不知是何时兴建。段诗"藉得僧房一榻休，茅檐低压殿西头"，又道光《寿州志》载夏俱庆《同方蟠三安丰城晚眺》诗"结伴寻幽境，来过废县中。深林隐古寺，落日映丹枫。"[2]夏俱庆生平年代不可考，方蟠三，名仙根，是乾隆三十年（1765）贡生。[3]从中推知，城内确有寺庙一直保有香火，且寺庙周边为树林，多枫树。同诗有"城郭埋荒草"句，方仙根诗《安丰城晚眺》有"钟鸣荒寺远，砾散古城空"[4]句。无论是后县的复宝寺，还是当地人指认的寺庙，位置都在城北，所以可确定北城在乾隆年间除留寺庙外，基本荒废，有枫树林。

城外东关安丰铺还有它寺。据乾隆《寿州志》卷十一《寺观》载："青莲寺，在州南六十里安丰铺。"[5]道光《寿州志》卷六《营建志》载该寺"在州南六十里"，[6]未注明在安丰铺。光绪《寿州志》卷五《营建志》则又载"在州南六十里，兵燹后废，未修。"[7]从这三条史料得出，青莲寺位于安丰城区的范围内（确切位置不考），虽不知始修年份，但可知其毁于太平天国之乱。

《芍陂纪事》中所提到的隍庙，则未从其他史料中见到，今难考证。

---

〔1〕《安丰塘志》，第99页。

〔2〕道光《寿州志》卷二十一《艺文志》，第364页。

〔3〕见道光《寿州志》卷二十六《选举表·科目》，另卷三十《人物传中·文学》有传。

〔4〕道光《寿州志》卷二十一《艺文志》，第364页。

〔5〕（清）席芑：乾隆《寿州志》卷十一《寺观》，《中国方志丛书》，台北：成文出版社，1972—1974年，第689号，第1062页。

〔6〕道光《寿州志》卷六《营建志·寺观》，第278页。

〔7〕光绪《寿州志》卷五《营建志·寺观》，第308页。

从以上考证及"前县"、"后县"等地名留存来看，城内部分区域废而不荒的状态一直延续到清中期，说明即使是一座已被废弃的城市，它的衰落过程不一定是急速的，其原先存在于当地的合理性很可能延缓它废弃的速度。

二、区位选择与城市结构

提及今日故城的结构，必先说明其选址的原因。安丰故城之所以选择此区域，最主要的因素必然是因为城外的芍陂，芍陂自建成以来便是重要的水利设施，历代都在周边屯垦。如，南朝·顾野王《舆地志》卷十五《淮南郡》"芍陂"条："齐、梁之代，多屯田于此。"[1]南宋《方舆胜览》卷四十八《安丰军》"芍陂"条引《郡县志》："淮、广陵等十镇皆仰给于此。"[2]《元史·地理志》载，世祖至元二十一年，置芍陂屯田万户府[3]。此类史料浩如繁星，不一而足，充分说明芍陂屯垦区的重要性，所以在芍陂周边设城总览全局也成为自然而然的事。据史料来说，芍陂周边历来都设有城市以资拱卫，如今故城南 3.5 公里处的安城遗址，即是一例。该城与故城相同，也是紧贴芍陂西岸，《三国志》卷四十七《吴主传》载："（赤乌四年夏四月）决芍陂，烧安城邸阁。"[4]又，故城迁来之前，此处便是东晋义熙十二年（416）所置的陈留郡浚仪县，直至安丰县迁来才废，所以该地城池也是早已有之的。

---

〔1〕　顾恒一：《舆地志辑注》，上海古籍出版社，2011 年，第 221 页。

〔2〕　（宋）祝穆：《方舆胜览》卷四十八《淮西路·安丰军山川》，北京：中华书局，2003 年，第 859 页。

〔3〕　（明）宋濂：《元史》卷五十九《地理志·河南江北行省安丰路》，北京：中华书局，1976 年，第 1412 页。

〔4〕　（晋）陈寿：《三国志》卷四十七《吴主传》，北京：中华书局，1964 年，第 1144 页。

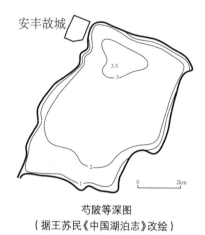

苏陂等深图
（据王苏民《中国湖泊志》改绘）

历经岁月汰选，安丰成为苏陂周边仅剩的围郭城市，则与其最终的确切位置有着密不可分的关系。今日的安丰故城位于苏陂地势最低洼之处（见左图），隋代赵轨修建用于灌溉的苏陂36水门中，有10门集中于"孙叔敖祠—故城"岸线，此段岸线长约1000米，以隋唐苏陂的周长来说几乎是微不足道[1]，足见此地是苏陂水利的节点。根据这一特性，安丰故城可归类为水利管理型城市。作为同样具有管理水利设施功能的城市，灌县（今四川都江堰市）位于都江堰堰首处，巢县（今安徽巢湖市）位于巢湖唯一出水口裕溪河源头，也都是选择所处的水利区域的节点处，由此证明今日安丰故城的区位选择的必然性。

如本文第一部分所述，安丰故城大致为一东南缺角的矩形，四面各有一城门。又，考《苏陂纪事》卷上《二十八门考》一文："回字门，又名新化门，在旧县中，穿城出。"可知除四陆门外，还有二水门。回字门水渠，即今新华门支渠，东西横贯故城遗址，所以二水门分别在城东西水渠穿过城墙处。

考虑到《苏陂纪事》中所提到的"旧县集"的位置，推测城内核心区域应是今故城中西部，新华门支渠以北一带，衙署等重要机构都应该集中在此区域。不过安丰城区不只仅限于城墙之内，城外东北处的孙叔敖祠是苏陂祭祀中心，其与城东北角之间的戈家店在县

---

[1]《舆地志》《太平寰宇记》皆作"凡经百里"，《水经注》"陂周百二十里"。

废后为"安丰铺",[1]足见此地的繁华，而且《安徽省寿县地名录》称该地"原为安丰城东关",[2]所以有理由相信此处也属于安丰城区的范围。孙叔敖祠始建年份难考，但《水经注》卷三十二《肥水》载："陂水北径孙叔敖祠下",[3]可见不会晚于北魏。另外，在《太平寰宇记》卷一百二十九《寿州》"安丰县"条："废浚仪县，在县东北二百五十步芍陂塘下。"[4]推知，从东晋末年到安丰故城迁来之前，此地原有的浚仪城区可能要再略东北一点。若果真如此，那么东晋末至今，该地的城市核心区一直在城内和城外戈家店两地之间呈"东北—西南—东北—西南"来回摇摆的状态。

安丰城区的建筑除孙叔敖祠外，仅考证到有"庆丰亭"，该亭最早见于《方舆胜览》,[5]后《大元混一方舆胜览》[6]也有抄录，文字相同："庆丰亭。下瞰芍陂，故名其亭。"又，《明一统志》卷七《凤阳府》载："庆丰亭，在寿州古安丰驿，下瞰芍陂。"[7]推知该亭建于南宋，位置应在东城墙上或城外芍陂岸边上。

水系方面，除横贯城内的回字门水渠，孙叔敖祠至戈家店西有朝贺门、土门、土字门、西首门、陡门、三陡门和正阳门7条水渠，戈家店西至故城有大香门和小香门2条水渠,[8]其中以大香门水渠最为重要。按《芍陂纪事》卷下《古迹》载：

---

〔1〕嘉靖《寿州志》卷三《建置纪·铺舍》。

〔2〕《安徽省寿县地名录》，第126页。

〔3〕《水经注校证》卷三十二《肥水》，第749页。

〔4〕《太平寰宇记》卷一百二十九《淮南道·寿州安丰县》，第2548页。

〔5〕《方舆胜览》卷四十八《淮西路·安丰军亭院》，第859页。

〔6〕（元）刘应李：《大元混一方舆胜览》卷中《河南江北行省安丰路》，成都：四川大学出版社，2003年，第400页。

〔7〕（明）李贤：《明一统志》卷七《凤阳府》，清文渊阁四库全书本。

〔8〕据嘉靖《寿州志》卷二《山川纪·渠堰陂塘》和道光《寿州志》卷一《芍陂图》推考。

　　　　大香河，水出芍陂大香门。古历老军营、双孤堆，至州东
　　南二里桥入城壕，绕城合淝水入淮河。按旧州志，大香河即古
　　运河，盖安丰郡之运粮河也。俗又讹为梁家河，以'粮'、'梁'
　　同音云。明初县废，大香门亦废，河无用遂淤。

　　又，道光《寿州志》卷四《舆地志》载："大香河，古名芍陂渎，
出安丰塘大香门。"[1]《水经注》卷三十二《肥水》载："西北为香门陂，
陂水北径孙叔敖祠下，谓之芍陂渎。"[2]从这几条材料得知，大香门
水渠是安丰至寿县的重要水道，在城外源头处，即城外东北，必然
有码头等设施，按常理推算，或许东城门也在附近。这条河道的走
向是从芍陂流出后，拐弯向东流经孙叔敖祠北面，后又转向北至寿
县城濠。

　　以上是目前从文献中所能探知的安丰故城的结构形态。具体而
言，安丰是一座略呈矩形的围郭城市，有四座陆门，两座水门，城
内有一条东西向横贯的水系；城区延伸至城外东北，沿芍陂北岸布
局一直到孙叔敖祠，并且在这一带还集中有九条水系和码头设施（见
下图）。

　　本部分是利用散见于各处且并不算丰富的有关安丰城的文献，
从中揪寻出有用线索，补充在实地考察中所未能获知的信息，以求
尽可能多的复原出安丰故城原有的形态。例如东西两个水门，无论
是从遗址本身，还是对当地居民的采访中都未能发现。所以通过实
物和文献两者的互相参证，是研究已废弃的围郭城市的重要手段。

---

〔1〕道光《寿州志》卷四《舆地志·山川》，《复旦大学图书馆藏稀见方志丛刊》第25
　　册，第174页。

〔2〕《水经注校证》卷三十二《肥水》，第749页。

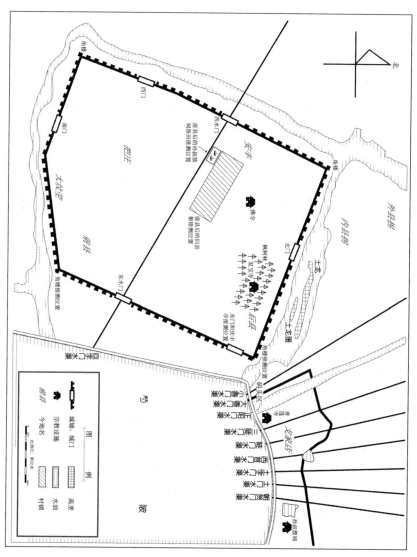

安丰故城形态复原

第四节 余 论

在历史上城市化并不发达的淮西地区，安丰故城既具有一定的普遍性，同样也具有独特性。

略呈矩形的围郭结构，四座陆门的配置，近 4 公里的城周，都显示它是一座规模普通的，符合中国传统形制的县级围郭城市，在整个中国区域有大量这类形制的围郭城市，极为普遍。然而作为芍陂屯垦区的核心枢纽，具有以水利管理为特点的城市功能；而且还处于淮西地区最重要的两个城市——寿春与合肥之间等等因素，又显示了安丰故城不为一般的独特性。

若选取南宋重修后至明初废止前为时间段，以安丰故城为中心向东西延伸，在淮河以南，江淮分水岭以北这片城市化不发达的广袤区域中，同一时期县级以上围郭城市仅寿春、霍丘、六安、濠州、定远、光州、固始和光山 8 座。在这些围郭城市中，安丰的围郭结构、大小规模都极为普通，与大部分围郭城市都相同，不若濠州与光州的"双城夹河"，也不像光山的不规则形。在区位方面，这一区域的围郭城市几乎都居于自然河流岸边，如寿春之于东淝河，濠州之于濠河，光州之于潢河等；唯有安丰没有临于自然河道，而是位于人工湖泊口，从而也促成安丰作为水利管理型城市的特性之一。这一区域的城市化不发达，围郭城市少，各城定址时间和延续时段也不尽相同，如濠州城早已废弃，今六安城也非本节所取时段的六安城；从而也凸显了各城各自的风格，缺乏统一的地域要素这一特征，这也从侧面反映了安丰的独特性。

本文正是基于此，通过调查保存大致完好的安丰故城遗址，利用文献数据，反推安丰城作为该地域围郭城市之一，其本有的特色和功能。研究安丰故城在定址今日位置之前的沿革和迁徙史，探寻古"安丰"的区域指向。在考证定址之后，进一步探究今日遗址上的安丰城在区位选择中的原因，城市结构和废弃的过程。试图从以上多方面切入安丰故城，并以故城为视角对淮河中游南岸的围郭城市进行初步探究。

后　记

　　本书是我的硕士学位论文和硕博士期间写就的其他论文合集。其实本没必要公开出版，书中内容无所可读，然而仅作为一个自珍的纪念，还是且就这么拿出来示人吧。

　　本书无所可读，那本人之前所发表论文更未须可读。由于本书的面世，现在可以正式宣布，凡是在已公开见闻的与书中内容相同或相近者，皆以本版为准。书中还是对过去那些论文做了一些修改、补充的工作，尤其是因为发表时的版面、印刷等问题，当时未能见的图，都补充了一些，有些图和文都是首次公开。已知的错误已然乘此机会修正，未知的错误，如有发现，还请告知。当然，考虑这次的成本和版权等问题，还有些图文，以及事关个人立场，或习惯用语等都未公诸于世。

　　既然是硕士学位论文，那么将论文"致谢"附入本书后记，也不能说是为了撑些版面，凑些字数，其中除修正个别错字外，无所更改。

　　本文写到这里，首先要感谢的是我导师钟翀老师的不弃之恩，没有放弃我这个愚笨兼之懒惰的学生，最终至少还是在形式上挤出了这篇论文。写论文的过程中，获益最多的渠道还是钟翀师所主持的工作坊，使我不仅能享受到校内资源，还有机会受教于外校老师，领略到更丰富的智慧经验和更广泛的学术

264

理念。如复旦大学黄敬斌老师、广东省社科院江伟涛老师，还有海宁文管所的徐超老师等众位老师都曾及时纠正我走偏的方向，给出重要意见，使这篇论文不至于太过贻笑大方。虽然后来有些地方我还是走偏了，但能享受到这些来自全国各地的前辈学者指导，正是钟翀师工作坊的优势所在。

非常感谢所遇到的各位老师，同时也要感谢暨南大学王旭博士，在我游荡广州期间的热情招待，并不厌其烦地出借他们的资料室，助力于这篇文章的诞生。

我们学科点的钱杭老师、尹玲玲老师、吴俊范老师、岳钦韬老师等老师在开题、中期考核、预答辩等论文考察环节中也同样没有嫌弃我这个不用功的学生，放过了我进度极慢的恶劣态度，而是给出了真知灼见的修改意见。十分感谢在这篇论文中遇到的各位老师。

言及于此，这篇论文的本身还是有很多的缺点。头重脚轻，篇幅不均衡，是致命缺陷。现在想想，如果把题目一分为二，只写一个，应该还是一篇可以接受的文章。这篇论文后来的很长一段时间我都在考虑是否要修正题目，缩小主题，最终又有所不甘心，以致成现在这么一个失败的作品。所以人心不能贪，研究还需脚踏实地，这也算是捡到一个不错的经验。为今庆幸，家里不养狗，不用真剪了尾巴续上去。

2017 年 5 月

当然，于本书所需感谢的师友并不止上述提及的诸位师长和友人，还有许多其他帮助过此书出版的人不及一一道谢，待之后有机会再补谢。

　　之所以要灾梨祸枣，浪费社会资源、自然资源，主要是心疼那些做了纸印了字的树，来印这本书，其实是有所缘头。读书写字是一场艰难的修行，若我这种天资不够，后劲更缺的人来说，就想插着腰，拿块牌子杵着，上写几个字"我不干了"。于是我跟编辑说"这是我学术生命的遗著"，给我好好出，内容怎样不重要，重要的是形式好看，不是用来卖钱骗人的，而是用来给自己追求完满的，所以就有了这本不值得读的书。但是，我这种年过半生，身无长技的人，如果转行，估计产生的 GDP 不足路边的挖掘机，事实上现在可能也不如，最后结局只是对不起自己的肚皮而已。幸而，虽从来不是正经做学问，但学品向来很爆，自幼遇见的都是好老师。非常感谢我的导师钟翀先生硬生生将我从弃学的档口拉了回来，于是这本书没能成为旧时代的遗著，反成了新时代的 KPI。

　　修行还要继续，摧草折树亦成必然，希望今后那些因我而死的树不再有如这本无趣。最后，期望上了当，花了钱，买了本书，又费了时间读完的人，因为这最后几页的最后几句俏皮话，略能莞尔舒心。

2022 年 5 月

禁足不出沪中

参考文献

一、方志

1.（明）张奎：正德《金山卫志》，《上海府县旧志丛书·金山县卷》，上海古籍出版社，2014 年。

2.（清）常琬：乾隆《金山县志》，《上海府县旧志丛书·金山县卷》，上海古籍出版社，2014 年。

3.（清）钱熙泰：咸丰《金山县志》，《上海府县旧志丛书·金山县卷》，上海古籍出版社，2014 年。

4.（清）龚宝琦：光绪《金山县志》，《上海府县旧志丛书·金山县卷》，上海古籍出版社，2014 年。

5.（清）朱栋：《朱泾志》，《上海乡镇旧志丛书》，上海社会科学院出版社，2005 年。

6.（清）姚裕廉：《重辑张堰志》，《上海乡镇旧志丛书.第 5 辑》，上海社会科学院出版社，2005 年。

7.《金山县地名志》，上海：汉语大词典出版社，1992 年。

8.《金山县海塘志》，南京：河海大学出版社，1991 年。

9. 姚光：民国《金山艺文志》，《上海府县旧志丛书·金山县卷》，上海古籍出版社，2014 年。

10.（清）李治灏：乾隆《奉贤县志》，《上海府县旧志丛书·奉贤县卷》，上海古籍出版社，2009 年。

11.（清）韩佩金：光绪《重修奉贤县志》，《上海府县旧志丛书·

奉贤县卷》，上海古籍出版社，2009 年。

12. 民国《奉贤县志稿》，《上海府县旧志丛书·奉贤县卷》，上海古籍出版社，2009 年。

13. 裴晃：《乡土地理》，《上海府县旧志丛书·奉贤县卷》，上海古籍出版社，2009 年。

14.《奉贤县志》，上海人民出版社，1987 年。

15.《奉城志》，内部发行，1987 年。

16.（清）钦琏：雍正《分建南汇县志》，《上海府县旧志丛书·南汇县卷》，上海古籍出版社，2009 年。

17.（清）胡志熊：乾隆《南汇县新志》，《上海府县旧志丛书·南汇县卷》，上海古籍出版社，2009 年。

18.（清）金福曾：光绪《南汇县志》，《上海府县旧志丛书·南汇县卷》，上海古籍出版社，2009 年。

19. 严伟：民国《南汇县续志》，《上海府县旧志丛书·南汇县卷》，上海古籍出版社，2009 年。

20. 上海市南汇县县志编纂委员会：《南汇县志》，上海人民出版社，1992 年。

21.《惠南镇志》编纂委员会：《惠南镇志》，北京：方志出版社，2005 年。

22.（清）赵酉：乾隆《宝山县志》，《上海府县旧志丛书·宝山县卷》，上海古籍出版社，2012 年。

23.（清）梁蒲贵：光绪《宝山县志》，《上海府县旧志丛书·宝山县卷》，上海古籍出版社，2012 年。

24. 张允高：民国《宝山县续志》，《上海府县旧志丛书·嘉定县卷》，上海古籍出版社，2012 年。

25. 吴叚：民国《宝山县再续志》，《上海府县旧志丛书·嘉定县卷》，上海古籍出版社，2012 年。

26.《上海市宝山区地名志》，上海科学技术文献出版社，1995 年。

27.（宋）杨潜：《绍熙云间志》，《上海府县旧志丛书·松江县卷》，上海古籍出版社，2011 年。

28.（明）陈威：正德《松江府志》，《上海府县旧志丛书·松江府卷》，上海古籍出版社，2011 年。

29.（明）方岳贡：崇祯《松江府志》，《上海府县旧志丛书·松江府卷》，上海古籍出版社，2011 年。

30.（清）郭廷弼：康熙《松江府志》，《上海府县旧志丛书·松江府卷》，上海古籍出版社，2011 年。

31.（清）宋如林：嘉庆《松江府志》，《上海府县旧志丛书·松江府卷》，上海古籍出版社，2011 年。

32.（清）闵山岳：光绪《松江府志》，《上海府县旧志丛书·松江府卷》，上海古籍出版社，2011 年。

33.（明）聂豹：正德《华亭县志》，《上海府县旧志丛书·松江县卷》，上海古籍出版社，2011 年。

34.（清）冯鼎高：乾隆《华亭县志》，《上海府县旧志丛书·松江县卷》，上海古籍出版社，2011 年。

35.（清）杨开第：光绪《重修华亭县志》，《上海府县旧志丛书·松江县卷》，上海古籍出版社，2011 年。

36.（清）谢庭熏：乾隆《娄县志》，《上海府县旧志丛书·松江县卷》，上海古籍出版社，2011 年。

37.（清）汪坤厚：光绪《娄县续志》，《上海府县旧志丛书·松江县卷》，上海古籍出版社，2011 年。

38.李恩露：光宣《华娄县志》，《上海府县旧志丛书·松江县卷》，上海古籍出版社，2011 年。

39.（明）郭经：弘治《上海志》，《上海府县旧志丛书·上海县卷》，上海古籍出版社，2015 年。

40.（明）郑洛书：嘉靖《上海县志》，《上海府县旧志丛书·上海县卷》，上海古籍出版社，2015 年。

41.（明）陈渊：正德《练川图记》，《上海府县旧志丛书·嘉定县卷》，上海古籍出版社，2012 年。

42.（明）杨旦：嘉靖《嘉定县志》，《上海府县旧志丛书·嘉定县卷》，上海古籍出版社，2012 年。

43.（明）韩浚：万历《嘉定县志》，《上海府县旧志丛书·嘉定县卷》，上海古籍出版社，2012 年。

44.（清）赵昕：康熙《嘉定县志》，《上海府县旧志丛书·嘉定县卷》，上海古籍出版社，2012 年。

45. 王祖畬：民国《太仓州志》，《中国方志丛书》，台北：成文出版社，1975 年。

46.（清）宋景关：乾隆《乍浦志》，《中国地方志集成·乡镇志专辑》，上海书店出版社，1992 年。

47.（宋）常棠：《海盐澉水志》，《中国方志丛书》，台北：成文出版社，1983 年。

48.（明）刘应钶：万历《嘉兴府志》，上海古籍出版社，2013 年。

49.（明）樊维城：天启《海盐县图经》，《中国方志丛书》，台北：成文出版社，1983 年。

50.（清）许三礼：康熙《海宁县志》，《中国方志丛书》，台北：成文出版社，1983 年。

51.（清）陈宗洛：光绪《三江所志》，《中国方志丛书·绍兴县志资料第一辑》，台北：成文出版社，1983 年。

52.（清）杨肇春：《沥海所志稿》，《中国方志丛书·绍兴县志资料第一辑》，台北：成文出版社，1983年。

53.（明）萧良干：万历《绍兴府志》，《中国方志丛书》，台北：成文出版社，1983年。

54.（明）耿宗道：嘉靖《临山卫志》，《中国方志丛书》，台北：成文出版社，1983年。

55.（清）高杲：道光《浒山志》，《慈溪文献集成（第一辑）》，杭州出版社，2004年。

56.（明）周粟：嘉靖《观海卫志》，《慈溪文献集成（第一辑）》，杭州出版社，2004年。

57.（明）杨寔：成化《宁波郡志》，《中国方志丛书》，台北：成文出版社，1983年。

58.（清）曹秉仁：雍正《宁波府志》，《中国地方志集成·浙江府县志辑》，上海书店出版社，1993年。

59.（清）汪源泽：康熙《鄞县志》，《中国地方志集成·浙江府县志辑》，上海书店出版社，1993年。

60.（明）张时彻：嘉靖《定海县志》，《中国方志丛书》，台北：成文出版社，1983年。

61.洪锡范：民国《镇海县志》，《中国地方志集成·浙江府县志辑》，上海书店出版社，1993年。

62.罗士筠：民国《象山县志》，《中国地方志集成·浙江府县志辑》，上海书店出版社，1993年。

63.（明）何汝宾：天启《舟山志》，《中国方志丛书》，台北：成文出版社，1983年。

64.陈训正：民国《定海县志》，《中国地方志集成·浙江府县志辑》，上海书店出版社，1993年。

65.（宋）鲍廉：《重修琴川志》，哈佛大学藏明末毛氏汲古阁刻本。

66.（宋）鲍廉：《重修琴川志》，上海图书馆藏明末毛氏汲古阁刻本。

67.（宋）鲍廉：《重修琴川志》，清乾隆四年（1739）周南传抄汲古阁抄本。

68.（宋）鲍廉：《重修琴川志》，清嘉庆《宛委别藏》抄本。

69.（宋）鲍廉：《重修琴川志》，清道光三年（1823）瞿氏恬裕斋影元抄本。

70.（宋）鲍廉：《景元琴川志》，民国三十年（1941）陶声甫传抄瞿氏恬裕斋抄本。

71.（宋）鲍廉：《重修琴川志》，上海图书馆藏传抄瞿氏恬裕斋抄本。

72.（宋）鲍廉：《重修琴川志》，台北：成文出版社有限公司，1983年。

73.（明）杨子器：弘治《常熟县志》，明弘治十六年（1503）刻本。

74.（明）冯汝弼：嘉靖《常熟县志》，明嘉靖十八年（1539）刻本。

75.（明）姚宗仪：万历《常熟县私志稿》，哈佛藏本。

76.（明）龚立本：崇祯《常熟县志》，明抄本。

77.（明）陈三恪：《海虞别乘》，淑照堂丛书本。

78.（清）高士鸃：康熙《常熟县志》，南京：江苏古籍出版社，1991年。

79.（清）劳必达：雍正《昭文县志》，清雍正九年（1731）刻本。

80.（清）王锦：乾隆《常昭合志》，乾隆六十年（1795）刻本。

81.（清）郑钟祥：光绪《常昭合志》，清光绪三十年（1904）刻本。

82.张镜寰：民国《重修常昭合志》，民国三十八年（1949）铅印本。

83.常熟市地名志编纂委员会办公室：《常熟市地名志》，上海交通大学出版社，2006年。

84.（清）陈揆：《琴川志注草》，清末抄本。

85.（清）黄廷鑑：《琴川三志补记》，清光绪二十四年（1898）重刻本。

86.（清）黄廷鑑：《琴川三志补记续》，清道光十五年（1835）刻本。

87.（明）管一德：《皇明常熟文献志》，明万历三十三年（1605）刻本。

88.（唐）陆广微：《吴地记》，清文渊阁四库全书本。

89.（宋）朱长文：《吴郡图经续记》，南京：江苏古籍出版社，1999 年。

90.（宋）范成大：《吴郡志》，南京：江苏古籍出版社，1986 年。

91.（明）卢熊：洪武《苏州府志》，明洪武十二年（1379）刻本。

92.（清）李铭皖：同治《苏州府志》，南京：江苏古籍出版社，1991 年。

93.（清）许治：乾隆《元和县志》，清乾隆二十六年（1761）刻本。

94.（明）栗永禄：嘉靖《寿州志》，《天一阁藏明代方志选刊》，上海古籍书店，1963 年。

95.（清）席芑：乾隆《寿州志》，《中国方志丛书》，台北：成文出版社，1983 年。

96.（清）朱士达：道光《寿州志》，《复旦大学图书馆藏稀见方志丛刊》，北京：国家图书馆出版社，2010 年。

97.（清）曾道唯：光绪《寿州志》，合肥：黄山书社，2011 年。

98.寿县地方志编纂委员会：《寿县志》，合肥：黄山书社，1996 年。

99.寿县地名办公室：《安徽省寿县地名录》，内部资料，1991 年。

100.（清）夏尚忠：《芍陂纪事》，清光绪三年（1877）刻本。

101.安徽省水利志编纂委员会：《安丰塘志》，合肥：黄山书社，1995 年。

102. 霍邱县地方志编纂委员会：《霍邱县志》，北京：中国广播电视出版社，1992年。

103.（清）长善：《驻粤八旗志》，沈阳：辽宁大学出版社，1992年。

104.（清）戴肇辰：光绪《广州府志》，《中国地方志集成·广州府县志辑》，上海书店出版社，2013年。

105. 顾恒一：《舆地志辑注》，上海古籍出版社，2011年。

106.（唐）李吉甫：《元和郡县图志》，北京：中华书局，1983年。

107.（宋）乐史：《太平寰宇记》，北京：中华书局，2007年。

108.（宋）王存：《元丰九域志》，北京：中华书局，1984年。

109.（宋）祝穆：《方舆胜览》，北京：中华书局，2003年。

110.（元）刘应李：《大元混一方舆胜览》，成都：四川大学出版社，2003年。

111.（明）李贤：《明一统志》，清文渊阁四库全书本。

112.（清）顾祖禹：《读史方舆纪要》，北京：中华书局，2005年。

113. 陈桥驿：《水经注校证》，北京：中华书局，2007年。

114.（明）张国维：《吴中水利全书》，清文渊阁四库全书本。

115.（清）黄象曦：《吴江水考增辑》，沈氏家藏本。

二、书目提要

1.《上海方志提要》，上海社会科学院出版社，2005年。

2. 陈金林：《上海方志通考》，上海辞书出版社，2007年。

3.（清）瞿镛：《铁琴铜剑楼藏书目录》，清光绪常熟瞿氏家塾刻本。

4.（清）陆心源：《皕宋楼藏书志》，清光绪万卷楼藏本。

5.（清）张金吾：《爱日精庐藏书志》，清光绪十三年（1887）吴县灵芬阁集字版校印本。

6. 朱士嘉：《中国地方志综录·增订本》，上海：商务印书馆，

1958 年。

    7. 中国科学院北京天文台:《中国地方志联合目录》,北京:中华书局,1986 年。

    8. 金恩辉:《中国地方志总目提要》,台北:汉美图书有限公司,1996 年。

    9. 顾宏义:《宋朝方志考》,上海古籍出版社,2010 年。

    10. 顾宏义:《金元方志考》,上海古籍出版社,2012 年。

三、正史·文献

    1.(汉)班固:《汉书》,北京:中华书局,1964 年。

    2.(晋)陈寿:《三国志》,北京:中华书局,1964 年。

    3.(唐)房玄龄:《晋书》,北京:中华书局,1974 年。

    4.(南朝梁)沈约:《宋书》,北京:中华书局,1974 年。

    5.(南朝梁)萧子显:《南齐书》,北京:中华书局,1972 年。

    6.(北齐)魏收:《魏书》,北京:中华书局,1974 年。

    7.(元)脱脱:《宋史》,中华书局,1977 年。

    8.(明)宋濂:《元史》,北京:中华书局,1976 年。

    9.(清)张廷玉:《明史》,北京:中华书局,1974 年。

    10.(唐)杜佑:《通典》,清武英殿刻本。

    11.(明)解缙:《永乐大典》,北京:中华书局,1960 年。

    12.(清)翁淳:《金山卫庙学纪略》,光绪九年(1883)刻本。

    13.(清)玉蕾山人:《金山倭变小志》,神州国光社,1946 年。

    14. 高燮:《金山张泾河工征信录》,松江成章印刷所,1924 年。

    15.(宋)许尚:《华亭百咏》,《上海史文献资料丛刊. 第一辑》,上海交通大学出版社,2018 年。

    16.[英]施美夫:《五口通商城市游记》,北京图书馆出版社,

2007 年。

　　17. 太仓县纪念郑和下西洋筹备委员会：《古代刘家港资料集》，南京大学出版社，1985 年。

　　18. 王素：《新中国出土墓志.江苏.壹.常熟》，北京：文物出版社，2006 年。

　　19. 李步嘉：《越绝书校释》，北京：中华书局，2013 年。

　　20.（明）郑若曾：《筹海图编》，北京：中华书局，2007 年。

　　21.（明）茅元仪：《武备志》，《中国兵书集成》，北京：解放军出版社，1987 年。

　　22.（宋）黄幹：《勉斋先生黄文肃公文集》，元延祐二年刻本。

　　23.（宋）杨冠卿：《客亭类稿》，清文渊阁四库全书本。

　　24.（宋）陈思：《宝刻丛编》，清文渊阁四库全书本。

　　25.（清）钱大昕：《十驾斋养新录》，清嘉庆刻本。

　　26.（宋）佚名：《绍兴十八年同年小录》，清文渊阁四库全书本。

　　27.（宋）佚名：《宝祐四年登科录》，清文渊阁四库全书本。

　　28.（宋）佚名：《州县提纲》，清文渊阁四库全书本。

　　29. 齐思和等：《筹办夷务始末（道光朝）》卷 77，北京：中华书局，1964 年。

　　30.［美］Eligah Coleman Bridgman：*Description of the City of Canton*，*The Chinese Repository Vol.2*，桂林：广西师范大学出版社，2008 年。

　　31.［英］George M. Martin：*Operations in the Canton River in April, 1847*，London, UK：Henry Graves，1848 年。

　　32. 伍宇星：《19 世纪俄国人笔下的广州》，郑州：大象出版社，2011 年。

　　33.［英］博克舍：《十六世纪中国南部行纪》，北京：中华书局，

1990 年。

34.［荷］Johan Nieuhof：*Het Gezandtschap der Neêrlandtsche Oost-Indische Compagnie, aan den Grooten Tartarischen Cham, den Tegenwoordigen Keizer van China*，*Amsterdam,* Nederland：Jacob van Meurs，1665 年。

35.［法］Jean-Baptiste Du Halde：*Description Géographique, Historique, Chronologique, Politique et Physique de L'empire de la Chine et de la Tartarie Chinoise*，Paris, France：Pierre-Gilles Le Mercier，1735 年。

36. *The Chinese Recorder and Missionary Journal*，1876 年第 7 卷。

四、地图及相关研究

1. 宝山清丈局全体绘丈生：《宝山全境地图》，上海：商务印书馆，1915 年。

2. 宝山清丈局：《宝山各图圩形细号图》，上海，1915 年。

3. 顾建祥：《上海市测绘院藏近代上海地图文化价值研究》，上海辞书出版社，2019 年。

4.《中国大陸二万五千分の一地図集成》，东京：科學書院，1989—1992 年。

5. 中国第一历史档案馆：《广州历史地图精粹》，北京：中国大百科全书出版社，2003 年。

6. 广州市规划局：《图说城市文脉：广州古今地图集》，广州：广东省地图出版社，2010 年。

7. 广州市档案局：《广州城旧地图解读》，广州出版社，2014 年。

8. 澳门海事署：《历代澳门航海图》，1986 年。

9. 临时澳门市政局文化暨康体部：《俯瞰大地：中国·澳门地图

集》，2001 年。

10.［荷］Jos Gommans：*Grote Atlas van de Verenigde Oost-Indische Compagnie Vol.7 Oost-Azië,Birma tot Japan*，Voorburg, Nederland：Asia Maior，2010 年。

11. 谭其骧：《中国历史地图集》，北京：中国地图出版社，1982 年。

12.［日］布目潮渢：《中国本土地图目録 . 增補版》，东京：株式会社東方書店，1987 年。

13. 李孝聪、钟翀：《外国所绘近代中国城市地图总目提要》，上海：中西书局，2020 年。

14.［美］诺曼·思罗尔：《地图的文明史》，北京：商务印书馆，2016 年。

15.［美］余定国：《中国地图学史》，北京大学出版社，2006 年。

16. 成一农：《"非科学"的中国传统舆图：中国传统舆图绘制研究》，北京：中国社会科学出版社，2016 年。

17. 曾新：《明清广州城及方志城图研究》，广州：广东人民出版社，2013 年。

五、著作

1. 祝鹏：《上海市沿革地理》，上海：学林出版社，1989 年。

2. 褚绍唐：《上海历史地理》，上海：华东师范大学出版社，1996 年。

3. 安涛：《中心与边缘：明清以来江南市镇经济社会转型研究——以金山县市镇为中心的考察》，上海人民出版社，2010 年。

4. 马正林：《中国城市历史地理》，济南：山东教育出版社，1998 年。

5. 李孝聪：《历史城市地理》，济南：山东教育出版社，2007 年。

6.［日］斯波义信：《中国都市史》，北京大学出版社，2013 年。

7. 顾朝林：《中国城市地理》，北京：商务印书馆，1999 年。

8. 杨宽：《中国古代都城制度史研究》，上海人民出版社，2006 年。

9.［日］川胜守：《中国城郭都市社会史研究》，东京：汲古書院，2004 年。

10. 李孝聪：《中国城市的历史空间》，北京大学出版社，2015 年。

11. 包伟民：《宋代城市研究》，北京：中华书局，2014 年。

12. 韩大成：《明代城市研究》，北京：中华书局，2009 年。

13.［美］凯文·林奇：《城市形态》，北京：华夏出版社，2001 年。

14.［英］莫里斯：《城市形态史》，北京：商务印书馆，2011 年。

15.［英］康泽恩：《城镇平面格局分析：诺森伯兰郡安尼克案例研究》，北京：中国建筑工业出版社，2011 年。

16. 成一农：《古代城市形态研究方法新探》，北京：社会科学文献出版社，2009 年。

17. 袁琳：《宋代城市形态和官署建筑制度研究》，北京：中国建筑工业出版社，2013 年。

18. 侯仁之：《北平历史地理：平装版》，北京：外语教学与研究出版社，2014 年。

19.［日］前田正名：《平城历史地理学研究》，上海古籍出版社，2012 年。

20. 鲁西奇：《城墙内外：古代汉水流域城市形态与空间结构》，北京：中华书局，2011 年。

21. 曾昭璇：《广州历史地理》，广州：广东人民出版社，1991 年。

22. 樊树志：《明清江南市镇探微》，上海：复旦大学出版社，1990 年。

23. 樊树志：《江南市镇：传统的变革》，上海：复旦大学出版社，2005 年。

24. 周振鹤：《中国地方行政制度史》，上海人民出版社，2005 年。

25. 后晓荣：《秦代政区地理》，北京：社会科学文献出版社，2009 年。

26. 陈健梅：《孙吴政区地理研究》，长沙：岳麓书社，2008 年。

27. 王仲荦：《北周地理志》，北京：中华书局，1980 年。

28. 郭红：《中国行政区划通史·明代卷》，上海：复旦大学出版社，2007 年。

29. 邹逸麟：《中国历史自然地理》，北京：科学出版社，2013 年。

30. 谭其骧：《长水集》，北京：人民出版社，1987 年。

31. 谭其骧：《长水集续编》，北京：人民出版社，1994 年。

32. 张修桂：《中国历史地貌与古地图研究》，北京：社会科学文献出版社，2006 年。

33. 鲁西奇：《中国历史的空间结构》，桂林：广西师范大学出版社，2014 年。

34. 顾诚：《隐匿的疆土：卫所制度与明帝国》，北京：光明日报出版社，2012 年。

35. 李新峰：《明代卫所政区研究》，北京大学出版社，2016 年。

36. 张金奎：《明代卫所军户研究》，北京：线装书局，2007 年。

37. 王毓铨：《明代的军屯》，北京：中华书局，2009 年。

38. 林为楷：《明代的江海联防：长江江海交会水域防卫的建构与备御》，台北：花木兰文化出版社，2010 年。

39. 刘景纯：《明代九边史地研究》，北京：中华书局，2014 年。

40. 宋烜：《明代浙江海防研究》，北京：社会科学文献出版社，2013 年。

41.杨旸：《明代奴尔干都司及其卫所研究》，郑州：中州书画社，1982年。

42.胡阿祥：《宋书州郡志汇释》，合肥：安徽教育出版社，2006年。

43.［日］斯波义信：《宋代江南经济史研究》，南京：江苏人民出版社，2012年。

44.［荷］包乐史：《〈荷使初访中国记〉研究》，厦门大学出版社，1989年。

45.阎宗临：*Essai sur le P.Du Halde et sa Description de la Chine*，Fribourg, Swiss：Frigui è re fr è res，1937年。

46.［法］Isabeele Landry-Deron：*La Prevue par la Chine, La 《Description》de J.-B. Du Halde, Jésuite, 1735*，Paris, France：Édition de l' École des hautes é tudes en sciences sociales，2002年。

47.张明明：《〈中华帝国全志〉研究》，北京：学苑出版社，2017年。

48.［瑞典］龙思泰：《早期澳门史》，北京：东方出版社，1997年。

49.［英］Rev. William C. Milne：*Life in China*，London, UK：G. Routledge & Co. Farringdon Street，1857年。

50.［法］布隆戴尔：《1860年征战中国记》，上海：中西书局，2011年。

51.［英］William Frederick Mayers：*The Treaty Ports of China and Japan*，London, UK：Tr ü bner and Co., Paternoster Row.，1867年。

52.［美］Samuel Wells Williams：*The Middle Kingdom Vol.1*，London, UK：W. H. Allen & Co.，1883年。

53.［美］马士：《中华帝国对外关系史》，上海书店出版社，2006年。

54. ［美］柏理安：《东方之旅：1579—1724 耶稣会传教团在中国》，南京：江苏人民出版社，2017 年。

55. 罗伟虹：《中国基督教（新教）史》，上海人民出版社，2014 年。

六、论文

1. ［日］小岛泰雄：《成都地图近代化的展开》，《都市文化研究》2015 年第 12 辑。

2. ［日］小岛泰雄：《中国都市図の近代的転回》，日本《歴史地理学》2010 年第 1 期。

3. Jing Sun：*The Illusion of Verisimilitude Johan Nieuhof's Images of China*，荷兰莱顿大学博士学位论文，2013 年。

4. 包伟民：《说 "坊"：唐宋城市制度演变与地方志书的 "书写"》，《文史哲》2018 年第 1 期。

5. 包伟民：《宋代城市税制再议》，《文史哲》2011 年第 3 期。

6. 包伟民：《宋代乡村 "管" 制再释》，《中国史研究》2016 年第 3 期。

7. 包伟民：《唐宋城市研究学术史批判》，《人文杂志》2013 年第 1 期。

8. 包伟民：《新旧叠加：中国近古乡都制度的继承与演化》，《中国经济史研究》2016 年第 2 期。

9. 包伟民：《中国近古时期 "里" 制的演变》，《中国社会科学》2015 年第 1 期。

10. 曹培根：《常熟地方文献考录》，《常熟理工学院学报（哲学社会科学）》2013 年第 5 期。

11. 曹婉如：《近四十年来中国地图学史研究的回顾》，《自然科学史研究》1990 年第 3 期。

12. 曹婉如：《中国与欧洲地图交流的开始》，《自然科学史研究》

1984 年第 4 期。

13. 陈家麟：《长江口南岸岸线的变迁》，《复旦学报》1980 年增刊。

14. 陈梦家：《亩制与里制》，《考古》1966 年第 1 期。

15. 陈再齐：《广州古代港 – 城空间关系演化》，《热带地理》2019 年第 1 期。

16. 陈振：《略论宋代城市行政制度的演变：从厢坊制到隅坊（巷）制、厢界坊（巷）制》，《漆侠先生纪念文集》，保定：河北大学出版社，2010 年。

17. 成一农：《"科学主义"背景下的"被科学化"：浅析近代中国城市地图绘制的"科学化"转型》，《陕西师范大学学报（哲学社会科学版）》2017 年第 4 期。

18. 冯贤亮：《城市重建及其防护体系的构成：十六世纪倭乱在江南的影响》，《中国历史地理论丛》2002 年第 1 期。

19. 耿昇：《西方人视野中的澳门与广州》，《中国文化研究》2005 年夏之卷。

20. 关溪莹：《清代广州"满城"的建置与管理》，《民族论坛》2014 年第 8 期。

21. 郭红：《别具特色的地理单元的体现：明清卫所方志》，《中国地方志》2003 年第 2 期。

22. 郭声波：《1560：让世界知道澳门——澳门始见于西方地图年代考》，澳门《文化杂志》2008 年第 68 期。

23. 韩嘉谷：《从海盐县城沦湖谈上海地区的汉代大水灾》，《历史地理》第 28 辑，上海人民出版社，2013 年。

24. 胡晶晶：《宋元以来镇江城内坊厢变迁初探》，《都市文化研究》2016 年第 2 期。

25. 黄宣佩：《从考古发现谈上海成陆年代及港口发展》，《文物》

1976 年第 11 期。

26. 来亚文：《宋代湖州城的"界"与"坊"》，《杭州师范大学学报（社会科学版）》2016 年第 1 期。

27. 李孝聪：《外国绘制近代中国城市地图集成研究引论》，《陕西师范大学学报（哲学社会科学版）》2017 年第 3 期。

28. 梁冲：《〈驻粤八旗志〉研究》，安徽大学硕士学位论文，2017 年。

29. 刘景纯：《汤和"沿海筑城"问题考补》，《中国历史地理论丛》2015 年第 2 期。

30. 刘克勇：《宋朝现存五种县志研究》，华东师范大学硕士学位论文，2017 年。

31. 龙其林：《19 世纪中叶的广州城市与社会生活：基于〈广州大典〉和近代传教士中英文报刊的对照性解读》，《湖南工业大学学报（社会科学版）》2018 年第 4 期。

32. 鲁西奇：《买地券所见宋元时期的城乡区划与组织》，《中国社会经济史研究》2013 年第 1 期。

33. 鲁西奇：《唐宋城市的"厢"》，《文史》2013 年第 3 期。

34. 陆敏珍：《宋代地方志编纂中的"地方"书写》，《史学理论研究》2012 年第 2 期。

35. 罗苏文：《论 1895—1927 年上海都市郊区市镇的变化》，《史林》1994 年第 4 期。

36. 罗星：《罗明坚〈中国地图集〉研究》，贵州大学硕士学位论文，2017 年。

37. 麦志强：《〈广州城和郊区全图，1860〉及其绘制者美国传教士富文》，《广州文博》2010 年第 1 期。

38. 潘晟：《明代方志地图编绘意向的初步考察》，《中国历史地理论丛》2005 年第 4 辑。

39. 潘晟：《谁的叙述：明代方志地图绘制人员身份初考》,《中国历史地理论丛》2004 年第 1 辑。

40. 潘晟：《十年来中国的历史地图研究》,《中国历史地理论丛》2011 年第 3 期。

41. 潘晟：《试论明代方志地图的编纂》,《韩山师范学院学报》2003 年第 1 期。

42. 潘晟：《西方地图史研究：收藏兴趣、后现代转向、多样化》,《中国历史地理论丛》2019 年第 1 辑。

43. 苏晓君：《毛氏汲古阁藏书印》,《文津学志》2015 年第 1 期。

44. 孙靖国：《美国国会图书馆藏 1882 年日本人所绘盛京城镇地图初探》,《陕西师范大学学报（哲学社会科学版）》2017 年第 4 期。

45. 孙长芳：《论马士〈中华帝国对外关系史〉及其影响》, 华东师范大学硕士学位论文，2015 年。

46. 谭其骧：《上海市大陆部分的海陆变迁和开发过程》,《考古》1973 年第 1 期。

47. 王斌、陈吉：《秦至西汉前期海盐县城址新探》,《历史地理研究》2021 年第 3 期。

48. 王建国：《常熟城市形态历史特征及其演变研究》,《东南大学学报》1994 年第 6 期。

49. 王珂：《大英图书馆中文写本专题叙录与个案研究》, 山东大学博士学位论文，2019 年。

50. 王涛：《清中叶英国在珠江口的地图测绘与航线变迁》,《社会科学辑刊》2016 年第 4 期。

51. 王艳芬：《马士与〈中华帝国对外关系史〉》,《史学月刊》1993 年第 6 期。

52. 魏欣宝：《汤和未筑金山卫、青村所、南汇嘴三城》，《中国历史地理论丛》2016 年第 1 期。

53. 吴简池：《广州长堤空间史研究（1888—1938）》，华南理工大学硕士学位论文，2018 年。

54. 吴松弟：《唐朝至近代长江三角洲港口体系的变迁轨迹》，《复旦学报》2007 年第 2 期。

55. 奚柳芳：《宝山与宝山城之兴废》，《史学月刊》1994 年第 4 期。

56. 奚柳芳：《论清浦古镇未沉陷入江及长江口沉石带的来源》，《史学月刊》1993 年第 2 期。

57. 徐超：《嘉靖〈海宁县志〉舆图初探：兼论方志舆图的版本与校勘》，《杭州师范大学学报（社会科学版）》2018 年第 4 期。

58. 游彪：《〈重修琴川志〉述评：兼论宋元方志的得与失》，《史学史研究》2009 年第 1 期。

59. 袁婧：《船上的广州：源自 19 世纪上半叶的西方视阈》，《都市文化研究》2010 年第 6 辑。

60. 张春辉：《上海近郊传统聚落景观形态浅析：以奉城老城厢为例》，《美与时代》2011 年第 2 期。

61. 张修桂：《金山卫及其附近一带海岸线的变迁》，《历史地理》第 3 辑，上海人民出版社，1983 年。

62. 张岩鑫：《晚清海战岸防图解析及其军事败因探讨》，吉林大学博士学位论文，2019 年。

63. 张忠民：《明代上海地区城镇的增长、分布及其特点》，《史林》1990 年第 1 期。

64. 章采烈：《明清两代黄浦江口军事部署述评》，《军事历史研究》1991 年第 2 期。

65. 章采烈：《上海浦东老宝山城非浦西宝山县城前身考》，《东南文化》1990 年第 5 期。

66. 赵界：《宋元以来严州府城形态研究》，上海师范大学硕士学位论文，2018 年。

67. 钟翀：《東南中国，呉越水郷地域における歴史都市の「夾城作河」構造について》，日本《歴史地理学》第 237 期，2008 年。

68. 钟翀：《基于早期近代城市地图的我国城郭都市空间结构复原及比较形态学研究概论》，《中国历史地理论丛》第 1 辑，上海：学林出版社，2013 年。

69. 钟翀：《近代日本测绘中国城市地图之再考》，《都市文化研究》2017 年第 17 辑。

70. 钟翀：《近代上海早期城市地图谱系研究》，《史林》2013 年第 1 期。

71. 钟翀：《近代以来日本所绘南京城市地图通考》，《都市文化研究》2016 年第 15 辑。

72. 钟翀：《日本所绘近代中国城市地图刍议》，《陕西师范大学学报（哲学社会科学版）》2017 年第 3 期。

73. 钟翀：《日本所绘近代中国城市地图研究序论》，《都市文化研究》2016 年第 14 辑。

74. 钟翀：《上海老城厢平面格局的中尺度长期变迁探析》，《中国历史地理论丛》2015 年第 3 期。

75. 钟翀：《宋代以来常州城中的"厢"：城市厢坊制的平面格局及演变研究之一叶》，《杭州师范大学学报（社会科学版）》2016 年第 1 期。

76. 钟翀：《温州城的早期筑城史及其原初形态初探》，《都市文化研究》第 12 辑，上海三联书店，2015 年。

77. 钟翀：《中国近代城市地图的新旧交替与进化系谱》，《人文杂志》2013 年第 5 期。

78. 周公太：《常熟博物馆藏唐宋墓志研究举要》，《东南文化》2001 年第 7 期。

79. 周公太：《古代常熟城市形态特征之研究》，《长江文化论丛》2007 年第 1 期。

80. 周佳：《宋代知州知府与当地图经、方志纂述》，《中国历史地理论丛》2009 年第 3 期。

图书在版编目（CIP）数据

江南寻城：上海卫所城市历史形态研究 / 孙昌麒麟
著 . —上海：上海书店出版社，2022.10
（文化转型与现代中国丛书）
ISBN 978-7-5458-2211-3

Ⅰ . ①江… Ⅱ . ①孙… Ⅲ . ①城市史—建筑史—上海
Ⅳ . ① TU-098.12

中国版本图书馆 CIP 数据核字（2022）第 173001 号

责任编辑 杨何林 徐矜婧
封面设计 汪 昊

江南寻城：上海卫所城市历史形态研究（彩图附册一册）

孙昌麒麟 著

出　　版　上海书店出版社
　　　　　（201101 上海市闵行区号景路 159 弄 C 座）
发　　行　上海人民出版社发行中心
印　　刷　上海商务联西印刷有限公司
开　　本　890×1240 1/32
印　　张　9.375
字　　数　200.000
版　　次　2022 年 10 月第 1 版
印　　次　2022 年 10 月第 1 次印刷
ISBN 978-7-5458-2211-3/TU·21
定　　价　78.00 元